U0384915

现代中药制药数字孪生关键技术

主编
李　正

上海科学技术出版社

内 容 提 要

本书重点介绍了数字孪生现有的发展水平、技术特点、研究动态，并从硬件和软件两个方面，分别探讨了数字孪生中数据采集、数据分析、智能决策和预测控制等技术在中药制药工业中的具体应用。同时以中药制药环节中的提取、浓缩和干燥等具体工艺环节为例，分析了现有工艺的技术缺陷，重点讨论了数字孪生技术在这些生产工艺环节中的具体应用。通过工程实践数据和实验室小试数据的对比分析，讨论了数字孪生技术在工程应用环节的部署实施方案，并展示了现有工艺所带来的实际工程效果。

本书的读者对象主要为从事中药制药生产、科研以及设计的广大科研人员、管理干部、技术工人以及相关院校师生，亦可以是化工领域或者相关工业领域的从业人员和院校师生。

图书在版编目（CIP）数据

现代中药制药数字孪生关键技术 / 李正主编. -- 上海 : 上海科学技术出版社, 2024.1
ISBN 978-7-5478-6527-9

Ⅰ. ①现… Ⅱ. ①李… Ⅲ. ①中成药—生产工艺 Ⅳ. ①TQ461

中国国家版本馆CIP数据核字(2024)第003737号

本书出版得到以下项目支持：
国家“重大新药创制”科技重大专项“中药先进制药与信息化技术融合示范研究”(2018ZX09201011)；
国家中医药管理局创新团队与人才培养计划(ZYYCXTD-D-202002)。

现代中药制药数字孪生关键技术
主编 李 正

上海世纪出版(集团)有限公司
上 海 科 学 技 术 出 版 社 出版、发行
(上海市闵行区号景路159弄A座9F-10F)
邮政编码 201101 www.sstp.cn
浙江新华印刷技术有限公司印刷
开本 787×1092 1/16 印张 15
字数：360千字
2024年1月第1版 2024年1月第1次印刷
ISBN 978-7-5478-6527-9/TQ·18
定价：128.00元

编　委　会

—主　编—

李　正

—副主编—

于　洋　葛亚飞

—编　委—

（按姓氏笔画排序）

王海霞　包　卿　朱贝贝　朱捷强

伍振峰　仲　怿　刘　睿　李文龙

李美松　别松涛　岑世欣　余河水

邹孝付　苗坤宏　赵　静　龚行楚

崔彭帝　章顺楠　熊皓舒　薛启隆

序　一

“传承精华，守正创新”是新时期中医药工作的基本遵循。中药现代化三十年来，科学研究、学科建设及产业发展均取得长足进步。长期的实践，让大家都认识到中药的核心是疗效，根本在质量，基础是制造。由于历史发展的原因，中药生产几千年来都是作坊式生产，前店后厂，只是到了二十世纪七八十年代机械化才普及，九十年代开始逐渐普及自动化生产。但仍存在着较突出的问题，如中药制造工艺优化研究滞后，制造过程监控基础薄弱，工程应用核心技术研究力度明显不足，整体制造水平远远落后于时代要求，亟需借助现代的智能制造核心技术，实现跨越式发展。随着信息技术的飞速发展，数字孪生技术的引入为中药制药技术的进步带来了前所未有的机遇与挑战。

数字孪生技术是一种将现实世界与虚拟世界相结合的先进技术，它通过建立物理系统的数字化镜像，实时模拟、监测和优化药物制造过程。在中药制药领域，建立和发展数字孪生技术具有重要意义和广阔应用前景。数字孪生技术可以实现中药制药工艺的仿真与优化。在大量以往经验积累的基础之上，结合大数据和人工智能技术，通过数值模拟和虚拟实验，我们可以快速验证不同制药工艺设计方案的效果，并预测其对产品质量的影响。这使得中药制药工艺的优化更加高效，有助于提高药品的生产效率和质量控制水平。通过建立中药制药数字孪生模型，有助于对药品质量进行全面监测和追踪，确保中药产品的安全性、有效性和质量一致性。

然而，要实现中药制药数字孪生的应用，仍然需要克服许多技术难题和挑战。我们需要通过跨学科的合作与创新，加强对中药的科学研究和数字技术的应用，进一步完善并推动中药制药数字孪生关键技术的发展。李正教授二十余年来一直从事工艺优化及生产过程控制研究及实践，特别是近十几年来，在中药传统工艺改造及产业升级方面进行了开拓性研究，取得了一批产业化的成果，成为现代中药制造工艺及生产过程监控领域的领军人物。现在李正教授课题组又将他多年技术研究成果整理成书并公开出版，毫无保留地介绍了具体的技术应用细节和实施方案的解决方式，结合课题组多年的工程实践成果，重点介绍了数字孪生的发展现状、技术特点、研究动态，并从硬件和软件两个方面，分别介绍了数字孪生中数据采集、数据分析、智能决策和预测控制等技术在中药制药工业中的具体应用。我相信这将有力推动更多先进制造技术的研发、公开和推广，有助于提升相关技术人员对中药制药的技术发展的认知，打破技术壁垒，实现跨学科技术交流与合作。

最后，我要衷心感谢本书的作者和编者们，他们以强烈的创新意识和高度的责任感，倾注了大量的心血和智慧，以博大的胸襟和奉献精神，全面深入地介绍了中药制药数字孪生关键技术和方法的应用实践。相信本书将会引起更多专家学者和从业人员对中药制药领域数字化转型的关注与实践，助推传统产业的转型迭代发展，使古老的中药搭上时代的列车，成为现代制造业的一种。

该书即将付梓，先睹为快，欣然为序，并郑重推荐。

中国工程院院士、国医大师
中国中医科学院名誉院长
天津中医药大学名誉校长
张伯礼
2023 年 12 月于天津静海团泊湖畔

序　二

中药学作为中国传统医学的重要组成部分，具有悠久的历史和丰富的临床应用经验。然而，中药制药过程中仍面临着许多挑战，例如药效不稳定、质量控制难度大等。基于现代信息技术与先进制造技术的深度融合，智能制造将逐渐成为主流生产方式，贯穿于设计、生产、管理和服务的各个环节。随着智能制造的发展，现代工业逐渐演变出具有自我感知、自我学习、自我决策、自我执行、自适应等功能特性。信息化与智能化成为第四次工业革命的主要特征，带动了制造系统由原来的能量驱动向信息驱动转变，实现生产过程工艺智能优化和过程合规智能管理。

在这个背景下，数字孪生技术为中药制药带来了新的机遇和挑战。数字孪生技术将现实世界中的物理系统与虚拟仿真模型相结合，通过建立中药制药过程的数字化镜像，实现对制药过程的全面监测、优化和预测，从而提高药物的质量、效果和安全性。它不仅可以帮助我们深入理解中药制药的复杂性和特点，还可以加速新药研发和工艺改进的过程。

在数字孪生的框架下，我们可以对中药制药过程进行建模和仿真，优化中药的提取和制备工艺，并通过虚拟试验，快速发现最佳方案。此外，数字孪生技术还能够实现对中药制品的质量控制和溯源，确保中药产品的一致性和安全性。

然而，数字孪生技术在中药制药领域的应用仍处于初级阶段，需要多学科的合作与创新。天津中医药大学李正教授等共同编著的《现代中药制药数字孪生关键技术》，针对高品质中药制造工程技术难题，通过交叉融合中药制药与人工智能等多学科领域，建立了基于数字孪生技术的中药智能制造技术方法学，为复杂中药制药系统优化设计与高效运行提供了实验、观测、评估手段和过程分析与优化技术，助力推动中药经验制药向科学制药跨越。

我衷心希望本书的出版，能够引起更多专家学者和从业人员对中药制药数字孪生的关注和探索，共同推动该领域的发展。

最后，我要衷心感谢本书的作者和编者们，他们的辛勤努力使得这本书得以问世。我相信，通过数字孪生技术的应用，中药制药将迎来更加美好的未来。愿本书能为您带来启示和启发，激发您在中药制药数字孪生领域的研究和实践兴趣。

江西中医药大学教授

2023年12月

前　言

"用不稳定的药材制造出质量稳定的中药产品",是中药制药工程面临的重大挑战和亟待解决的关键核心问题。中药复杂化学体系存在质量表征不清、质量传递规律不明、质量控制不准等问题,缺乏基于模型预测的过程质量前馈控制与工艺参数优化方法。为了更好地制定中药产品质量控制策略,我们必须深入揭示生产工艺的质量—动量—能量传递规律和工程原理。

本书立足于数字孪生技术的特点和优势,围绕着中药制药过程中的实际痛点和难点,有针对性地进行技术开发,通过虚拟数字空间与物理实体工场的状态的数字化映射,实现了中药制药工艺的两种优化控制方式:其一是生产前的工艺优化,其二是生产过程的预测性控制。这主要基于中药制药生产原料的批间存在相对差异的现实工业问题,以实现最终产品质量批次间相对一致性的控制目标。

本书针对高品质中药制造工程技术难题,通过交叉融合中药制药与人工智能等多学科领域,建立了基于数字孪生技术的中药智能制造技术方法学。基于质量传递机理模型,构建了中药制药过程关键工艺环节的数字孪生体,并结合深度学习等人工智能技术,构建了制药过程的工艺知识图谱,以产品质量和生产成本为数字空间的边界条件,提出相关工艺的生产条件优化建议;建立了基于数字孪生技术的中药制药工程设计与工艺优化平台,为复杂中药制药系统优化运行提供实验、观测、评估手段和中药制药过程分析与优化技术,实现中药经验制药向科学制药跨越。

本书共分为八章,从数字孪生技术的发展历史和技术特点出发,围绕着感知层,模型层和决策层主要的技术骨架,详细分析了数字孪生技术与中药制药技术对接的顶层设计和具体实施案例。

第一章作为引言,重点介绍了数字孪生技术的发展历史。第二章重点介绍了现代中药智能制造的技术特点,以及数字孪生技术可以重点解决的中药制药具体技术痛点。第三章分析了数字孪生技术的框架,并解释了本技术在中药制药工艺相结合过程所要克服的具体实施难点。第四章重点介绍了中药制药目前正在使用的在线检测设备,以及其在数字孪生技术中所发挥的作用。第五章重点介绍了中药制药关键工艺技术的过程仿真和模拟计算的方式方法,并以此为技术,探讨了中药制药半间歇半连续生产工艺流程建模技术要点。第六章分析了数字孪生对物理世界作用关系,以具体实例说明数字空间作用于具体工艺优化方式。第七章介绍了人工智能技术通过数字孪生技术在中药制药工艺中的具体实施方法和技术特点。第八章通过一个具体生产线的实施案例，分析了现代中药制药工业所面临的问题和数字孪生技术具体解决方法，并展望了未来技术发展方向。

由于编者学识水平和编写经验有限，书中难免有错误和疏漏之处，恳请同行专家不吝指正，提出宝贵意见，以利我们今后修改完善。

编　者

2023 年 9 月

目　　录

第一章

引　言

随着人类对于物理世界发生发展规律的深入探究，我们对于世界的认知越来越丰富且深刻，开始由外及内，在计算机所搭建的虚拟空间实现外物的内在映射。数字孪生技术脱胎于物理实体的数字化模型，是一种探索物理实体的认知与改造方式，它深化了人类对于自然行为的认识深度，提高了人类对于外部环境改造速度。本章从数字孪生技术的基本定义以及发展历史出发介绍这项技术，并重点讨论数字孪生技术与现代中药制药的结合方式，以及这项技术将会给传统中药制药工业带来的重要变革。

第一节　数字孪生技术的历史和发展

一、数字孪生技术的基本概念和定义

人类社会已经进入计算和数字时代，工业生产和社会生活的数字化转型成为不可逆转的大趋势。作为驱动数字化转型的前沿技术之一，数字孪生技术在发展过程中扮演着越来越重要的角色。2015 年之后，世界各国分别提出各自国家层面的制造业转型战略。这些战略核心目标之一就是构建物理信息系统，实现物理工厂与信息化虚拟工厂的交互和融合，打通上下游数据链条，从而实现智能制造。数字孪生作为实现物理工厂与虚拟工厂交互融合的最佳途径之一，被国内外相关学术界和企业高度关注。

随着技术实践的深入，数字孪生技术的定义越来越清晰，它从初始的模拟仿真技术发展而来，融合先进的数字化理念和技术手段，构建了对物理世界的高精度虚拟现实模型。数字孪生技术融合几何模型、机理模型、统计学模型以及人工智能等先进技术模型建立数据映射方法，实现物理世界中所产生的物理、化学现象在虚拟现实中精确复现。从数学模型角度来看，这个虚拟空间即为物理空间的数学映射以及数学表达。在数据与模型集成融合的基础上，数字孪生技术通过在数字空间实时构建物理对象的精准数字化映射，基于数据整合与分析预测来模拟、验证、预测、控制物理实体全生命周期过程，最终形成智能决策的优化闭环。

数字孪生技术与模拟仿真技术的区别是，数字孪生技术必须与物理实体互联互通，它既可以得到物理世界的信息，又可以根据信息进行处理后的结果对物理实体进行相对应的影响和作用。在真实世界所发生的变化必然要影响到虚拟空间，而虚拟空间则需要根据实际的输入做出智能化的分析和应对，并通过智能或者人工的方式驱动物理世界产生对应的动作。数据采集、分析和反馈是数字孪生的重要技术特点。从数字孪生技术诞生伊始，技术人

员对其发展寄予厚望，希望通过在虚拟空间的数字化研究，提高加工过程的稳定性和一致性，提高生产效率，降低生产成本，最终实现所见即所得。

二、数字孪生技术的起源

数字孪生技术概念源自航天军工领域，经历了“技术探索”“概念提出”“应用萌芽”“行业渗透”四个发展阶段。数字孪生技术最早在1969年被美国航空航天局(National Aeronautics and Space Administration, NASA)应用于阿波罗计划中，用于构建航天飞行器的孪生体，反映航天器在轨工作状态，辅助紧急事件的处置。数字孪生技术是客观世界中的物化事物及其发展规律被软件定义后的一种结果。丰富的工业软件内涵以及强大的软件定义效果，让数字孪生技术的研究在国内外呈现出百花齐放的态势。

在工业界，人们用软件来模仿和增强人的行为方式，例如，计算机绘图软件最早模仿的是人在纸面上作画的行为。人机交互技术发展成熟后，开始用计算机辅助设计软件(Computer Aided Design, CAD)模仿产品的结构与外观，计算机辅助模拟软件(Computer Aided Engineering, CAE)模仿产品在各种物理场情况下的力学性能，计算机辅助制造软件(Computer Aided Manufacturing, CAM)模仿零部件和夹具在加工过程中的刀轨情况，计算机辅助工艺过程设计软件(Computer Aided Process Planning, CAPP)模仿工艺过程，办公自动化软件模仿行政事务的管理过程(Office Automation, OA)，MES软件模仿车间生产的管理过程，管理链配置软件(Software configuration management, SCM)模仿企业的供应链管理，客户关系管理软件(Customer Relationship Management, CRM)模仿企业的销售管理过程，设备集成维护软件(Maintenance Repair and Operations, MRO)模仿产品的维修过程管理，等等。依靠软件中的某些特定算法，人们已经开发出了某些具有一定智能水平的工业软件，如具有关联设计效果的产品设计系统。

在文学与娱乐界，人们用软件来模仿和增强人的体验方式，例如，用电子书来模仿纸质书，用电子音乐来模仿现场音乐，用电子琴软件来弹琴，用评书软件来说书，用卡通软件来模仿漫画，用动漫软件来模仿动画影片，用游戏软件来模仿各种真实游戏，等等。人们不仅可以模仿已知的、有经验的各种事物，还可以创造性地模仿各种未知的、从未体验过的事物，例如影视界可以用软件创造出诸如龙、凤、麒麟、阿凡达、白雪公主、七个小矮人等故事中的形象，当然也可以创造出更多的闻所未闻、见所未见的各种形象。特别是当这种模仿与VR/AR技术结合在一起的时候，所有的场景都栩栩如生，直入心境。于是，在由数字虚体构成的虚拟世界中，所有的不可能都变成有可能，所有的在物理世界无法体验和重复的奇妙、惊险和刺激场景，都可以在数字空间得以实现，最大限度地满足了人的感官体验和精神需求。

事实上，十几年前在汽车、飞机等复杂产品工程领域出现的“数字样机”的概念，就是对数字孪生技术的一种先行实践活动，一种技术上的孕育和前奏。无论是几何样机、功能样机和性能样机，都属于数字孪生技术的范畴。数字孪生技术的术语虽然是最近几年才出现的，但是数字孪生技术内涵的探索与实践，早已在十多年前就开始并且取得了相当多的成果。

三、数字孪生技术的发展进程

2002年，美国密歇根大学成立了一个产品生命周期管理中心。Michael Grieves教授首次提出了一个产品生命周期管理(Product Lifecycle Management, PLM)概念模型,并面向工业界发表《PLM 的概念性设想》(*Conceptual Ideal for PLM*)一文,在这篇文章里提出"与物理产品等价的虚拟数字化表达",出现了现实空间、虚拟空间的描述。2003 年初,这个概念模型在密歇根大学第一期 PLM 课程中使用,当时被称作"镜像空间模型"。2005 年,在一份刊物中 Grieves 教授又提到这一个模型。2010 年,NASA 在其太空技术路线图中首次引入了数字孪生技术的表述:"一个数字孪生,是一种集成化的多种物理量、多种空间尺度的运载工具或系统的仿真,该仿真使用了当前最为有效的物理模型、传感器数据的更新、飞行的历史等等,来镜像出其对应的飞行当中孪生对象的生存状态。"2011 年 3 月,美国空军研究实验室结构力学部门的学者 Pamela A. Kobryn 和 Eric J. Tuegel,做了一次演讲,题目是"基于状态的维护+结构完整性 & 战斗机机体数字孪生",首次明确提到了数字孪生技术。当时,AFRL 希望用创新性的数字孪生方法实现战斗机维护工作的数字化。2012 年,NASA 和 AFRL 合作发布技术路线图,数字孪生技术自此进入公众视野。2014 年,数字孪生技术的概念不断丰富,被通用电气、达索、西门子等公司接受并推广。2015 年,通用电气基于数字孪生技术实现对发动机的实时监控和预测性维护。Gartner 在 2017 年、2018 年连续将数字孪生技术列为十大战略科技发展趋势之一。其将数字孪生技术定义为对象的数字化表示,进而将数字孪生技术分为了三类:离散数字孪生、复合数字孪生、组织数据孪生。2020 年,工信部中国电子技术标准化研究院发布 2020 年《数字孪生应用白皮书》,提出数字孪生技术将广泛应用于工业、城市管理、交通、健康医疗等垂直行业。

第二节 数字孪生技术的研究现状和应用价值

一、数字孪生技术的研究现状

现阶段在全球范围内,数字孪生技术发展时间短,尚处于起步阶段。欧美等发达国家虽然发展起步早,但技术成熟度也不高,未来还有较大的提升空间。受中国国情需要以及数字孪生技术发展时间较短等因素影响,中国数字孪生技术应用领域主要是围绕机械制造领域、航空航天与国防领域、能源与公用事业领域,在国家政策及下游需求的带动下,中国数字孪生技术市场规模出现了较快增长。2014 年中国数字孪生技术市场规模约为 27 亿元,2020 年增长到约 137 亿元,复合增长率 31.1%。

2010 年 1 月 1 日至 2020 年 12 月 31 日,共有 2 897 篇数字孪生技术相关论文发表。从 2010 到 2020 年,数字孪生技术论文数量一直呈增长趋势,且增长速度不断加快。2015 年以前,数字孪生技术还处于萌芽起步阶段,发表的数字孪生技术文献较少,单年论文发表量少于 10 篇。2016 年后,数字孪生技术文献发表数量进入快速增长期,之后每年文献发表数量都成倍增长。预计未来几年,数字孪生技术论文发表数量还将呈迅猛增长趋势。数字孪生技术相关论文的数量变化说明数字孪生技术近年来引起了越来越多科研人员的关注,未来一段时间内会有更多的专家、学者、机构等开展对数字孪生技术的深度研究。根据发表文章的类型分布统计可知,当前发表的论文主要以会议论文为主,会议论文的数量逐年增长,数字孪生技术的热度不断增加，越来越多的学者参与数字孪生技术学术交流。此外，期刊论文近年也呈明显增长趋势，期刊论文数量从2016年的5篇增长到2020年的619篇，这种变化从侧面表明了当前对数字孪生技术的研究越来越深入，越来越系统。

据统计结果显示，世界各主要国家都已开展了数字孪生技术研究并有相关研究成果发表。研究成果主要来自美国、德国、英国、法国、意大利等G7发达国家，以及中国、俄罗斯、印度、巴西、南非共和国（金砖五国）等发展迅速的国家。这些国家具有较高的科技水平和一定的信息化基础，能为数字孪生技术的研究、发展与应用提供支撑环境。

论文关键词能够反映研究的关注点，高频关键词能够体现一个领域的热门研究话题。统计结果显示，当前全球对数字孪生技术的研究集中在制造领域，近4年关键词"manufacture"（制造）出现频次增长迅速，从2017年的26次增至2020年的124次，均位列高频关键词的前列。此外，高频关键词还揭露出数字孪生技术与新一代信息技术（New IT）联系紧密，近4年高频关键词覆盖"Big Data"（大数据）、"Internet of Things"（物联网）、"Artificial Intelligence"（人工智能）、"Virtual Reality"（虚拟现实）、"Augmented Reality"（增强现实）等New IT概念和技术，可预测数字孪生技术未来将进一步与New IT深度集成和融合，并促进相关领域发展。此外，在统计的所有数字孪生技术文献中，智能制造相关的文献数量占50%以上，说明世界各国在智能制造领域的竞争十分激烈，都将数字孪生技术作为落地智能制造的重要技术手段。

二、数字孪生技术的典型特征

数字孪生技术是一种"实践先行、概念后成"的新兴技术理念，与物联网、模型构建、仿真分析等成熟技术有非常强的关联性和延续性。数字孪生技术具有典型的跨技术领域、跨系统集成、跨行业融合的特点，涉及的技术范畴广，自概念提出以来，技术边界始终不够清晰。但是，与既有的数字化技术相比，数字孪生技术具有4个典型的技术特征：

1. 虚实映射　数字孪生技术要求在数字空间构建物理对象的数字化表示，现实世界中的物理对象和数字空间中的孪生体能够实现双向映射、数据连接和状态交互。

2. 实时同步　基于实时传感等多元数据的获取，孪生体可全面、精准、动态地反映物理对象的状态变化，包括外观、性能、位置和异常等。

3. 共生演进　在理想状态下，数字孪生技术所实现的映射和同步状态应覆盖孪生对象从设计、生产、运营到报废的全生命周期，孪生体应随孪生对象生命周期进程而不断演进更新。

4. 闭环优化　建立孪生体的最终目的，是通过描述物理实体内在机理，分析规律、洞察趋势，基于分析与仿真对物理世界形成优化指令或策略，实现对物理实体决策优化功能的闭环。

三、数字孪生技术的应用价值

数字孪生技术可以作为物理操作的虚拟"克隆体"，以其在数字空间中所发生的活动为依据帮助组织监控操作、执行预测性维护并为资本购买决策提供洞察力。数字孪生技术主要有以下几种主要的应用活动：首先，它们可以帮助组织模拟那些过于耗时或昂贵，而无法使用实物资产进行测试的场景；其次，它们可以缩短业务研发流程，并根据研发计划创建长期业务计划；最后，在业务执行过程中，它们可以在突发情况下识别新发现并改进流程来满足最终业务目标。

总的来说，数字孪生技术提供了以下几个关键优势：①加快风险评估和生产时间：数字孪生技术可以帮助公司在产品问世之前对其进行虚拟测试和验证；工程师可以使用它们来识别流程故障。②预测性维护：组织可以使用数字孪生技术主动监控设备和系统，以便在它们发生故障之前安排维护，从而提高生产效率。③实时远程监控：用户可以远程监控和控制系统。

由于数字孪生技术具备智能、快捷、汇总的技术能力，既可以用于人机交流辅助决策，又可以用于虚拟生产辅助制造，在高速发展的新兴领域和传统领域都发挥着非常重要的作用。

1. *数字孪生技术赋能与政务管理* 可以应用于打造智慧城市，基于云计算、大数据、人工智能、物联网新一代信息技术构建的开放创新和运营平台，深度整合汇集政府数据、设备感知数据、历史统计数据、GIS数据、行为事件、宏观经济等人、事、物数据。实现城市运行感知、公共资源配置、宏观决策指挥、事件预测预警等功能，完成对城市可视、可监、可控的闭环控制。支撑城市管理、生态环保、安全保障、应急管理、公共服务、产业发展等各领域的数字化转型升级，辅助城市管理者实现从规划—建设—管理—运维的城市全生命周期体检评估，有利于提升城市精细化治理水平，提升政府管理能力。

2. *数字孪生技术赋能智能制造* 围绕制造业数字化转型，数字孪生技术应用帮助生产制造企业优化产品生产制造流程，通过满足制造业企业的生产需求，制定全方位数字孪生技术服务，形成生产流程可视化、生产工艺可预测优化、远程监控与故障诊断在生产管控中高度集成，提升企业生产质量，提高对生产制造的管控水平。利用数字孪生技术，通过深化改革、技术改造和现代管理，实现企业数字业务化以数据流带动技术流、资金流、人才流、物资流，实现降本增效。在设备方面，数字孪生技术帮助企业提升设备管理运行效率、降低产品生产设备故障率、降低设备维护成本等以降低企业运营成本。数字孪生技术促进上下游企业间数据集成和端到端汇聚，打造高度协同的上下游企业间生产制造链条，优化资源配置，提高企业效率，协同研发制造，推动企业释放更大的增值。数字孪生深入设计、生产、物流、服务等活动环节，贯穿产品的全生命周期，渗透到设备、车间、企业、产业链各个层级应用，创造以产业升级、业务创新、全数字化个性化定制为导向的新的运营模式，摆脱旧商业模式束缚，触发新型生产模式和商业模式的演进，助力企业升级改造，为传统制造转型升级赋能。

3. *数字孪生技术赋能智慧网络* 基于数字孪生技术实时交互并可视呈现的能力，为管理者提供了一种沉浸式的交互体验，动态的运行状态监测可及时发现网络异常并预测网络演进方向等信息。全息化呈现网络虚实交互映射，帮助用户更清晰地感知网络、更高效地挖掘网络有价值信息，以更友好的沉浸交互界面探索网络创新应用。传统的网络业务生命周期管理没有很好的融合，不利于网络故障回溯、故障预测、网络优化设计等，网络数字孪生可以基于设备孪生体模型预测设备运行状态，当网络出现故障，回溯到网络与设备的“过去”，实现了网络和设备的生命周期关联分析，通过数字孪生网络将网络和设备的生命周期紧密结合，实现网络和设备的全流程精细化管理。基于数字孪生网络对网络优化方案高效仿真，充分验证后部署至实体网络，降低现网部署的试错风险和成本，提高方案部署的效率。借助网络数字孪生，可实现低成本、高效率的网络创新技术研究，降低新技术在现网中验证时产生的风险，减小部署到现网中发生错误的可能性。基于数字孪生网络具备的仿真、分析和预测功能，生成相应的网络配置，实现网络实时闭环验证控制。

数字孪生技术的核心价值体现在以下几个方面。

1. *促进多源数据互通融合*　在生产制造领域或者其他场景中，多个数据采集转化装备受制于自身的通信协议或者硬件的制约，多处于数据孤岛中。以产品制造为例，原料库、工艺生产计划以及产品库间可能存在的数据壁垒，需要复杂的数据流通方式才能为决策者和工艺操作人员提供具体的物料流通指导。当数字孪生技术部署实施后，上下游的数据即可实现互联互通，在虚拟空间中实现产品的数字化装备、物料需求虚拟化提交，以及相关数字化审批，并为决策人员的生产进度管理提供真实可靠的数据依据。

2. *建设产品制造全生命周期管理体系*　通过数字孪生技术在全产业链中的部署实施，从原料的入库、过程加工、产品入库以及销售的各个关键环节的数据互通，可以实现产品制造的全生命周期管理，从产品信息倒推工艺参数以及原料参数；从虚拟装配出发，分析并有针对性地调整生产过程周期，以适应上下游的产品数量波动；上游的工艺调整将通过数据化仿真化以及反馈调整的方式对下游工艺进行智能化影响。

3. *打造多方建设的创新模式*　通过产品全生命周期的智能化调控，产品生产的相关方将能更好地发现自己在社会化大生产中的所处地位，以及上下游间的互动方式。通过虚拟空间中的数据仿真和智能互动，参与方可以在极短时间内实现工艺的调整和发布，保证了全产业链的技术的快速更新。

目前数字孪生技术已经成为工程研究领域重要的支撑技术，不断推动传统工业的数字化转型，由传统的高能耗、高排放、粗放型工业转变为精益生产、低能耗、高附加值的绿色工业。中药制药作为关系国计民生的重要工业领域，也需要在数字孪生技术赋能下实现跨越式发展。

第三节　数字孪生技术与中药制药

1. *中药制药技术特点*　中药是一种特殊的商品，其生产过程需要严格遵守药品生产管理规范规定，但是其与化学药物和生物药物不同，中药制药工艺存在着自身的技术特点。

(1) 原料受种植条件影响，不同生产批次间组分存在批间差异。由于中药制药的工业原料来源于田地种植出的中药植物，其容易受到气候的影响，每生产批次间的各种物质的含量或多或少都会存在差异，这就直接制约了后续制药工艺的参数设置，需要根据不同的投料批次进行微调以适应当前的工艺需求。

(2) 制药工艺为半间歇半连续生产制造。中药制药工艺主要包括有提取、浓缩和干燥等主要生产环节，每一个生产环节基本都是投料完成，物料在本环节内完成所需的加工过程，再一次性进入下一个生产环节。因此，在整体流程中物料在上下游是互通的，但是从时间上分析，物料需要按照生产批次依次进入相对应的工艺环节，这就造成了当前环节中的工艺条件不是稳态控制，需要根据物料生产过程状态进行瞬态控制。

(3) 中药制药的相关物料存在高黏度高密度的特点。由于中药制药工艺中物料在各个生产设备中都是间歇操作,其溶液的物理化学性质会随着生产过程发生变化,比如在浓缩过程中,其料液黏度和密度会随着水分的蒸发而逐渐增加,物料逐渐变得黏稠,不易于流动。因此,作为相关单元控制因素,就必须要考虑物料物理性质随时间变化的特点。

综上所述,由于中药制药过程存在着复杂的传递现象,需要深入研究能与之相适宜的工程理论模型,从而提高其控制技术水平。

2. *中药制药技术问题* 受制于中药制药的工艺特点,目前其生产过程主要存在三个技术问题。

(1) 过程信息采集不充分。目前,中药制药的过程检测仍然采用传统工业的检测方式,只能给出空间内某个点的具体参数数值,且数据采集在时间上存在一定的滞后性,现有的检测数据无法从整体上分析设备内实际发生的生产过程现象。

(2) 设备内传递模型认知不充分。由于中药制药的流体存在高黏度和高密度的特点,因此其传热/传质模型研究需要额外关注,有针对性地结合其实际的物理现象进行分析和研究。

(3) 现有的控制技术无法满足高品质生产的需求。目前,中药制药的过程控制简单粗糙,部分环节仍然以工人的主观为主,缺乏必要的数据支撑,造成了过程控制无法定量化、智能化和标准化,这直接影响最终产品的质量控制。

中药制药所面临的很多具体问题是可以通过与数字孪生技术相结合解决的。为了增加系统分析的可靠性,提升最终产品质量批间一致性,就需要引入数字孪生技术,实现中药制药过程在数字空间内的精确建模与系统性分析。基于机理建模的数字孪生体,可实现中药制药工艺流体数字化,建立预测控制模型,提高生产工艺的控制精度。基于数字模型并结合设备现有的采集点,数字孪生体可以合理计算并给出相关的检测数据在设备内物理空间上的分布情况。在此基础上,结合先进过程预测和控制系统,实现生产流程上、空间上和时间上可预测的特点。基于设备内实际流场分析,数字孪生技术可从时空角度直接把握中药制药过程的工艺控制规则,提升运行维护的稳定性,降低生产成本,增强生产过程控制的可靠性,有助于解决目前所面临的科技难题和技术挑战。

本书结合了多年以来的中药制药工程实践经验,并融合数字孪生技术在工程领域具体的实施案例,从物理实体的在线检测技术入手,探讨了物理空间与数字空间的数据交互技术;从中药制药工程特点出发,分析并研究了具体的传递过程机理模型与复杂的流动现象的结合方式;最终以中药产品质量一致性为前提,重点分析并讨论了节能增效的工业工程所关心的技术应用。

通过数据采集、模型建立、工程应用、预测性控制等相关技术环节,本书具体说明了数字孪生技术与中药制药工艺具体结合技术手段,并以相关具体工程实践为例说明了数字孪生技术的工程应用优势,为相关技术的工程应用实施提供了案例示范。

第二章

中药制药领域中的数字孪生技术

推动中医药“传承精华，守正创新”已经成为共识，作为传统制造领域中关键的一环，中药制药技术发展仍然存在着很多亟需提升的技术环节。关键问题包括：中药制药制造基础研究薄弱，重点工程应用核心技术问题研究力度不足，缺乏科学的过程传递理论支撑；复杂的生产制造设备和工艺操作缺乏有效的智能控制和运营管理；生产成本的控制缺乏精益生产数据与技术支撑。这些问题的解决亟需借助现代的智能制造核心技术实现跨越式发展。

中药智能制造包含复杂的应用场景，在保证产品质量批次间一致性的前提下，需要借力于数字孪生技术等先进制造技术，实现生产的数字化、透明化、智能化、精益化、绿色化。因此需要在深入理解中药制药产业需求基础上，深入挖掘智能制造的技术内涵，使这两者实现有机融合。

第一节　中药智能制造的内涵与特征

一、中药智能制造的内涵

人类体力劳动的深度和广度随着新的生产力的介入而逐渐延伸，从蒸汽机到电机，催生了能量驱动的工业革命。人类的脑力劳动也随着信息化技术革命加速延伸，以计算机为核心的现代信息技术的应用，推动了社会从传统工业社会进一步发展到信息驱动的信息社会。制造业的发展过程主要经历了标准化（低成本生产高质量产品）、合理化（完善全过程实现零浪费、零停机、零事故）、自动化和集成化（生产为用户提供所需的能力和面向服务的产品）、网络化和信息化（在无忧的生产环境中以低成本快速实现用户的定制需求）等 4 个阶段。基于现代信息技术与先进制造技术的深度融合，智能制造将逐渐成为主流生产方式，贯穿于设计、生产、管理和服务的各个环节。随着智能制造的发展，现代工业逐渐演变为具有自我感知、自我学习、自我决策、自我执行、自适应等功能特性。信息化与智能化成为第四次工业革命的主要特征，带动了制造系统由原来的能量驱动向信息驱动转变，实现生产过程工艺智能优化和过程合规智能管理。

《工业大数据发展指导意见》指出，智能制造需要不断深化数据驱动全流程应用，“构建集云端资源库、先进数字化工具、虚拟仿真环境等于一体的协同研发体系，实现基于用户数据分析的产品创新和协作研发。打通人、机、料、法、环等全过程数据链，提升基于大数据分析的生产线智能控制、生产现场优化等能力，加速企业生产制造向自决策、自适应转变。推动产品研发、工业设计、生产制造、经营管理等系统数据的贯通共享，实现研产供销、经营管理与生产控制、业务与财务全流程综合集成，提升企业经营管理数据应用水平”。因此结合先进的机理模型与过程控制理论，构建数字化制造技术与系统工具，实现对制造过程的模拟仿真、优化控制，成为现代智能制造技术的核心关键模块。

如何用不均一稳定的中药材原料制造出质量一致性高的中成药无疑是制药过程控制技术所面对的极严峻挑战。不同的中药提取制备工艺(生产流程、操作规范或工艺参数等)会造成物料成分变化，致使中成药产品有较大差异。对过程质量控制技术研究的轻视导致人们对中药制药过程认知甚少，过程状态数据积累严重不足，工艺参数、物料理化性质与药品质量相关性难以辨识；过程质量在线检测技术的应用尚待推广，与药品安全性及有效性相关的物料质量监测或监控技术研究还处于起步阶段。因此，如何采用事中控制或事前控制等先进的质量控制模式，建立科学可行的制药工艺标准及生产技术规程是重大前沿课题。结合过程机理仿真模拟与具体的工程实践，有望突破中药智能制造的技术瓶颈，构建中药制药单元操作、集成模块、生产线、车间、工厂的数字化模型，阐明中药关键质量属性量值过程传递规律。实现投入/产出物料在制药技术各环节变化规律的认知，进一步揭示物质、能量、信息转化规律等，充分挖掘中药行业数据的内在价值和潜力，实现生产过程中各组成单元的智能调控，以及工艺产品和设备的状态预测和故障预警。从而获得对工艺过程的准确理解，实现基于质量源于设计(Quality by Design, QbD)理念的工艺过程开发，实现模块化、连续化、集成化、精密化、绿色化的组分中药智能制造。通过数据流—信息流—模型库—知识库的闭环迭代发展，实现制药工艺系统与生产管理系统的高效协同，从而支撑生产控制与管理决策的持续优化与改进。

二、中药智能制造的特点

中药生产过程智能化控制的核心目标：科学描述和表征药品化学实体及其质量概貌，确定所要制造的目标产物及其关键质量属性；设计制药工艺，配置组装成套设备，设计建造生产设施，实施工程化验证，确定药品制造方式；将药品质量设计进生产制造流程中，确定药品制造全程质量控制方法。中药生产过程智能化控制的主要特点有：

1. 中成药化学实体　中药原料来自于天然产物，化学物质一致性较低；中成药产品化学物质复杂，现有分析技术尚难以确认绝大部分中成药化学组成；中成药的药效成分含量不一定高，辨识药效物质难度较大。

2. 中成药质量概貌　大部分中成药的临床定位模糊，研究药效物质及其作用机制面临很多困难，科学认知中成药质量概貌有较大难度，导致主要药效成分含量控制限度难以确定。

3. 中成药制造方式　在投料、组方一致的情形下按预定工艺流程进行制造，并不能保证所产药品的化学组成一致；必须建立合理的质量一致性评价方法，进而构建模型化、精细化、定量化制造方式，使生产制造批间一致性高的药品成为可能。

4. 中成药制造过程控制　在制药过程中保证药效成分足量、去除有害物质、调控质量一致性的难度很大；只有建立药品 CQAs 与制药过程状态参数间关系模型，才能研究确定关键过程参数(CPP)，建立过程质控指标体系，并在风险分析基础上建立过程控制模型，对制药工艺流程、制药设备、生产设施以及物料等实施精准控制。

5. *中成药制造过程管理* 与国际通行的生产质量管理体系相比，中成药制造需遵循的质量管理要求并不能因中药产品源自天然产物而放宽，只有要求更严才能保证最终产品的质量一致性。

第二节 智能制药与数字孪生技术

一、智能制药的定义与特征

智能制药的主要特征是使用大量的工业传感器、过程检测仪表以及过程分析仪器等组成一张庞大而灵敏的可反映制药过程全貌的感知网，并将信息技术与制药技术深度融合，进而实现人与人、人与机器、机器与机器、生产管理与过程控制等之间互通互联，通过制药设备、生产管理、质量检测等与过程控制系统网络化联接，形成集聚了原料/制药生产/药品流通/临床使用等中药产品全生命周期信息的智能网络，使制药过程的每一个工艺细节均被注入“智慧基因”。基于历史大数据和领域经验知识，采集实时生产数据，实现生产要素（人、机、料、法、环）的建模，根据模型评估相关风险因素，预测生产过程中产品质量与加工设备等的下一状态，将预测值与目标设定值实时比较，并通过对关键制造数据的科学调整，最终实现车间绩效的优化，实现从传统依靠药工经验转换到依靠数据和知识，从反应型被动管控到预测型主动管控的模式转变。其核心技术在于结合应用场景，通过大数据分析＋领域知识＋机理建模的混合建模方法，实现生产过程数字化管控。通过赋予中药制造平台学习和思考能力，用充满智慧的数据整合、分析与挖掘，从多种来源的中药工业数据中寻找关联，发现制药过程规律，洞察引起药品质量波动的因素，不仅实现制药工艺精湛控制，而且达到管理精益化要求，实现优质、保量、低耗、绿色、高效能制药。

二、数字孪生技术在智能制药中的应用

基于多年的工程应用研究，数字孪生技术已经演变成一个更广泛的概念，指的是人员、产品、资产和过程定义等制造要素的虚拟表示，一种随着物理对应物的变化而不断更新和变化的活模型，以同步方式表示状态、工作条件、产品几何形状和资源状态。数字表示法提供了一个物理“事物”在其整个生命周期中如何运作和生活的元素和动态。

“数字孪生”系统成为面向产品全生命周期的纽带，起着连接物理世界和信息世界的桥梁作用，并逐渐成为智能制造的基础。基于信息层的数据，结合机理模型构建反映制造加工设备的真实物理状态的虚拟样机，并基于历史加工大数据，通过数字孪生体对加工过程的行为进行建模及深度学习和训练，根据采集到的实时数据对设备下一时刻的状态进行科学预测，使制造加工设备做到物理层数据和信息层数据的深度融合。最终使数字孪生模型拥有自我感知、自我预测的能力，实现制造加工设备的智能化及生产工艺的预测式管理和控制。

基于机理建模的数字孪生体，可实现中药制药工艺流体数字化，建立预测控制模型，提高生产工艺的控制精度。基于设备内实际流场分析，数字孪生技术可从时空角度直接把握

中药制药过程的工艺控制规则，提升运行维护的稳定性，降低生产成本，增强生产过程控制的可靠性，有助于解决目前所面临的科技难题和技术挑战。在中药制药领域，数字孪生技术主要通过集成仿真计算、实测位点（工业现场通过在线传感设备实时采集的数据，如温度、压力、流体流速、密度等）、计算位点（通过上游仿真计算模块计算得到的工业物理量数据，作为下游仿真计算模块的输入量，一般该数据无法通过在线传感器进行实时采集，如气液混合体积分数、气液混合流体流速等）等研究来实现。作为数字孪生技术的核心模块，仿真计算模块基于输入变量，将中药制药过程所需的参数进行实时输出。按照 1∶1 等比例尺寸结合目标设备结构特点，构建对应的数字化设备模型，如列管式换热器模型、气液分离器模型，形成数字孪生模型的空间范围。在所需计算的数学空间范围内，构建机理模型流体力学求解器。通过引入适用于中药制药的关键参数经验模型，对求解器进行数理封闭，通过时空降维数学手段，形成快速计算的仿真计算模块。数字孪生技术有助于建立虚拟样机，实现制药过程的优化控制，在生产过程监控与诊断、过程质量预测、生产工艺优化等方面起到积极作用。基于历史数据、实时数据和模型计算可形成制药大数据，在此基础上应用数据挖掘和知识发现等信息化技术，实现生产工况的实时监控、诊断和优化，并建立中药制药工业知识图谱。这对于中药制药知识的传承和发展，促进相关设备生产性能的持续改进，最终保证产品质量，降低废品率，提高效率具有重要作用。

第三节　数字孪生技术的技术特点和核心要求

一、数字孪生技术的技术特点

数字孪生技术在智能制造工程领域实施必须要具备以下几个关键技术特点。

（1）数字孪生的几何形状和大小、结构组成、宏观和微观物理特征及其所反映的实物，甚至功能和性能也应该基本相同。

（2）允许数字孪生通过模拟和其他方法镜像模拟，反映真实的运行状态和情况，数字空间必须是实体空间的正确映射。

（3）实现模型和实体过程之间的前馈和反馈控制，数字空间和实体空间必须要有数据通信，一方到另一方的信息必须要实时、精确和科学。

从以上的关键工程特点中，可以看出，当数字孪生技术与智能制造技术相结合后，最核心的就是这两者间的数据交互形式，具体可以归纳为以下三个方面。①集成物理对象的数据，做到物理对象的映射；②与物理对象的全生命周期共同存在、共同进化，并与物理对象共同进行相关知识的不断积累；③实现对物理对象的描述，同时对物理对象的模型进行优化。

二、数字孪生技术应用的核心要求

随着智能制造技术水平的不断提升，其对数字孪生技术水平也有更为严格的核心技术要求。

1. 实时性　要求仿真计算模块的处理计算尽可能迅速快捷，根据输入条件，在最短时间内得到所需的计算结果，保证数字孪生模拟生产过程与实际生产过程在一个可信的时间尺度上同步进行。

2. 可靠性　仿真计算模块基于机理模型，并辅助以工业大数据对该计算结果进行智能纠偏，从而保证输出变量符合工业现场实际需求。

3. 全面性　仿真计算输出结果应具有空间上的全面性，可以输出设备内部各点的结果；物理数据完整，可输出目标各种物理参量的计算结果；它在时间上是可预测的，可以输出未来时刻物理量的变化过程。

三、嵌入数字孪生技术应用的显著特点

当数字孪生技术在智能制造领域进行了更为具体的应用实施后，其对现有的工业应用场景将会产生如下的技术变化。

（1）传统工业现场的检测是以点位检测为主，只能给出空间内某个点的具体参数数值，而不能对空间内场的数值分布进行整体分析，只能通过其他位置的旁证进行经验验证。而数字孪生基于可靠的机理模型，将实测位点的数据或是用于输入计算，或是用于输出验证，在其模型结果可靠的前提下，可以给出设备内空间的数据分布情况，因此具备空间上的全面性的特点。

（2）传统的工业检测主要以压力、温度、速度等数据为主，对于工业现场中的实际参数无法进行直接检测，比如机械式蒸汽再压缩技术浓缩过程中的气、液相流体速度，以及气、液相实际温度都是无法直接测量。通过数字孪生计算输出，可以得到直接、精确、完整的工艺流体的目标参数，因此具备物理数据完备性的特点。

（3）传统工业现场的检测数据采集在时间上存在一定的滞后性，表现为只有当设备内部产生一定变化且该变化的波动要被检测器检测到，才能反馈到工艺操作人员。但是数字孪生模型可以通过前期的模型计算，在虚拟样机中反馈出变化的种子，可实时描述此种变化在设备内部的瞬态演化流程，同时又可提前给出该变化的预测行为，具备时间上可预测的特点。

第四节　数字孪生技术在现代中药制药中的应用

由于数字孪生技术在工业工程应用中具备非常明显的技术优势，因此将极大地提高中药制药工程的技术水平，解决目前中药制药工程应用中如何测，测什么，怎么控的技术难题。通过数字孪生在中药制药工艺中的部署实施，将主要实现以下工程应用目标。

1. 实时控制　对于影响产品质量的设备、操作、环境、公用介质等各要素，运用能够反映出过程运行状态的过程模型进行实时监控、诊断故障并予以调整。根据当前过程物料质量属性与过程参数的测量值，采用过程模型来计算得到输出物料质量属性的预测值，当预测值与目标值的偏差超出可接受范围时，根据输出物料质量属性的目标值，对过程参数进行实时调整。

2. 预测性维护　预测性维护是化工领域广泛使用的过程控制方法，主要用于减少控制

目标的波动，也在化学药品生产过程质量控制中得到应用。中药生产过程的预测性维护方法是指在理解物料性质、工艺参数与产品质量之间关系的基础上，建立工艺参数优化模型，根据物料性质计算合适的工艺参数，从而减少原料质量波动对产品质量的影响。在进行新批次的生产前，利用已有模型，根据获取的新批次的物料性质，结合中药生产的预设工艺参数，来预测工艺过程的关键质量属性。将预测值与设定指标进行比较，从而对中药生产过程进行调整和控制，使得预期值达到设定的指标。

3. *运行状况检查*　通过将实际生产过程中的数据采集、传输、存储和分析，与虚拟模型进行对比和验证，从而实现生产过程的检查。具体来说，数字孪生技术可以通过传感器、物联网、云计算等技术手段，实时采集生产过程中的数据，包括温度、湿度、压力、流量等参数，并将这些数据传输到云端进行存储和分析。同时，数字孪生技术还可以利用虚拟现实、增强现实等技术，将实际生产过程中的数据与虚拟模型进行对比和验证，从而实现生产过程的检查。

4. *工程设计*　由于中成药制造过程的复杂性，生产过程中所发生的一切需要进行完善的规划。应用数字孪生，对所需生产的药品及其生产方式、原料以及场地等都可进行系统规划，并将各方面关联起来，实现设计人员和生产人员的协同。一旦发生设计变更，可以方便地在数字孪生模型中更新生产过程。除了过程规划之外，生产布局也是中药智能制造系统需要解决的重要问题。借助数字孪生模型可以设计出包含所有细节信息的生产布局，包括机械、自动化设备、工具、药材甚至是操作人员等各种详细信息，并将之与产品设计无缝关联。

5. *生产调度*　采集物理车间信息包括订单信息及多源生产要素；生成生产排程计划及建立孪生模型获得孪生车间；在孪生车间中进行仿真生产并对排程进行优化，获得最优排程方案；将最优排程方案上传到服务器对物理车间下达生产指令；服务器指导物理车间生产并进行评估，生成生产反馈对孪生车间进行动态迭代，更新孪生空间；生产结束后，将生产数据分类式存储至服务器数据库中。采用数字孪生法将物理车间映射至孪生车间进行排程方案的验证，并根据生产状态的动态变化，实时地在孪生车间进行仿真，最大限度发挥设备的效能，提升生产质量和效率，降低了生产成本。

6. *远程监控*　对于正在运行的制药工厂，通过其数字孪生模型可以实现工厂运行的可视化，包括生产设备实时的状态、在制订单信息、设备和产线的 OEE、产量、质量与能耗等，还可以定位每一台物流装备的位置和状态。对于出现故障的设备，可以显示出具体的故障类型。烟草行业应用数字孪生技术进行了工厂运行状态的实时模拟和远程监控实践，在总部机构就可以对分布在各地的工厂实施远程监控。

7. *原料及生产过程追溯*　通过生产线模块对生产线上产品生产时间、生产人员生产数量进行记录，生产设备模块对生产设备、设备生产能耗、设备维护等进行记录，通过产品管理服务模块对产品设计数据、产品检测数据、质量问题、产品检测过程进行记录，利用仿真分析模型模块对记录数据在虚拟空间中完成映射，从而反映相对应的产品周期过程，同时通过多源数据集成模块对数据进行整合并将数据发送给数字孪生模型，数字孪生模型对数据进行数字模型建设，方便对数据进行处理，并将产品信息发送给产品溯源平台。中药制药数字孪生技术可以保证生产信息的真实性，同时产品信息可以通过电子化、数字化的实时记录，保证生产过程的透明化、清晰化，实现各个环节的生产监控，规范药企内部流程操作，保证药品生产质量的问题，可根据生产溯源系统回溯到当时的生产状况，监察所有生产环节并对问题环节做出及时处理，追踪并回收尚未出售的药品，切断问题源头，消除危害，减少后续损失，为药品生产、销售、使用及售后提供保障。

在基于中药制药数字孪生的生产过程智能化控制研究中，应将药品质量控制方法与制药工艺、制药设备、生产设施、过程控制方法、过程管理方法、药材质控方法、物料检测方法、药品质检方法、工程验证方法等同步设计，使得质量控制与制药方式相融合，从而保证药品制造方式以及质量控制方法科学、合理、可靠，确保中药制造车间能够生产出满足安全性、有效性及质量一致性要求的药品。

小　结

从以上讨论可以看出，基于上述制药设备、工艺、车间等多层次的数字孪生模型构建，有助于实现对整个生产流程的剖析和精细化数字建模。通过对经验数据的使用和共享，结合仿真分析，形成过程知识图谱，从而实现知识驱动的过程设计和精准控制。在此基础上，通过面向产品的质量评价、数据分析、故障诊断、过程溯源等技术，可实现基于数字孪生的全流程质量“数据”的闭环管理，结合生产数据驱动过程改进，形成基于制造数据的产品质量保证和改善体系。

药品作为特殊的商品，其生产必须符合相关法规的规定。通过数字孪生技术对于中药制药领域的赋能，有助于提升生产过程的数据完备性、科学性和透明度，增强最终产品的质量一致性；实现以人为中心的模式逐步转变为以模型为中心的模式，在中药生产行业中应用数据驱动的生产过程实时优化、运维服务动态预测，实现基于数据与算法驱动的“理治”生产，构建产品全生命周期质量感知、评估、预测的中药智能制造系统。

第三章

中药制药数字孪生技术架构

2015 年美国空军提出了数字孪生分析框架，用于提供工程分析能力，并支持航空飞行器整个生命周期的决策，数字孪生基于物理的建模和实验数据合并，通过系统在武器系统的装备和运维的每个阶段生成一种权威的数字化表达。2017 年是数字孪生研究的里程碑年份，国内外数字孪生的研究大量涌现，而且其中体系框架方面的成果非常丰富。陶飞等在 2017 年提出了数字孪生车间技术，以提供一种新途径来解决实现智能制造的瓶颈，认为数字孪生车间由物理车间、虚拟车间、车间服务系统、车间孪生数据四部分组成，从生产要素管理、生产活动计划、生产过程控制三个方面阐述了数字孪生车间的运行机制。随着产品制造过程和产品服务过程的数据管理问题日益凸显，数字孪生体有助于解决产品全生命周期中多源异构动态数据的有效融合与管理的问题，面向产品制造过程的数字孪生体实施框架被重视。中药生产是一个复杂的系统，由各种元素、过程和数据组成。为了满足数字孪生的关键特性，如真实性、集成性、动态性、可见性和可计算性，应该从多个维度描述物理实体。

第一节　中药数字孪生技术架构

中药制药数字孪生包含物理组件、虚拟组件和它们之间的自动化数据通信，是通过集成数据管理系统实现的，如图 3－1。物理组件由数据的所有制造源组成，包括不同的传感器和网络设备(例如路由器、工作站)。虚拟组件是物理组件各个方面的综合数字表示。这些模

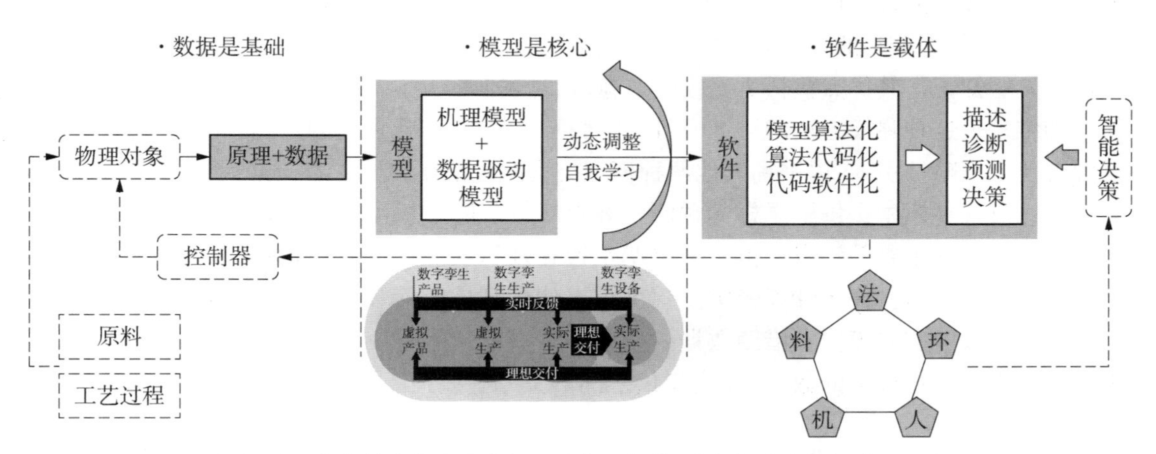

图 3－1　中药制药数字孪生框架的物理组件、虚拟组件和数据管理平台

型建立在先验知识、历史数据和从物理组件实时收集的数据上，以不断改进其预测能力，从而保障物理空间的保真度。数据管理平台包括数据库、数据传输协议、操作数据和模型数据。除了过程预测、动态数据分析和优化外，该平台还应支持数据可视化工具。

一、物理组件

从物理过程和组件中获取数据是数字孪生开发中最重要的元素之一，物理组件包括生产设备实体和由各种传感器组成的信息感知层。设备的关键工艺参数可以通过设备制造商提供的人机界面手动获取，也可以通过一些机器-机器接口自动获取，包括开放平台通信、平台数据访问、平台通信统一架构和通信协议等，用于设备软件与控制或历史数据之间的数据传输自动化。数据也可以使用消息队列遥测传输、超文本传输协议、传输控制协议/互联网协议等通过网络传输。产品的关键质量属性是使用软传感器确定的，它们通常采用网络协议进行数据传输。软传感器是硬件传感器与它们特有的软件支持的模型的结合，有助于获得有关的过程信息。软传感器已经在一些过程工业中实施，用于过程监测和控制。这些传感器已被用于测量中药冷冻干燥工艺中的阻力，测量高温的温度计，估计粗蒸馏过程中的产品质量。连续获取大量的数据需要一个系统的框架（如历史数据库）来存储历史数据。一些研究已经采用了本地数据历史库来创建一个信息基础设施，使过程和传感器数据的同步收集成为可能。

二、虚拟组件

虚拟组件由一组模型组成，用于模拟物理过程并分析系统的当前和未来状态。借助适当的模型，虚拟组件可用于执行实时过程模拟和系统分析，包括但不限于确定最有影响的因素集的敏感性研究、产生可行操作条件的设计空间研究以及系统优化。实时过程模拟的结果可以发送到数据管理平台以实现过程可视化，系统分析的结果与预编程的专家知识一起可用于向物理组件提供控制命令，以确保过程和组件一致性。

在中药数字孪生中存在不同的模型类型（即模型层），即机理模型、数据驱动模型和混合模型。机理模型依赖过程知识和理解，因为其开发是基于基本原理和过程机制。由此产生的模型具有高度的普适性，具有物理上可解释的变量和参数，对过程数据的要求相对较低。然而，这往往伴随着高的开发和计算成本。相比之下，数据驱动的模型只依赖于过程数据，不需要先验知识。其优点包括更直接的实施、相对较低的开发和计算费用，以及方便的在线使用和维护。这种建模方法的可解释性差、可推广性差，需要大量的数据，存在局限性。于是混合建模策略被引入，以平衡其他两种模型类型的优缺点。通过不同的混合结构，混合建模方法在过程建模中提供了更好的预测性和灵活性。除了模型的开发，计算成本也是数字孪生虚拟组件的主要关注点。由于数字孪生旨在表示物理组件并执行系统分析，因此其需要大量的计算能力。许多计算密集型模型可以使用高性能计算并行运行，以提高计算速度来实现实时或近实时模拟。借助数据挖掘和人工智能技术可以形成数字孪生的决策层，帮助分析中药制药过程中的数据，寻找变量之间的关系，优化工艺参数，提高产品质量和生产效率。

要为中药数字孪生框架的虚拟组件开发模型、执行模拟和进行系统分析，需要适当的建模平台。目前已经开发出了各种商业建模平台和软件包，包括 MATLAB 和 Simulink (MathWorks)、COMSOL Multiphysics (COMSOL)、gPROMS Formulated Products (Process Systems Enterprise/Siemens) aspenONE 产品 (AspenTech) 和 STAR－CCM＋(Siemens)等。

三、数据管理

数据管理平台提供分布式计算、数据分析工具、交互协议以及数据和设备管理工具。大多数情况下的无缝数据整合主要受阻于制造商和服务之间基于使用的软件和支持的数据格式的大量异质性。一些云服务将其解决方案作为可选的应用程序接口来提供，以便与其他软件集成。此外还需要采用一种标准的文件格式，以满足跨平台的整合。万维网联盟提出了可扩展标记语言、资源描述框架以及其他标记语言，以明确地对信息进行建模。可扩展标记语言为用户提供了定义标签和数据结构的自由，这些标签和数据结构既可由机器阅读，也可由人类阅读。这种语法的进一步发展是为了在资源描述框架内纳入信息的图结构。W3C 还提出了用于信息建模的网络本体语言。网络本体语言是资源描述框架的一个词汇扩展，目前正在使用可扩展标记语言和资源描述框架。当需要存储大型数据库时，这些文件变得很麻烦，因此，美国国家标准协会推荐了用于关系型数据库的新标准语言结构化查询语言。SQL 数据库在云服务器上很常见，其在横向扩展方面的困难导致了非 SQL 数据库的发展，这种数据库易于纵向和横向扩展，并且可以托管在云服务器上。云服务器并不局限于存储，它们提供了大型的、可扩展的计算能力，可用于快速数据分析和模拟。网络服务也可以托管在云服务器上，以创建一个在线仪表板，使实时物理数据和模拟/数据分析的数据可视化。

第二节　中药制药数字孪生技术的关键技术

中药制药数字孪生的关键原理是药品生产系统不仅通过将物理信息发送到数字领域进行连接，而且还实时通信和分析药品生命周期各个阶段的数据。因此，它标志着向物理—数字—物理信息循环的转变，这需要信息—物理集成，如图 3－2 所示。数字孪生体基于一系列维度的历史和近实时测量，从而生成流程的动态配置文件。因此，在其他实现部分中，物理孪生收集数据是至关重要的。因此使用信息感知和数据交互是必不可少的，因为它们通过促进整个生产过程中发生的一切的测量、传感、监视、控制和通信，将“真实”部分与“数字”部分连接起来。信息感知技术可能包括高质量传感器、高性能计算、机器人和人工智能等元素。此外，由于具有更强大的计算能力，这些测量可以通过强大的处理架构和先进的算法进行评估，以实现实时预测反馈和离线分析。如前所述，将仿真结果与物理孪生体进行比较的能力可以为药品生命周期提供有价值的信息，监控产品在所有阶段的性能。

一、数据采集技术

数据采集对于中药制造业中数字孪生体的成功开发和实施至关重要，因此传感器的可用性和数据的成本是过程数字化的瓶颈。因此，测量尽可能多的过程变量的能力是非常重

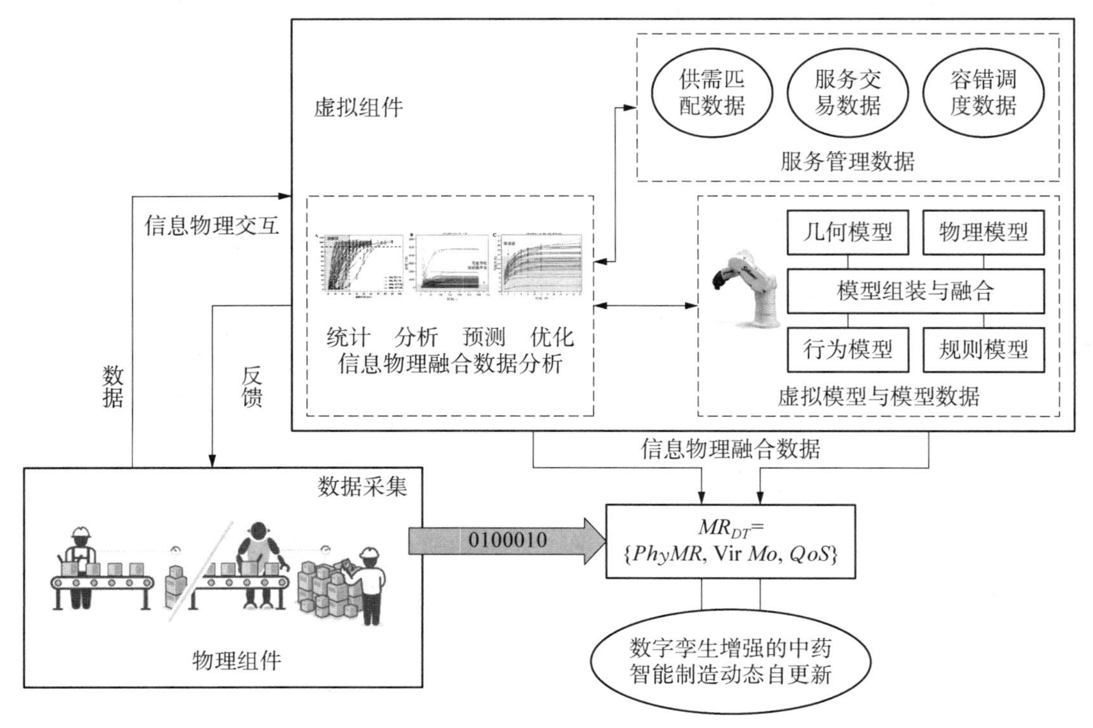

图 3-2 技术融合

要且必要的。为此，近年来，中药制造中的数据收集技术迅速发展，从离线分析、无线传感器，到实时光学扫描和图像分析。这一进展的驱动力来自中药制药过程背后的复杂性和可变性，以及 PAT 和 QbD 指南的逐步实施带来的需求导向性。现代工厂由电子监督，并创建具有良好特征的过程记录，不易出现人为错误。现代中药生产工厂应当保存材料输入（数量、质量控制记录、批号）、工艺输出（料液密度、产品浓度和质量）、生产设备的操作参数（搅拌速率、温度等）。通常，有三种类型的变量需要测量和监控，物理、化学和生物变量，每种变量都可以使用不同的传感技术。

新的仪器、数据使用和先进的计算工具在数据采集中得到应用。无线传感器、光谱传感器、软传感器和化学计量学的使用，促进了中药生产过程中更多和更好的数据收集和分析。漂浮式无线传感器是一种新型的测量仪器，可以在搅拌反应器内的恶劣环境中提供过程数据。光谱传感器是另一种在中药生产过程监测中用于测量液体中的变量的传感工具。光谱仪是以电磁波和分子间的相互作用为基础的，因此光谱传感器也是无创的。通常关于中药生产过程变量的过程相关信息在紫外到近红外的光谱范围内收集。通过使用紫外光谱，可以测量有毒中间体或关键质量标志物；使用近红外，可以监测可溶性固形物、有机酸、大类物质等。理论上，这些传感器可以通过将光谱与化学计量学耦合，同时检测几种化合物，而没有时间延迟。另一项显示出巨大潜力的传感技术是软传感器。软传感器将硬件传感器和基于软件的估计算法相结合，用于在线监测。因此，传感器（如恒温器或光谱传感器）将其数据传输到软件，旨在预测无法直接测量的过程变量。因此，软传感器能够合并、压缩和处理来自多个探头的所有数据。软传感器可以分为两类，模型驱动和数据驱动。模型驱动软传感器基于第一性原理，需要对过程背后的机制有广泛的了解。相比之下，数据驱动软传感器使用历史数据，不需要了解过程背后的原理。数据驱动软传感器由 PCA、SVM、ANN 和模糊逻辑等算法支持。它们已被应用于在线预测、过程监测和过程故障检测，以及传感器故障检测和数据重构。

二、数字化建模技术

一般来说，模型开发可以从头开发一个全新的模型，也可以对现有模型进行调整和进一步开发。无论哪种方式，模型创建的第一步必须明确定义模型的目的，例如用于中药制药过程监测的数字孪生体中的模型，制定模型要求和流程描述。模型是基于数据进行参数化的，对模型的精度进行检验，从而获得校准过的参数化模型。如果不可能以先前指定的精度重现实验生产过程，则必须对模型进行修改和扩展，为了获得完整的参数化，可能需要进行更多的实验。参数化后，数字孪生体能够为过程控制策略中的优化算法提供预测模拟数据。优化结果(例如，进料轨迹)将传输回物理孪生体。数字孪生体中的数学过程模型必须能够计算和预测有生产过程变化，并在之前的实验数据范围内进行插值或外推。这使得数字孪生体特别适合应用于过程控制和操作以及过程优化。为了确保预测能力，必须复制几组不同的实验数据，并在定性和定量上高度一致。数字孪生体中进行参数化的机理模型能够预测关键事件，并在问题发生之前提前预测。综上所述，数字孪生体的质量在很大程度上取决于所用模型的质量。

数字孪生体中的(子)模型集必须能够定量地再现具有高度一致性的实验数据。模型结构和参数应易于解释，从而在生物、化学或物理上具有可解释性。如果可以使用在线数据(例如废气浓度或 pH 值)对模型进行参数化，将是有利的，因为在线数据几乎没有时间延迟。在线数据能够提供高数据密度和信息内容。近线和在线数据的利用是在数字孪生中应用流程模型的一个重要部分。为了实现有效的工艺优化，对于同一中药材的不同批次，模型参数应该在相同的范围内，并且只能通过识别参数来适应工艺，而不能通过改变模型来适应。为了能够在模型和真实过程之间进行比较、并改进参数化过程，在所定义的目的方面，在数字孪生的(子)模型中，应该用状态变量描述尽可能多的实验可用数据，通过基于模型的流程优化进行调整。因此，数学模型必须表示动态过程特征，并允许不同的操作模式，如批量、进料批量和连续操作。

在制药过程中，需要用模型加以描述的对象包括：

1. *药品*　中药从原料到产品的生产过程周期需要采用各种药品模型和过程模型来描述。

2. *资源*　机器设备、资金、各种物料、人、计算设备、各种应用软件等制造系统中的资源，需要用相应模型描述。

3. *信息*　对数字制造全过程的信息的采集、处理和运用，需要建立适当的信息模型。

4. *组织和决策*　将数字制造的组织和决策过程模型化是实现优化决策的重要途径。

5. *生产过程*　将生产过程模型化是实现制造系统生产、调度过程优化的，在符合药品生产管理规范前提下以优化产品生产消耗为研究目的。

三、模拟仿真技术

根据仿真建模技术的基本原理，建模与仿真分别代表了两个不同的过程。建模是指根据被仿真的对参或系统的结构构成要素、运动规律、约束条件和物理特性等，建立其形式化模型的过程，仿真则是利用计算和建立、校验、运行实际系统的模型，以得到模型的行为特征，从而分析研究该系统的过程。

仿真是建立在控制理论、相似理论、信息处理技术和计算技术等理论基础之上的，以计算机和其他专用物理效应设备为工具。利用系统模型对真实或假想的系统进行实验，并借助于专家经验知识、统计数据和资料对实验结果进行分析研究并做出决策的一门综合性和实验性的学科。

仿真框架则主要提供对仿真系统控制功能的描述。在传统的面向过程的仿真建模方法中，仿真系统的控制功能被嵌入描述模型的过程，代码中仿真涉及的各种控制功能与模型的建模元素不能明确地区分开。在选择建模方法时，应该考虑中药制药系统的特征，以及所要跟踪问题的性质。常用的仿真建模方法包括静态/动态建模方法、连续/离散建模方法、随机/确定性建模方法以及面向对象和多智能体仿真建模方法。选择合适的抽象层，对于建模至关重要。前面说过，模型是对实际系统的一个抽象，只有明确了模型所需要包含和舍弃的部分，才能构建出复杂程度适合、能真正解决实际问题的仿真模型。

仿真技术的应用，可以实现中药制药过程从传统的“设计—试验验证—修改设计—再试验”反复迭代的串行研制模式到“设计—虚拟综合—虚拟试验—数字制造—物理制造”的并行研制模式的转变。在设计的早期，通过虚拟仿真消除中药生产工艺缺陷，确保设计制造一次成功，从而提高产品研发质量，降低研发成本，缩短产品研发周期。

四、数据分析和挖掘技术

新的传感方法存在技术不成熟、需要专业知识（光谱测量和化学计量学）等问题的限制，这些方法依赖于大量数据的收集（大数据），因此面临着数据收集、存储和管理的问题。大数据技术描述了大量的结构化、半结构化和/或非结构化数据，这些数据需要消耗大量的资源才能被存储和分析。然而，从长远来看，这种对大数据的分析也可能具有巨大的价值。

收集的数据量要求存储系统能够处理这些数据。由于数据的异构性，差异很大。例如采集速度，对于某些测量（如温度和 pH 值），数据生成可能很快，因此，即使不是所有测量都呈现相同的行为，数据处理也需要高吞吐量。而数据价值意味着需要使用有效的算法来提取隐藏在数据中的有价值的信息。虽然大多数算法已经开发出来（如支持向量机或人工神经网络），但它们的适应性和集成仍在开发中，特别是在中药制药过程中。

此外，当大数据出现时，需要对关键特征进行评估，以便在制造过程中挖掘其价值。大数据在药物制造中的应用和使用应该与专家知识相结合，因为数据的整体复杂性也源于中药的内在可变性。与此同时，还要考虑到数据可能无法通知决策者和专家，并隐藏在数据孤岛（未使用的数据存储库）中。

关于数据存储，有几种策略用于存储和管理大数据。其中一些是数据湖、数据仓库和数据库。在数据湖中，数据的插入速度非常快，并且在数据存储之后才进行预处理；数据仓库从各种来源收集数据，并在存储数据之前对数据进行预处理；数据库则是存储信息的先驱方法，尽管它们通常只收集可用的最新数据。随着数据收集和管理的改进，可以为中药制药行业建立一个更完整和可靠的产品和工艺生命周期的表示。

在数据准备用于创建和维护数字孪生体之前，有必要解释一下原始数据在未完全数字化的过程中所经历的路径，数据必须经过一系列的步骤才能用来准确描述一个过程。

为了准备最终使用的数据，首先提取对当前目的有用的隐藏信息。为此，化学计量学是必要的，通过对大型数据集的数学处理，提取有意义的信息。使用数据驱动方法在过程中发现知识的方法包括几个阶段，如数据挖掘、特征提取、特征选择、数据建模和数据降维。

第一步是数据预处理。因此，数据处理分为几个子步骤：数据清洗；规范化和标准化；转换；去噪；缺失值填充。在第一步中，应该消除噪声，并通过离散傅里叶变换或符号聚合接近等方法提取有用的信息，并且需要对时间剖面进行对齐。

第二步是降维，即通过特征选择和/或特征提取来减少数据集中可用的特征/变量的数量。这将简化后续步骤并减少存储数据所需的空间量。降维和可视化最常用的方法之一是主成分分析。

第三步是数据挖掘，即发现不规则性、趋势、模式和数据的过程中数据的相关性，以便预测结果。它利用计算技术来发现数据中的任何重要趋势，并用于模型构建。例如，在化学计量学中，数据与过程变量相关，如出膏率或与数学模型中的实际过程状态相关，该模型可用于从在线测量中预测变量或过程状态，允许连续在线预测变量和估计实际过程状态。为此，主成分分析、多元线性回归、支持向量机和人工神经网络成为最常用的技术的一部分。

数据处理是中药制造业中创建数字孪生体的主要瓶颈之一。尽管随着对建立数字孪生体兴趣的增加，引发了新的和改进的技术不断发展，以促进和加快所涉及的不同步骤，但它仍然是一个复杂的和计算要求高的操作。

五、决策优化技术

数字孪生技术中的决策优化功能，是指利用模拟仿真数据，通过数据分析和机器学习等技术，对实体系统的运行情况进行评估，并提出优化建议，帮助决策者做出更加科学合理的决策。数字孪生技术中的决策优化功能，可以应用于多个领域，如制造业、能源、物流、医疗等。以制造业为例，数字孪生技术可以对生产线进行建模，并通过实时采集的数据对生产线的运行情况进行监控和分析。同时，数字孪生技术中的决策优化功能可以对生产线的运行情况进行预测和控制，以提高生产效率和降低生产成本。在能源领域，数字孪生技术中的决策优化功能可以对能源系统进行建模，并通过实时采集的数据对能源系统的运行情况进行监控和分析。同时，数字孪生技术中的决策优化功能可以对能源系统的运行情况进行预测和控制，以提高能源利用效率和降低能源消耗成本。

中药数字孪生技术的决策优化功能可以通过以下几个步骤来实现。

第一步，根据实体物理系统的特征和运行状态，利用数学模型和计算机仿真技术，建立数字孪生模型，模拟实体物理系统的运行状态。

第二步，利用传感器等设备，采集实体物理系统的运行数据，并进行处理和分析，对数字孪生模型的参数和状态进行更新和调整。

第三步，利用数字孪生模型，对实体物理系统的运行状态进行监测和预测，分析其存在的问题和优化空间，制定优化方案，进行决策的优化和控制。

第四步，根据优化方案，实施决策并进行实时监控，对实体物理系统的运行状态进行调整和控制，从而实现决策的优化。

算法是决策优化的关键技术之一，它可以帮助制药企业在复杂的制药过程中实现高效、高质量的生产。以下是几种常用的算法。

遗传算法是一种模拟自然界遗传进化过程的优化算法。它通过模拟遗传、变异和自然选择等过程，不断优化决策变量的取值，以达到最优解。在中药制药过程中，遗传算法可以用来优化药材配比、生产工艺、生产周期等因素，以提高产品质量和生产效率。

神经网络算法是一种模拟神经系统思维过程的算法。它可以通过训练神经网络，对大量数据进行分类、预测、识别等操作。在中药制药过程中，神经网络算法可以用来预测药材的质量、判断产品的成分和质量等，从而优化生产过程，提高药品质量。

模糊逻辑算法是一种处理模糊信息的算法。它可以将不确定的信息进行量化，并进行逻辑推理和决策。在中药制药过程中，模糊逻辑算法可以用来处理药材质量、温度、湿度等因素的模糊信息，从而优化生产过程，提高产品质量。

蚁群算法是一种模拟蚂蚁觅食行为的算法。它可以通过模拟蚂蚁在寻找食物过程中的信息共享、信息反馈和信息更新等过程，优化决策变量的取值。在中药制药过程中，蚁群算法可以用来优化药材配比、生产工艺等因素，从而提高产品质量和生产效率。

决策优化算法在中药制药过程中的应用主要有以下几个方面。

1. *提高生产效率*　中药制药过程中需要考虑多个因素，如原材料的质量、制药设备的状态、生产工艺的稳定性等。通过决策优化算法，可以对这些因素进行综合考虑，找到最佳的生产方案，提高生产效率。

2. *降低制药成本*　中药制药过程中，原材料、设备、人力等成本占比较高，通过决策优化算法，可以对这些成本进行分析和优化，降低制药成本。

3. *提高产品质量*　中药制药过程中，产品质量是制药企业的核心竞争力。决策优化算法可以通过对制药过程中的各个参数进行优化，提高产品质量，增加产品附加值。

4. *减少生产过程中的损失*　中药制药过程中，会存在一定的生产损失，如原材料的损失、设备的损坏等。通过决策优化算法，可以对生产过程中的损失进行分析和优化，减少生产损失，提高生产效率和经济效益。

第三节　中药制药工艺对数字孪生技术要求

一、中药制药行业需要解决的痛点问题

在现代中药现有的制药生产模式存在以下技术问题。

首先是工艺数据认识薄弱，生产过程采集数据缺乏与产品质量直观技术联系，现有中药质量评价方法以化学成分含量检测为主，缺少以临床疗效为导向的中药质量综合评价技术。

不能解决中药质量的“怎么测”问题，导致中药质量控制目标不精准，难以实现中药质量的持续提升。

其次，制药过程涵盖了复杂的流体运行行为过程，同时包含了非牛顿流体流动、传质和传热行为，增加了工艺稳定控制的难度。现有饮片炮制加工和中成药生产过程中，对于关键质量属性的量值传递、转化规律的认识与理解不足，缺少精准的过程质量控制技术，不能解决中药质量的“怎么控”问题，导致优质饮片和中成药的生产与供给成为产业发展的制约瓶颈。

第三，工艺单元信息化程度不足，生产上下游数据割裂，形成信息孤岛，现有的制药设备工艺老旧，缺乏新型工艺和数字化改造，中药制药工艺自身复杂的工艺特点，往往需要依靠现场工人丰富的经验进行临场调控，缺乏科学决策的数据支撑。

最后，中成药生产的原料以药材和饮片为主，其质量波动范围通常较大。如何用不稳定的药材生产出质量一致药品来，需要解决中药质量批间一致性控制的难题。

针对以上痛点问题，中药制药行业需要面向中药制药全产业链的各个环节，开发生产工况智能感知、过程智能控制等新技术，合理设计并采集质量相关物理参数、工艺参数、设备参数，解决制药过程数字化问题；以此为基础，针对制药关键工序及工序组合，建立关键质量属性的量值传递模型，并基于模型形成具有中药制药特色的药品质量优化控制策略，解决制药过程工艺优化控制问题，并研制中药绿色智能制药设备及工业信息化软件，攻克中药质量传递规律不明、控制不准等技术难题。通过对制药过程的自动化、数字化、信息化和智能化的逐步升级改造，提升全系统的优化运行、控制和管理，实现了基于数字孪生的、可解释中药制药工程原理的白箱模型构建和工艺智能优化控制，从而构建中药制药的高质量发展模式。

二、中药智能制造技术的需求分析

中药制药生产过程的特点与挑战包括生产原料多变、生产工艺复杂且流程长造成的工况复杂，质量控制难度大。针对这些问题，需要通过灵敏感知、精细操作、智能分析和敏捷决策来应对处理，下面分别从资金流、物质流、能量流、信息流的角度出发，分析相对应的技术需求。

从资金流考虑，中药制药企业的原辅料采购、库存优化、药品生产、市场需求预测、物料运输调配之间存在不匹配的情况，造成各个环节与上下游生产条件缺乏协同优化和快速准确决策机制，这就导致库存不能有效反映当季的市场需求，资本下沉至生产底层与市场流通性脱节，引起了资本浪费。因此需要加强市场预测与资本流通的联系，以市场预测为导向构建资本全生产环节的快速流通机制。

从物质流考虑，需要解析中药制药过程的关键质量属性相关的化学成分的转化、传递规律，这对于运行工况的实时感知、产品质量的实时监控与预测、过程质量的精准管控至关重要。从关键工艺出发，提高关键质量属性在全生产流程中的过程传递稳健性。

从能量流考虑，需要实时监控、预测与优化生产全流程能源消耗，同时实现对全生命周期中废水、废气、废料的实时监控和溯源，这需要全流程各生产工序的协同优化。将节能减排与生产工艺相结合，将关键质量传递过程与能量贯通相耦合，在维持产品质量稳定的前提下，降低生产能耗。

从信息流考虑，需要实时感知中间物料属性和加工过程的工艺参数，并认知生产过程的动态特性与运行状态，实现优化操作，智能决策与控制一体化，建立 ERP、MES、DCS 等系统的无缝集成平台，使得信息和知识驱动的企业全局优化成为可能。

三、中药制药工业的智能制造关键技术体系

新一代的中药智能制造技术亟需多学科交叉融合与创新，尤其是将新一代信息技术与制药生产过程优化管控进行深度融合，建立产品质量的主动响应和预防控制策略，从而实现中药产品质量的精准管控，推动中药传统产业的升级转型。为实现上述目标，需要通过物联网连接并感知制药过程中的人、机、料、法、环等要素，对生产过程实施深度感知、智慧决策和精准控制，实现高质量、高效率的生产管控。

新一代中药智能制造系统的本质特征是具有学习认知功能，能够在运行过程中基于感知数据和计算分析，通过学习产生知识，实现过程优化和质量提升。相关知识主要包括以下几种：首先是能够反映生产过程物质能量转化传递本质规律的机理知识。其次是反映人们对生产过程认知理解的经验知识，即操作与过程之间内在关联的认知。最后是隐含在海量数据中，反映实时生产工况的数据知识。通过构建制药工业知识图谱，一方面传承药工经验，更重要的是将现场工人操作经验数据化，从中提取出人工难以描述的过程知识规律，建立大数据＋机理模型的过程知识库，基于大数据和深度学习等数据智能技术不断成长和完善，使得系统性能持续提升和优化。

目前工艺参数通常由工艺研究人员凭知识和经验并经过实际生产过程的反复试验来确定，未来需要发展智能制造关键技术，构建工艺智能优化系统，提升工艺参数研究的智能化水平。利用多元传感器阵列、深度挖掘和模型分析、智能管理决策和信息技术等创新，通过大数据分析与服务，使过程质量管理从粗放型向精细化、精准化转变，从被动响应向主动预见转变，从经验判断向大数据科学决策转变，真正形成源头防控、过程监管、综合治理的质量管理闭环，从而实现从“经验制药”向“智慧制药”的跨越。

鉴于中药制药过程的复杂性，不能只考虑单个物理场效应或一维尺度数据，不能忽略多物理场和多尺度之间的耦合关系。需要应用有限元仿真软件构建包括能量、物质、流场在内的多物理场和体现历史、实时和未来效应的多尺度的仿真模型，从不同的角度对中药制药过程的仿真模型进行分析与评价。构建“模型驱动＋数据驱动”的混合驱动方式进行高逼近仿真。首先加强对设备结构、过程机理以及各种环境因素的理解，在此基础上，利用数据驱动的方法，对模型进行实时更新和完善，以此逼近目标系统的实时状态，并预测目标系统的未来状态。

基于“模型驱动＋数据驱动”的混合建模技术，有助于克服机理模型难以建模且忽略部分特征的缺点，运用混合建模技术的集成学习算法，可降低模型的计算复杂度，提升模型的鲁棒性，从而实现模型的合理简化。

中药制药生产过程一般都存在多个相互耦合关联的过程，其整体运行的全局最优是一个多目标优化问题。实现全流程控制与决策一体化，可以有效提升全流程优化与控制的性能，提升自动化、智能化水平。

过程混合建模的工艺模型在数学角度上不存在精确解，因此就需要引入工业知识库作

为整体模型的约束边界条件，防止计算数据“溢出”，保证工艺条件在有边界的相空间范围内随时间演化的延伸。

在已有的生产制造系统基础上，通过新一代信息技术自动处理、融合和应用机理知识、经验知识和数据知识，构建知识驱动的智慧型制造执行系统，实现生产全流程的智慧决策和集成优化，提升企业在质量控制、资源利用、能源管理、生产加工和安全环保等方面的技术水平，达到管理决策和生产制造的高效化和绿色化。

小　结

数字孪生技术从数据流层面可以分为数据采集、数据处理、数据决策三个方面，从硬件层面可以分为检测设备、数据传输设备以及信息处理设备。在某些应用场景数字孪生技术仅仅作为辅助决策系统，而没有运动系统；而在其他一些应用场景，往往存在运动系统，实现虚拟空间对物理空间的作用。其从软件层面主要可以分为通信协议、运算模型和智能决策系统。因此，数字孪生技术是复杂的技术融合系统，需要技术人员深入理解所研究的工艺特点、工艺要求和安全性指标，从而构建符合实际工业的数字孪生系统。

本章从技术角度出发，讨论了实时数据采集、数据分析处理、过程模拟仿真、数字化建模以及预测性控制等多个方面在各个制药工艺环节中的具体部署实施方案，从工程整体角度详细讨论数字孪生技术在中药制药领域的具体结合过程。

第四章

中药制药数字孪生技术数据采集技术

数字孪生系统通过数据采集设备实现感知功能，通过信号转化技术，将物理世界种种现象转变为数字孪生可以处理的信号，实现了物理世界对虚拟世界的数据通信。高效、精确和全面的采集信息有助于提升数字孪生的分析和处理信息的深度、广度和精度。因此，数据采集技术是数字孪生技术的基石，连接了两个空间维度的信息传递。

目前对于数据采集技术的研究可以分为检测设备硬件的开发、数据整合和传输系统的开发以及数据处理硬件系统的开发等几个方面。本章就以上所涉及的相关技术领域进行更为具体的分析和讨论。

第一节　数据采集技术

数据采集是指采集温度、压力、流量、位移等模拟量，转换成数字量，由计算机进行存储、处理、显示或打印的过程，相应的技术称为数据采集技术。

车间生产数据对于智能制造至关重要。在实现行业数据透明、智慧工厂以及数据透明工厂的过程中，设备数据采集是不可或缺的基础。随着大数据时代的到来，为了确保制造过程的高效稳定，任何制造行业企业都需要实时收集和监控相关数据。数据采集技术被广泛应用于自动化地采集、统计、分析和反馈制药工艺环节数据以及药品质量数据，以改善制造过程、提高制造柔性和加工集成性，从而提升产品生产过程的质量和效率。在中药制药领域中，数据采集技术主要分为过程参数数据采集技术和药品质量数据采集技术两类。

一、过程参数的数据采集技术

（一）压力传感器

压力传感器是一种装置或器件，它可以感受到压力信号，并将其转换成可用的电信号输出，以便进行处理，见图 4－1。该设备通常由压力敏感元件和信号处理单元两部分组成。根据测试压力类型的不同，压力传感器可分为三种类型：表压传感器、差压传感器和绝压传感器。

1. 工作原理　压力传感器的工作原理基于弹性变形原理。当被测物体施加压力时，内部的弹性元件会发生形变。由此引起传感器内部电阻、电容、电压或电流等物理量的变化，将压力信号转换成可用的电信号输出。例如，电阻式压力传感器的弹性元件通常是一个薄膜电阻。当向被测物体施加压力时，薄膜电阻会发生弯曲形变，导致其电阻值发生改变。通过测量电阻值的变化，就可以得知被测物体所受的压力大小；电容式压力传感器的弹性元件

是由金属薄膜构成的电容器。当测量物体施加压力时，这个电容器的电容值会随之改变。这种电容值的改变会被转换为电信号输出，以实现将压力转化为电信号的目的；压电式压力传感器的弹性元件是由一块压电陶瓷构成的。当向被测物体施加压力时，压电陶瓷会产生电荷，从而将压力转化为电信号输出。压力导电式压力传感器的弹性元件是由一块导电弹性材料构成的。当测量物体施加压力时，这种导电弹性材料会发生电阻变化，进而实现将压力转换为电信号输出的目的。

图 4-1　压力传感器设备

2. *工作方法*　压力传感器安装与数据采集处理方法有以下几步。

(1) 在确定需要监测的药液管道或反应釜等制药设备上安装压力传感器并将其连接到数字孪生平台中。

(2) 在数字孪生平台中设置相应的采集参数，如采样间隔、采集频率等。

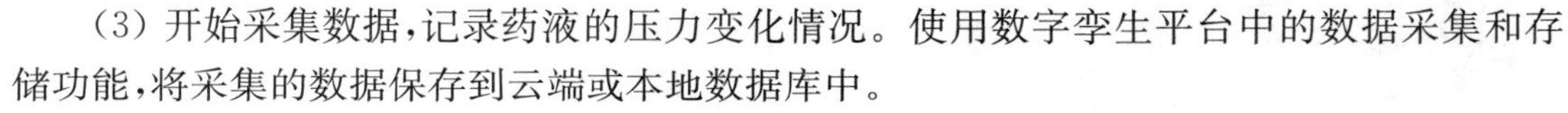

(3) 开始采集数据，记录药液的压力变化情况。使用数字孪生平台中的数据采集和存储功能，将采集的数据保存到云端或本地数据库中。

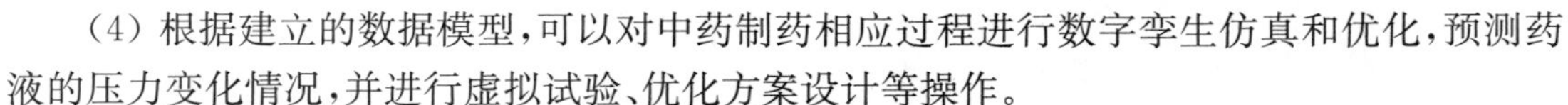

(4) 根据建立的数据模型，可以对中药制药相应过程进行数字孪生仿真和优化，预测药液的压力变化情况，并进行虚拟试验、优化方案设计等操作。

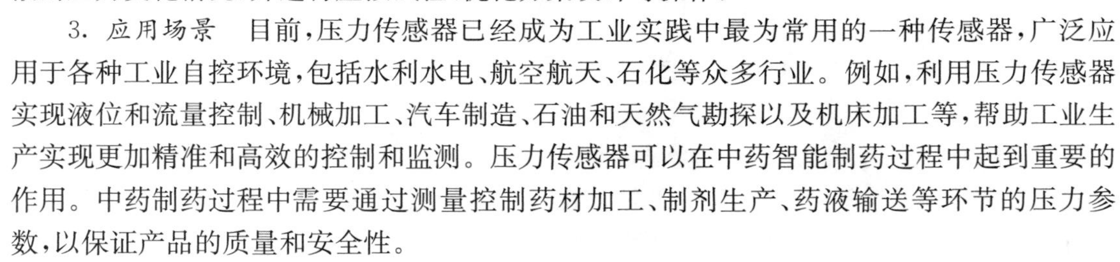

3. *应用场景*　目前，压力传感器已经成为工业实践中最为常用的一种传感器，广泛应用于各种工业自控环境，包括水利水电、航空航天、石化等众多行业。例如，利用压力传感器实现液位和流量控制、机械加工、汽车制造、石油和天然气勘探以及机床加工等，帮助工业生产实现更加精准和高效的控制和监测。压力传感器可以在中药智能制药过程中起到重要的作用。中药制药过程中需要通过测量控制药材加工、制剂生产、药液输送等环节的压力参数，以保证产品的质量和安全性。

基于数字孪生实现中药制药过程中压力变化的仿真预测，可从智能化的角度实现对中药制药生产过程中的压力预测和控制。在实际生产过程中，可以将其充分应用于：中药材加工中的煎煮、浸泡等操作环节中的压力检测和控制，以确保操作的质量和效率；在中药提取这一核心环节，可应用于对反应釜内的药液压力进行实时监测和调节以确保提取的成分含量和纯度；在中药制剂生产中，及时测量调节制剂设备的压力参数，以确保制剂的质量和均匀性；在中药包装环节，对包装容器内部的药液压力进行监测和调节，以确保包装的密封性和稳定性。

4. *优势和特点*　压力传感器结合数字孪生在中药制药中的应用优势和特点主要有：

(1) 优化制药过程。通过数字孪生平台对压力传感器采集到的压力数据进行分析和建模，预测压力变化趋势，可优化中药制药过程，提高生产效率和质量。

(2) 实时监测和控制。数字孪生平台可以实时监测和控制压力传感器采集到的压力数据，帮助中药制药企业更好地控制和优化中药制备过程中的压力变化。

(3) 数据可视化。数字孪生平台可以将采集到的压力数据转化为可视化的结果，如压力变化曲线、压力分布图等，方便操作人员进行实时监测和控制。

(4) 数据分析和建模。数字孪生平台可以对采集到的压力数据进行分析和建模，帮助中药制药企业更好地了解中药制备过程中的压力变化规律，进而优化制药过程，提高生产效率和质量。

通过将压力传感器与数字孪生结合，可以充分高效地实现中药制药过程中压力参数的采集，控制和预测，帮助制药厂家提高产品质量和生产效率，降低制药成本。

(二) 温度传感器

温度传感器是一种用于测量温度的电子传感器，见图4-2。它将温度转换为电信号，然后通过电子设备或计算机进行处理和控制。温度传感器是一种测量温度的装置，可以通过接触式和非接触式两种进行温度测量。其中接触式温度传感器需要与被测物体直接接触，以便测量其表面温度，常见的接触式温度传感器有热电偶、热电阻和半导体传感器等。另外，非接触式温度传感器不需要与被测物体直接接触，通常是通过测量被测物体散发的红外线辐射来测量物体表面温度。常见的非接触式温度传感器有红外线温度计、红外线成像仪等。

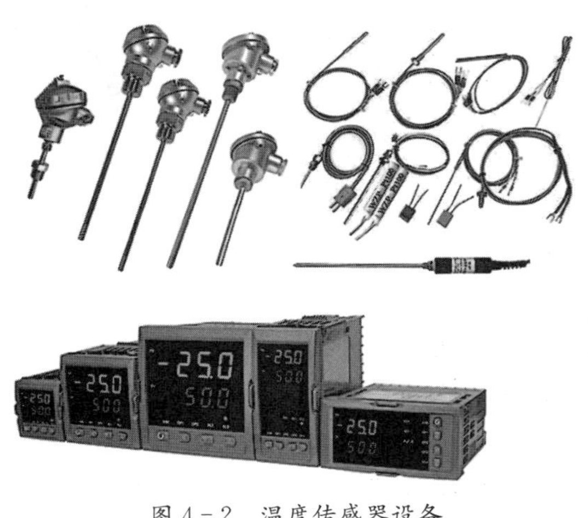
图4-2　温度传感器设备

1. 工作原理　温度传感器的工作原理取决于其类型，以下是常见的几种温度传感器的工作原理。

(1) 热电偶。热电偶是由两种不同金属制成的导线，它们相交处形成一个热电接头。当热电偶的接头处于不同温度下时，两个金属之间会产生电势差，这种电势差与接头温度之间存在一种特定的关系，被称为“热电势”。通过测量热电势，可以计算出接头温度。

(2) 热电阻。热电阻是一种导体或者半导体的电阻式传感器，其电阻值随温度变化而变化。通过测量电阻值的变化，可以计算出温度。

(3) 红外线温度计。红外线温度计通过测量被测物体散发的红外线辐射来测量物体表面温度。它使用一个光学系统来捕获被测物体发出的红外线辐射，并通过测量红外线辐射的强度来计算出物体表面的温度。

不同类型的温度传感器有不同的工作原理，但它们的目的都是将温度转换为电信号，以便进行处理和控制。

2. 工作方法　中药制药过程中，不同的药材需要不同的温度和时间来进行煎煮、浸泡等处理，而温度传感器可以帮助监测和控制这些温度参数，确保药材的质量和功效。另外，温度传感器还可以在制药设备和工艺中监测和控制温度，保证制药过程的安全和稳定。因此，温度传感器在中药制药过程中是不可或缺的重要设备。温度传感器安装与数据采集处理方法有以下几步。

(1) 在确定需要监测的中药制药设备上安装压力传感器，并将其与数字孪生平台进行连接。

(2) 在数字孪生平台中设置相应的采集参数,如采样间隔、采集频率、采集方式等。

(3) 开始采集数据,记录药液或设备中的温度变化情况。可以使用数字孪生平台中的数据采集和存储功能,将采集的数据进行保存。

(4) 在数字孪生平台中,根据温度数据生成可视化的结果,如温度变化曲线、温度分布图等,以便对中药制药过程进行可视化监测和控制。

3. *应用场景* 温度传感器是一种广泛应用于各个领域的传感器。工业自动化、环境监测和医疗设备等行业都需要使用温度传感器。其中,温度传感器在工业制造过程中的应用尤为重要。它可以监测和控制物体的温度,确保生产过程的稳定和安全。例如,在钢铁冶炼过程中,温度传感器可以监测高温火炉内部的温度,确保冶炼过程的正常进行。在汽车制造过程中,温度传感器可以监测汽车发动机的温度,确保发动机不会过热或过冷,从而保障汽车的正常运行。另外,温度传感器在医疗设备中也起到了至关重要的作用。它可以用于监测病人体温,以及监测医疗设备的温度和状态。例如,在手术室中,医疗设备需要保持恒定的温度和湿度,以确保手术环境的卫生和安全。

在中药制药中,温度是一个非常重要的因素,它会影响到中药的制备过程、成品的质量和稳定性等。因此,温度传感器的数字孪生在中药制药中有着广泛的应用,其中包括温度检测、温度控制、温度预测以及温度优化。具体来说,温度传感器的数字孪生可以在中药制药过程中的以下方面进行应用。

(1) 中药材加工环节。在中药材的炮制、熬制等加工过程中,对药材的温度进行监测和调节,以确保中药的品质和功效。

(2) 中药提取环节。中药提取是中药制药的核心环节之一,对反应釜内的温度进行实时监测和调节,以确保提取的成分含量和纯度。

(3) 制剂生产环节。中药制剂生产需要精确的温度控制,对药液的温度进行实时监测和调节,以确保制剂的品质和稳定性。

(4) 中药储存环节。在中药的储存过程中,对储存环境的温度进行监测,以确保其在适宜的温度下存储,保证中药的质量和稳定性。

4. *优势和特点* 温度传感器结合数字孪生在中药制药中的应用优势和特点主要有:

(1) 精准控制。数字孪生平台可以实时监测和控制温度传感器采集到的温度数据,帮助中药制药企业更好地控制和优化中药制备过程中的温度变化,提高中药制药的效率和质量。

(2) 数据分析和建模。数字孪生平台可以对采集到的温度数据进行分析和建模,通过模拟仿真预测设备内温度场或药液温度的变化趋势,为中药制药过程提供智能化预测和控制。

(3) 清晰的数据可视化。数字孪生平台可以将采集到的温度数据进行可视化,如温度热力图、温度分布图等,以便对中药制药过程进行可视化监测和控制。

(4) 数据存储和管理。数字孪生平台可以将采集到的温度数据进行系统存储和管理,方便中药制药企业进行数据查阅和分析,为中药制药过程提供数据支持。

总之,基于温度传感器的数字孪生可以帮助中药制药企业更好地控制和优化中药制备过程中的温度,提高中药制备的效率和质量,进而提升制药企业的竞争力和市场地位。通过数字孪生技术,可以对这些中药制药环节中的温度进行实时监测和分析,实现中药制药过程数字化仿真模拟和优化测试，进一步提高生产效率。

（三）液位传感器

液位传感器是一种用于测量液体高度的压力传感器，见图 4-3。它使用隔离型扩散硅敏感元件或陶瓷电容压力敏感传感器，将液体的静态压力转换为电信号，并通过温度补偿和线性修正后，将其转化为标准电信号。

1. *工作原理* 基于所测液体的静态压力与其高度成比例这一原理。液位变化时，液体的静态压力也会相应地发生变化，从而产生不同的电信号输出，以便精确测量液位。根据静压测量原理，液位传感器投入到被测液体中某一深度时，传感器迎液面受到的压强公式为式(4-1)：

$$P=\rho gH+P_o \tag{4-1}$$

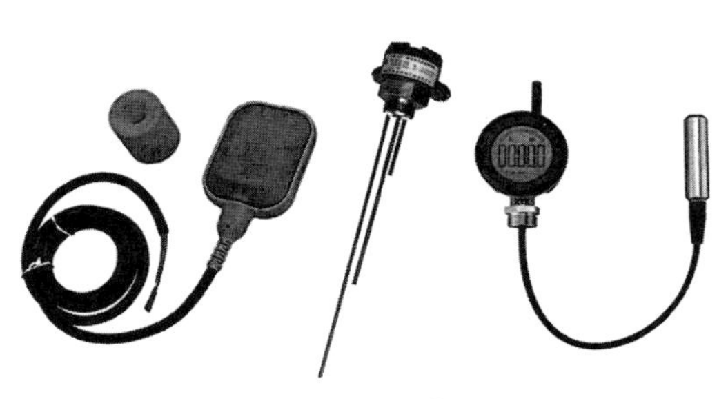

图 4-3 液位传感器设备

式中，P 为传感器迎液面所受压强；ρ 为被测液体密度；g 为当地重力加速度；P_o 为液面上大气压；H 为传感器投入液体的深度。

同时，通过导气不锈钢将液体的压力引入到传感器的正压腔，再将液面上的大气压 P_o 与传感器的负压腔相连，以抵消传感器背面的 P_o，使传感器测得压力为：ρgH，通过测取压强 P，可以得到液位深度。

通常工业行业中使用的液位传感器有两种，分别为开关量液位传感器和模拟量液位传感器。其中开关量液位传感器(具体有“光学型”“电导型”“音叉型”和“浮动开关型”)可用作低液位指示器、导电液体测量、采矿以及化工行业作液位开关等。模拟量液位传感器(具体有“电容型”“超声波型”和“雷达型”)可用于液体储罐、常压容器以及高压罐中测量液位。

液位传感器在中药制药领域同样得到广泛的应用，主要用于监测和控制药液的液位，保证制药过程的安全和稳定性。

液位传感器通过感测介质的液位高度，将液位高度转化为电信号输出。数字孪生平台需要安装在液位传感器的数据接收端，通过数据接口获取传感器输出的液位数据，再通过网络或者无线传输技术将获取的液位数据传输到云端服务器或本地服务器上。

数字孪生平台通过算法和模型对液位数据进行处理和分析，包括数据清洗、数据校正、数据分析、数据挖掘等操作，提取液位数据中的有用信息，并通过一些图表将采集到的液位数据进行可视化，如液位变化曲线、液位分布图等，以便对中药制药过程进行可视化监测和控制，帮助人们了解中药制药过程中液位变化规律和趋势。

2. *应用场景* 液位传感器具有稳定性好、保护电路、可靠性高、使用寿命长、且安装方便、结构简单的特点。基于液位传感器的数字孪生在中药制药过程中的应用包括：①液位监测和控制：对液位数据进行监测和分析；②液位均匀性控制：分析液位高度的分布情况，优化液位均匀性，降低液位的波动；③液位异常预警：通过液位传感器的监测数据，及时发现液位的异常情况；④液位数据分析：预测液位变化趋势等。具体的应用场景可以为以下几种。

(1) 用于药液储存罐的液位监测。药液储存罐是中药制药过程中常用的设备，液位传感器可以实时监测药液的液位，避免过度注入或注入不足；

（2）用于药液的液位控制。在中药制药过程中，需要将药材浸泡在溶液中，或与其他药液进行配制，液位传感器可以控制溶液的液位，确保药材浸泡的液位，药液配制的比例和液位高度符合生产要求；

（3）用于输送管道的液位监测。中药制药过程中，药液需要通过输送管道进行输送，液位传感器可以实时监测管道中的药液液位，进行预警，避免管道堵塞或药液泄漏；

（4）用于药液过滤的液位控制。中药制药过程中，药液需要经过过滤处理，液位传感器可以控制过滤器中药液的液位，确保药液的过滤效果符合生产要求。

3. 优势和特点　液位传感器结合数字孪生在中药制药领域中的应用优势和特点主要有：

（1）实时监测液位。液位传感器数字孪生可以实时监测液位，避免了液位过高或过低对中药制药过程的影响，提高了生产过程的稳定性和可靠性；

（2）自动化控制。液位传感器数字孪生可以与自动化控制系统相结合，实现自动化控制，提高了生产效率和产品质量；

（3）智能化管理。液位传感器数字孪生可以对中药制药过程进行智能化管理，包括数据采集、处理、分析和预测等，提高了生产过程的可控性和可预测性；

（4）实现远程监控。液位传感器数字孪生可以通过互联网实现对中药制药过程的远程监控，方便管理人员进行实时监测和控制，降低了人力成本和时间成本；

（5）提高安全性。液位传感器数字孪生可以实现对中药制药过程的全面监测和控制，有效避免了人为操作和设备故障等因素对生产安全的影响，提高了生产过程的安全性和稳定性。

综上所述，将液位传感器结合数字孪生在中药制药领域应用可以有效提高中药生产效率和产品质量，降低生产成本和风险，为中药制药行业的发展做出积极贡献。

（四）流量传感器

流量传感器是一种能够感应流体流量并转换成可用输出信号的传感器，见图 4－4。它通常被安装在流体通路中，通过与流体相互作用来测量流量的变化。基于流量的定义，其主要用于监测气体和液体的流量。传感器会对流体进行测量，并将这些数据转换成为可读的输出信号，以便实时监测流体的流量情况。

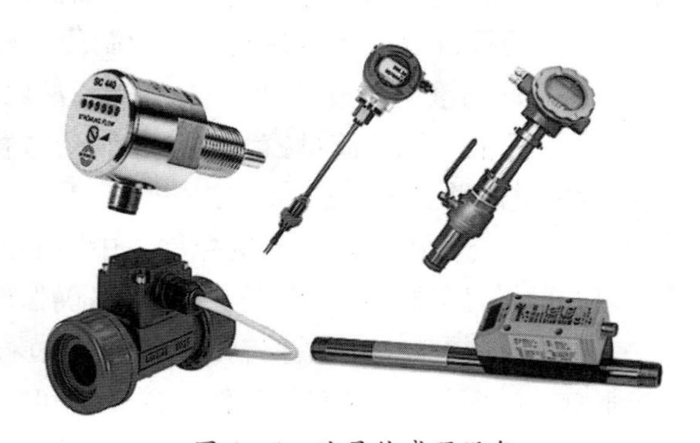

图 4－4　流量传感器设备

流量传感器可按不同的检测方式，分为以下几种。电磁式检测方式：电磁流量传感器；节流式检测方式：差压流量传感器；机械式检测方式：容积流量传感器、涡街（轮）流量传感器；声学式检测方式：超声波流量传感器。

1. 工作原理　不同的流量传感器的工作原理也大不相同。例如，超声波流量传感器是基于多普勒法，是由声波在介质中反射时产生的频率改变，随着声源和接收器之间的相对运动，会产生频差，从而计算出流体的流速和流量；涡街流量传感器基于涡流频率法（涡街原理)，即将阻流体放置在流体中形成卡曼涡街，在一定的流量下，这个阻流体两侧会形成规则的涡旋，通过测量这些涡旋的频率，可以计算出流体的流速和流量；差压法流量传感器则是基于柏努利原理，当管道中的流体通过狭窄管口时，会产生压降，根据柏努利原理，可以通过这个压降计算出流体的流速和流量，这种传感器会测量流体经过狭窄管口时的压力差，并将其转换为可读的流量值。

2. *工作方法* 流量传感器在中药制药工业可用于药液输送、药液混合、药液过滤、反应等过程中的流量监测和控制，保证制药过程的精准和稳定。

(1) 在中药制药过程中，将流量传感器安装在需要进行流量检测的制药设备中，实时监测流量；

(2) 数字孪生平台将实时采集的流量数据(部分流量传感器可以同时提供温度数据、压力数据或液位信息)等数据信息通过物联网技术传输到云端或本地服务器存储。

3. *应用场景* 流量是工业生产中的重要参数。在工业生产过程中，许多原料、半成品和成品都以流体的形式存在。因此，流体的流量成为了决定产品成分和质量的关键因素。同时，精确测量流量也是进行生产成本核算以及合理使用能源的重要依据。只有通过准确地测量流量，才能够实现对生产过程的控制和优化，并确保所生产的产品符合规格和标准。此外，为了保证制造业无故障检测及检测结果的可靠性，许多工艺过程需要保持液体或气体介质的流入和流出量恒定，流量的测量和控制是生产过程自动化的重要环节。流量传感器由于具有体积小、重量轻、可靠性高、无压力损失等诸多优点，目前已经广泛应用于环境监测、安全防护、医疗卫生等多个领域。

流量传感器的数字孪生可以应用于中药制药过程中的多个环节，其中主要作用为进行药液的流量控制，在实际的生产中可应用于以下场景。

(1) 药液输送管道的流量监测。中药制药过程中，药液经输送管道进行输送时，流量传感器可以实时监测管道中的药液流量，确保药液精准输送。

(2) 药液混合的流量控制。中药制药过程中，需要将多种药液进行混合，流量传感器可以控制不同药液的流量，确保混合后的药液比例准确。

(3) 药液过滤的流量控制。中药制药过程中，流量传感器可以控制过滤器中药液的流量，避免过滤器过度(或不足)注入药液。

(4) 反应釜中药液的流量控制。中药制药过程中，需要将药液注入反应釜中进行化学反应，流量传感器可以控制药液的流量，确保反应釜中药液的比例准确。

(5) 中药颗粒的流量控制。中药制药过程中，需要将原材料制成颗粒，流量传感器可以控制颗粒的流量，确保颗粒制作的精准度和质量。

4. *优势和特点* 流量传感器结合数字孪生在中药制药过程中应用的优势和特点有：

(1) 精准监测。流量传感器可以实时监测制药过程中的流量，通过数字孪生可以将传感器获取的数据进行模拟仿真，帮助制药企业准确把握生产过程中的变化趋势，提高制药过程的可控性和精准度。

(2) 实时预警。数字孪生技术通过对制药过程中的流量数据进行实时监测和分析，可以反映制药过程中的异常情况，结合制药设备及时发出警报，帮助制药企业有效规避生产事故，提高生产效率和安全性。

(3) 数据管理。数字孪生平台能够很好地将监测到的数据存储和管理，为制药企业提供了数据分析和决策支持，优化生产流程，提高生产效率。

(4) 节约成本。流量传感器结合数字孪生技术的应用，可以实现对制药过程的精准控制和管理，帮助制药企业降低生产成本，提高产品质量，增强市场竞争力。

(5) 优化生产流程。数字孪生技术通过对制药过程中的各种参数进行实时监测和分析，可以发现生产过程中的瓶颈和问题，帮助企业进行优化和改进，实现企业可持续发展。

总之，流量传感器结合数字孪生在中药制药工业中的应用非常多样化，通过二者的结合可以充分实现中药制药过程中流量的监测和预测控制，可以充分提高药品的质量。

(五) 分布式光纤测温系统

分布式光纤温度传感系统(Distributed Temperature Sensing, DTS)是一种用于实时测量空间温度场分布的传感系统，见图 4-5。

1. *工作原理*　该技术最早于 1981 年由英国南安普顿大学提出，其工作原理是利用光在光导纤维中传输时产生的自发激光拉曼光谱(Raman)散射和光时域反射(Optical Time-Domain Reflectometer, OTDR)原理来获取空间温度分布信息。光纤测温的机理是依据后向拉曼散射效应。激光脉冲与光纤分子相互作用，发生多种散射，如瑞利散射、布里渊散射和拉曼散射等(由于瑞利散射的光强对光纤的损耗敏感性极为不稳定，如果长期使用瑞利散射光作为测温系统的参考信号，势必将导致光纤的损耗特性发生不确定性的变化，系统稳定性变差，因此在系统参考信号的选择上选取对温度变化最大的散射，即选取拉曼散射)。简单来说，如果在光纤中注入一定能量和宽度的激光脉冲，激光在光纤中向前传播时将自发产生拉曼散射光波，拉曼散射光波的强度受所在光纤散射点的温度影响而有所改变，通过获取沿光纤散射回来的背向拉曼光波，可以解调出光纤散射点的温度变化(这种背向反射光的强度与光纤中的反射点的温度有一定的相关关系。反射点的温度越高，反射光的强度也越大)。根据光纤中光波的传输速度与时间的物理关系，可以对温度信息点进行定位。

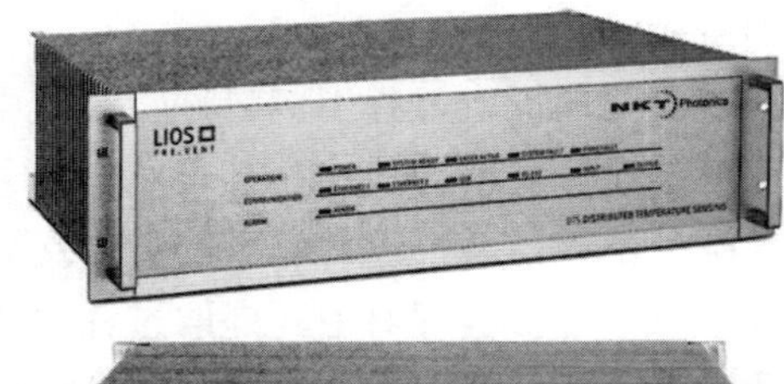

图 4-5　分布式光纤温度传感系统设备

在测量温度时，由于背向拉曼散射光波的强度非常微弱，因此需要采用先进的高频信号采集技术和微弱信号处理技术。经过光学滤波、光电转换、放大、模数转换等处理后，这些信号会被送入信号处理器中进行解调，以便测量出光纤各测温点的温度值。采集到的温度数据将传送到计算机系统进行数据处理，并通过组态软件展示各测温点的温度值和变化状态。一个最普遍的应用为：当某一被监测点的温度超过系统设定的报警阈值时，自动启动报警装置通知值班人员处理。此外，通过使用多个标准(如 IEC、IEEE)复杂外推的方法可以用温度分布(光纤电缆处的温度)来确定实时导体温度。

2. *工作方法*　基于自动化控制基础理论，可以将分布式光纤温度传感器利用到中药制药过程，结合现代工艺控制设备，基于数字孪生平台实现对中药制药环节快速智能检测系统的设计和建立。

(1) 首先需要部署分布式光纤测温系统，根据实际需求选择适当的光纤传感器和测温仪器，将光纤传感器布设在需要监测的位置，如管道、反应器等。

(2) 将分布式光纤测温系统连接到数字孪生系统，通过物联网技术将光纤测温系统的数据传输到数字孪生系统。

(3) 数字孪生系统实时采集分布式光纤测温系统传来的数据，如温度、时间、位置等信息。

3. *应用场景* 目前，国内已经成功研制出分布式光纤温度传感器的系列产品，并在一些工业领域得到了初步应用，取得了非常理想的效果。例如：应用钢铁行业中的温度测量，具体为通过传感器系统采用光频域反射计(OFDR)来询问单模光纤中的瑞利反向散射信号。将采用OFDR系统的温度测量与传统热电偶测量进行比较，显示了光纤系统的空间分布传感能力。通过实验设计，同时测试了光纤测温系统的空间热映射能力。结果证明由于OFDR系统具有高空间分辨率和快速测量速率，光纤系统可以分辨紧密间隔的温度特征。并且，通过监测砂模中的铝凝固情况，测试了光纤系统在金属铸件中执行温度测量的能力。表明了将光纤包裹在不锈钢管中，超过700℃的温度下光纤在机械和光学上都能正常使用。除此之外，首尔金融中心也使用分布式温度传感系统部署光纤电缆以监控整个母线的在线温度。由此可见，光纤测温技术如今已十分成熟，分布式光纤温度传感器更是采用独特的分布式光纤探测技术，可对沿光纤传输路径上的空间分布和随时间变化的信息进行高精度的测量或监控。

以中药提取过程为例：目前，对于中药制药提取过程微沸状态还很难做到在线检测，一般都是通过观察药液表面沸腾状态，不能准确控制达到微沸状态的温度。基于自动化控制基础理论，可以将分布式光纤温度传感器利用到中药制药过程结合现代工艺控制设备，基于数字孪生平台实现对中药提取过程中的微沸状态进行快速智能检测的系统设计和建立。以此为例，分布式光纤温度传感系统还可应用于中药制药过程中一些其他方面，例如：

(1) 药材加工过程中的温度监测。中药制药过程中，药材的温度控制是非常重要的，需要经过煎煮、浸泡、蒸馏等多个环节，分布式光纤测温系统可以在这些环节中实时、连续地监测整个生产过程中的温度变化，数字孪生可以将监测到的温度数据进行处理和分析，从而实现对温度的智能检测控制和调节。

(2) 药品生产过程中的质量控制。中药制药过程中，药材和药液的质量对产品的质量和功效有着非常重要的影响。分布式光纤测温系统可以在生产过程中实时、连续地监测温度，来判断药材和药液的质量是否符合要求，从而实现对产品质量的控制。

(3) 安全监测。中药制药过程中，药材和药液需要进行加热、蒸馏等处理，温度的控制对操作人员的安全也很重要。分布式光纤测温系统可以实时监测设备的温度变化，通过分析温度数据来判断设备是否存在安全隐患，从而保障操作人员的安全。

(4) 药品贮存过程中的温度控制。中药制药完成后，药品的贮存也需要严格控制温度。分布式光纤测温系统可以在药品贮存过程中实时、连续地监测药品的温度，从而确保药品的质量和效果。

4. *优势和特点* 分布式光纤测温系统结合工艺设备数字孪生在中药制药领域应用的优势和特点主要包括以下几个方面。

(1) 高精度测量。分布式光纤测温系统可以实现高精度的温度测量,可以监测到微小的温度变化,从而实现对生产过程的精准监测和控制。

(2) 实时监测。分布式光纤测温系统可以实时监测生产过程中的温度变化,对监测数据进行实时处理和分析,从而实现对生产过程的实时掌控和调节。

(3) 大范围监测。分布式光纤测温系统可以通过布设多个光纤传感器,实现对整个生产过程的温度监测,可以同时监测多个位置的温度变化,从而全面了解生产过程中的情况。

(4) 安全可靠。分布式光纤测温系统不需要直接接触被测物体,可以实现非接触式测量,避免了传统温度测量中存在的污染、污染交叉等问题,从而提高了生产过程的安全性和可靠性。

随着科技的进步和中药制药技术的不断发展,分布式光纤温度传感系统在中药制药中的应用前景越来越广阔,有望成为中药制药过程中温度监测和控制的重要工具。然而中药材是一个庞大的体系,不同的中药会随着其性质的不同使用不同的温度控制策略,所以构建不同的专家知识库十分重要。

(六) 振动式液体黏度计

黏度是指流体对流动产生阻力的性质。振动式黏度计是一种用于测定黏度的设备,它通过测量以固定频率和振幅不断振动的驱动电流,来获得驱动电流与黏度之间的比例关系并计算出黏度值,见图4-6。在使用振动式黏度计时,设备会将流体置于测试装置中,并使其以一定频率和振幅进行振动。通过测量振动电流和黏度之间的关系,并根据预先确定的标准比例关系,即可计算出流体的黏度。

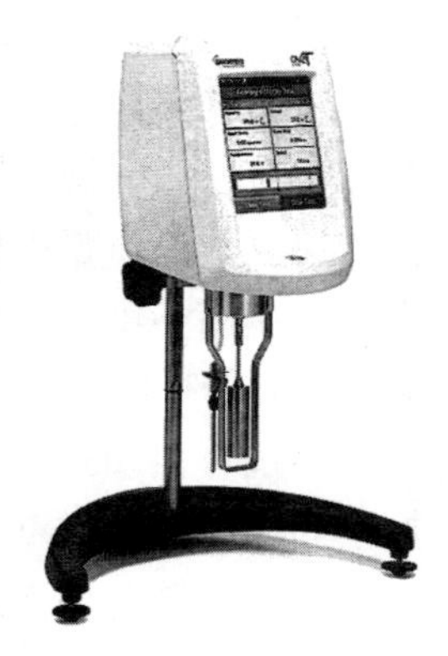

图4-6　振动式液体黏度计设备

1. 工作原理　振动式黏度计是基于剪应力原理工作的,传感器的敏感元件受力发生器作用在流体中做扭摆振动,由于流体黏性阻尼变化的作用,其振动幅度会产生变化。由电路来补充流体黏性阻尼所消耗的能量,使得敏感元件的振动维持在共振频率和恒定的振幅下。此时所补充的能量与试液的黏度及密度的乘积有关,如下式:

$$E \propto \sqrt{\delta\rho} \tag{4-2}$$

式中,δ 为待测流体的运动黏度;ρ 为待测流体的密度。

振动式黏度计测量的是动力黏度。振动黏度计系统框图如图4-7所示。

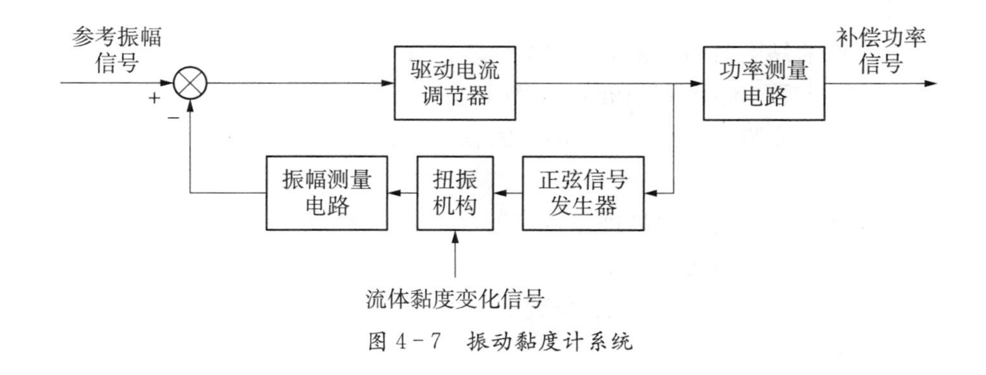

图4-7　振动黏度计系统

由流体力学理论可知，黏度计传感器浸入介质中运动时会受到黏性转矩作用，该转矩会改变传感器的运动状态，其受到的转矩为：

$$M=\mu\oint_{\Omega}K\omega ds \tag{4-3}$$

式中，Ω 为测量元件与流体的接触面积；K 为系数。

由此可知，传感器振幅的变化就表达了流体的黏度特性。维持振动频率和介质黏度恒定时，驱动电流通过力发生器作用在扭振机构上，扭振机构通过敏感元件与介质相互作用在横杆处产生微米级振幅变化，通过振幅测量电路测出振幅数值；当介质黏度发生变化时，会通过黏性阻尼影响横杆振幅和系统的谐振频率，通过补偿频率和调节激励电流的大小来维持振幅恒定。这样，通过补偿电流的大小，即可求得介质的黏度。

2. 应用场景 振动式黏度计可广泛应用于监测润滑剂的质量和老化情况，或者监测聚合物、泵送的废泥浆和 DNA 溶液的黏度。目前，多在工业上进行应用。国外研究人员使用由石英晶体谐振器构成的便携式黏度计成功精确测量室温至 65 ℃时水和甘油混合液的黏度，并使用石英音叉同时监测黏度和介电常数，将人工燃料稀释的发动机油与使用过的发动机油区分开来。除此之外，音叉共振传感器也被成功应用于测量乙醇、庚烷等液体的密度和黏度，验证了相关流体动力学模型，并发现当测得的共振频率在 25 800～26 100 Hz 和二次载荷传递函数的质量因数在 28～41 之间变化时，共振频率对黏度的敏感指数增加。国内研究专家也用高精度振动黏度计对 20～40 ℃温度区间的甲基叔丁基醚饱和液相黏度进行了实验研究，验证了其所新研制的黏度计可以满足工程实际应用。

通过将振动式液体黏度计和中药制药过程数字孪生相结合，从自动化角度出发，智能把控中药制药中的黏度测定困难问题，对于中药智能制造发展的重要性毋庸置疑。

在中药制药生产线上安装振动式黏度计，并对其进行校准和测试，确保其准确可靠；使用振动式黏度计对中药制药过程中的样品进行测试，获取样品的振动信号和电信号等数据，并将这些数据上传到数字孪生平台中。

振动式黏度计结合数字孪生在中药制药过程中可以用来实时监测中药制药生产过程中的样品黏度值，根据黏度值的分析情况及时进行设备调整和参数优化(例如通过对不同配方的中药黏度进行比较和分析，优化制药过程中的温度、时间、浓度等参数，提高生产效率和产品质量)，以达到控制样品质量，提升生产效率和优化生产过程的目的。可将其应用于以下中药制药环节。

(1) 药材提取液黏度监测。振动式黏度计结合数字孪生可以对药材提取液的黏度进行监测，从而了解药材提取液的质量和纯度，及时对数据进行分析，实现精准控制。

(2) 药品溶液黏度监测。测试药品溶液的黏度，从而控制药品的质量和稳定性，保证药品的批间一致性。

(3) 药品制备工艺研究。通过进行数字孪生平台建模与分析，帮助研究人员更好地了解药品在制备工艺中的黏度变化规律，从而优化中药制备工艺。

3. 优势和特点 振动式黏度计结合数字孪生在中药制药领域应用的优势和特点主要包括以下几个方面。

(1) 振动式黏度计作为一种机电一体化的闭环仪表，稳定可靠。带嵌入式处理器的智能化设计使其在输出标准信号的同时，又能与上位机进行通信，实现在线编程建模，实时显示当前黏度值，实现中药制药过程中黏度的实时监测。

(2) 敏感元件在使用后清洗方便，活动部件不与被测介质接触，能有效防止结垢问题。

(3) 具有高抗震性和高精度，相对于其他类型的黏度计能响应更小的黏度变化，可以在很宽温度范围的温度、压力及流速下运行。适用于中药制药这一复杂体系。

通过振动式黏度计在中药制药数字孪生中的应用，将极大提升中药制药的生产效率，提高产品质量以及加速中药制药行业的科技创新和推动中药制药行业在智能制造方向上的发展。

(七) 激光在线振动精密测量仪

激光在线振动精密测量仪是利用激光多普勒效应对物体振动进行测量的一种测量仪器，主要用于实时监测机械设备振动情况，见图 4－8。

1. *工作原理*　它通过激光束发射和接收来测量物体的振动幅度和频率，并将这些数据转换为可读的输出信号，以便分析和处理。自 1983 年南安普敦大学光振研究所发明激光多普勒测振仪开始，测量方式慢慢由交叉光束或单光束测量转变为多光束测量。激光振动测量最早是利用差动式激光测振仪对物体进行扭转振动测量，后逐渐发展为对物体进行径向振动测量，平面内振动测量以及复合振动测量。以轴振动激光在线精密测量仪为例进行原理介绍，原理框图如图 4－9 所示。

图 4－8　激光在线振动精密测量仪

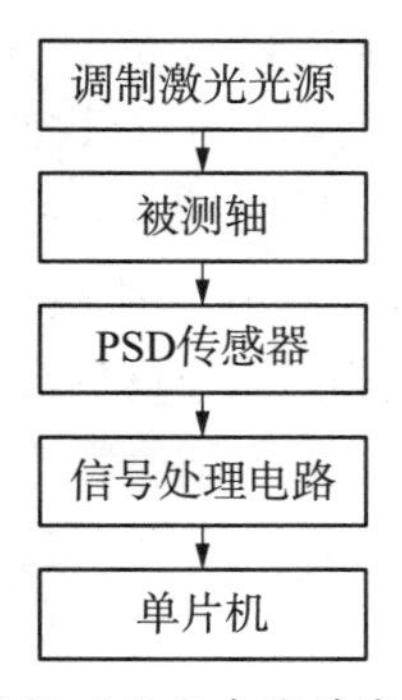

图 4－9　轴振动激光在线精密测量仪原理

位置敏感器件(position sensitive detector, PSD)是一种对其感光面上入射光点位置敏感的光电器件，也就是当入射光点在器件感光面的不同位置时，PSD 将对应输出不同的电信号，通过对此输出电信号的处理，即可确定入射光点在 PSD 的位置，入射光点的强度和尺寸对 PSD 的位置输出信号均无关，PSD 的位置输出只与入射光点的“重心”位置有关。由控制电路产生一定频率的信号去控制半导体激光器，从而产生调制信号光源，光源经过调整后照到被测轴上，反射的光照在 PSD 传感器上，经处理电路后，产生反映轴振动量大小的电压信号，经滤波、放大后由微机系统采集、分析和处理，最后得到轴振动的测量值。

2. *工作方法* 由于中药制药过程的复杂特性，非常适合采用激光在线振动精密测量仪代替传统振动传感器进行非接触、无扰动测量。

(1) 在中药制药生产线对应的设备上安装激光在线振动精密测量仪，用于实时监测生产线上检测目标的振动信号和电信号等数据。

(2) 将激光在线振动精密测量仪与数字孪生平台进行连接，将采集到的数据上传到数字孪生平台上进行存储展示。

(3) 通过数字孪生平台对信号数据的采集，建立基于激光振动精密测量仪的中药制药生产线的数字孪生模型，形成对中药制药过程相应环节的监测和控制，帮助企业掌握生产过程中的各种变化。

3. *应用场景* 激光的微振动测量因其具有高分辨率和灵敏、快速响应、高效便捷等特点而被广泛应用。电子行业有 PCB 板工作变形分析、智能手机、超声波指纹传感器的开发、电动剃须刀的振动测试等；生物医疗领域有超声洁牙设备的振动测试、鼓膜振动检测、听骨检测等；地质领域有地震波勘测、危岩振动监测等；航空航天领域有发动机振动测试、发动机叶片工作变形分析、激光陀螺动态特性测试、高速飞行器翼面等结构的热模态试验等。

激光在线振动密度测量仪结合中药制药数字孪生，在制药过程中可用于测量检测目标的振动信号和电信号等数据，主要可包括以下方面。

(1) 药材品质检测。可以通过测量药材的振动情况，从而判断其品质是否合格。例如，可以通过测量药材的弹性模量来判断其含水量、药材的硬度等指标，选择合适药材。

(2) 实现中药制剂的浓度和黏度检测。可以通过测量样品的振动信号和电信号等数据，精确测量中药制剂的浓度和黏度等参数，帮助企业掌握制剂的质量参数。

(3) 中药制剂的稳定性测试。可以通过测量样品的振动信号和电信号等数据，监测中药制剂的稳定性，识别出可能存在的问题，及时进行调整和优化。

(4) 中药制剂的质量控制。可以对中药制剂进行质量控制，在生产过程中对药品的制粒、研磨等过程进行振动检测，从而控制药品的质量，确保制剂的质量符合标准。

4. *优势和特点* 从激光在线振动紧密测量仪的角度出发，它具有响应频带宽、处理速度快、测量时间短、分辨率高、支持远距离测量、抗干扰能力强、操作非常方便等优点。将激光振动精密测量仪结合数字孪生在中药制药过程中进行应用，具有以下优势和特点。

(1) 提高数据精度。激光振动精密测量仪可以精确测量中药制剂的浓度、黏度等参数，而数字孪生平台可以实时监控和分析这些数据，以提高数据的精度和准确性。

(2) 实现数字化管理。结合数字孪生平台，可以将激光振动精密测量仪采集到的数据进行数字化处理，建立中药制药过程的数字孪生模型，实现对生产过程的数字化管理和智能化控制。

(3) 提高生产效率。激光振动精密测量仪结合数字孪生平台可以实现对中药制药过程的实时监测和控制，识别出可能存在的问题并进行调整和优化，提高生产效率和产品质量。降低制造成本，提高企业的经济效益。

(4) 提高产品质量。激光振动精密测量仪结合数字孪生平台可以实现对中药制剂的质量控制，确保制剂的质量符合标准，提高产品的质量稳定性和可靠性。

通过在线振动密度测量仪和数字孪生平台的组合应用，实现对中药制药过程的数字化、自动化和智能化管理，推动中药制药行业向智能制造方向发展，提高制造业的竞争力。

二、药品质量的数据采集技术

(一) 近红外光谱在线检测装置

近红外是介于可见光和中红外光之间的电磁波，美国材料与试验学会定义的近红外光谱区的波长范围为 780～2 526 nm(12 820～3 959 cm^{-1})，习惯上又将近红外区划分为近红外短波(780～1 100 nm)和近红外长波(1 100～2 526 nm)两个区域。

1. *工作原理*　近红外光谱主要是由于分子振动的非谐振性使分子振动从基态向高能级跃迁时产生的，记录的主要是含氢基团 X—H(X＝C、N、O)振动的倍频和合频吸收。近红外光谱具有丰富的结构和组成信息，非常适合用于碳氢有机物质的组成与性质测量。光谱在线检测技术是指将光谱仪的检测结果和计算机系统的控制进行连接，实时监控和检测物体的特征，以获取有效的实时测量结果，见图 4-10。它的工作检测原理为当样品的成分一致时，其光谱也相同；反之亦然。利用适当的化学计量学多元校正方法，可以将校正样品的近红外吸收光谱与其成分浓度或性质数据相关联，并建立校正模型。通过已建好的校正模型和未知样品的吸收光谱，可以定量预测其成分浓度或性质。此外，也可以选择合适的化学计量学模式识别方法，提取样本的近红外吸收光谱特征信息，建立相应的类模型。利用已建立的类模型和未知样品的吸收光谱，可以定性判别未知样品的归属。简而言之，如果建立了光谱与待测参数之间的对应关系，只需测得样品的光谱，就能快速获得所需的质量参数数据。

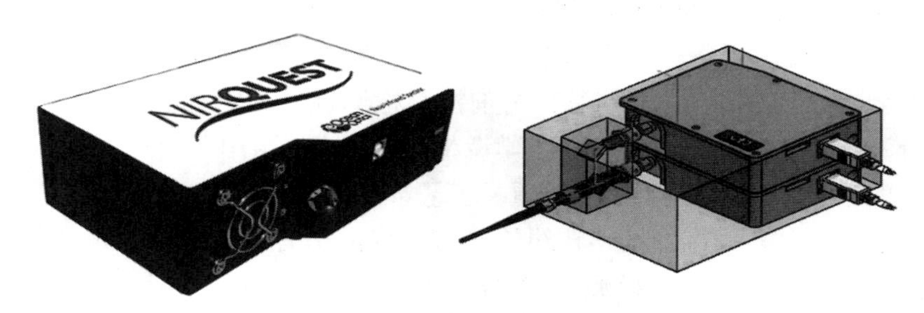

图 4-10　近红外光谱在线检测装置

2. *工作方法*　由于中药的基体复杂性，目前已有的化药在线检测模型上往往不能适用。需要针对具体的中药品种和实际制药过程建立属于自己的在线检测模型和装备。在中药制药生产线上安装近红外光谱在线检测装置，当待测物料经过近红外光谱时，将光线照射到待测物料上。通过光谱仪收集测量反射或透过的光谱，通过安装数据获取软件的计算机对实时光谱数据进行获取，得到包含样品有机物信息的目的近红外光谱。

近红外光谱设备在线数据采集基本流程为：

(1) 建立模型。使用已知成分和质量信息的样品，通过近红外光谱仪器进行测量，并将数据输入到计算机中结合机器学习或深度学习等方法进行建模和分析。建立准确可靠的基础分析模型。

(2) 采集实时数据。在中药制药过程中，将待检测物料经过近红外光谱在线检测装置后，即可采集实时数据。这些数据可以直接传输到计算机系统中进行处理和分析。

(3) 数据预处理。由于实际情况下，许多因素(例如温度、湿度等)可能会影响检测结果的准确性，因此需要对数据进行预处理。预处理包括光谱信号校正、噪声处理、光谱平滑等操作，同时也可对数据进行特征波段选择，降低数据维数。

(4) 数据分析。对处理后的数据进行分析，根据事先建立的模型进行反演，得出物料的成分和质量信息。

(5) 数据存储。将分析结果保存到数据库或文件中，以备后续参考或分析。

3. *应用场景*　在线近红外光谱凭借其无损、绿色、实时、自动化程度高、成本低等应用优势，广泛应用于各个领域。医学用于非侵入式血糖监测、血氧饱和度监测、肌肉氧合状态监测等；食品工业用于食品成分分析、食品质量检测、食品加工过程控制等；农业用于农作物品质检测、土壤分析、肥料配方、植物生长状态监测等；石油化工用于石油化工产品质量检测、石油勘探、石油加工过程监测等。

20 世纪 90 年代以来，近红外光谱在线检测技术在制药过程和药物分析领域的应用飞速发展，甚至美国官方分析化学家协会已经将其作为一种标准分析技术应用于药品检测中。相较于离线检测分析，光谱在线检测具有检测速度快、效率高、成本低等优势。光谱在线检测技术在制药过程中可以用来实时监测制剂的物质组成，可以有效控制药物的品质，确保药物的安全性和有效性。此外，还可以用于快速检测药物的活性成分、药物中的杂质含量以及含水率等。如今，西方国家的近红外光谱已经成功应用于化药的在线检测。

在中药制药过程中，可以采集制药过程中的样品并进行测量，如采集不同时间点的药液样品、采集不同工艺过程中的固体物料样品等。将采集到的光谱数据通过算法模型进行处理，得出所需参数，如各成分含量、反应程度等，以实现原料药质量控制(水分、灰分等含量检测)、工艺过程监控(产品混合、结晶过程溶剂挥发检测等)以及产品质量评价(有效物质含量、杂质含量检测等)。近年来，许多研究学者将近红外光谱与中药制药过程相结合，进行近红外在线检测技术在提取、层析、干燥等重要工艺条件中的模型建立。例如：

(1) 在提取过程中，采用近红外在线检测对提取液中有效成分的含量变化进行实时分析，建立近红外光谱与含量校正模型，实现含量快速分析检测，保障中药提取液品质。

(2) 在干燥过程中，结合化学计量学与近红外光谱建立在线预测模型，实时预测流化床干燥过程中干燥颗粒功率谱密度。

(3) 在层析过程中，使用近红外在线检测建立对中药柱层析吸附流出液主要成分的实时定量分析模型，实现中药吸附过程的质量实时监控。

4. *优势和特点*　近红外光谱在线检测装置是一种利用近红外光谱技术进行化学物质分析的仪器，其应用在中药制药领域具有以下优势和特点。

(1) 非破坏性检测。近红外光谱在线检测装置采用非破坏性检测方法，可以在不损伤样品的情况下获取样品的化学信息，而且测试速度很快，能够实现实时监测。

(2) 快速、准确。近红外光谱在线检测装置可以在几秒钟内完成对样品的检测，而且由于使用了高精度的仪器，其检测结果精度高，可靠性好。

(3) 非接触式检测。近红外光谱在线检测装置可以通过光学传感技术实现非接触式检测，避免了人为操作中对样品污染的可能性，保证了检测结果的准确性。

(4) 多元分析。近红外光谱技术具备多元分析的能力，可以实现对多个成分的同时检测和定量分析，能够提高检测的准确性和可靠性。

（5）成本低廉。与传统的化学分析方法相比，近红外光谱操作简单，不需要复杂的技术知识和较大的培训成本，并且设备费用相对较低。

将光谱在线检测技术应用于中药制药过程中以获取实时的数据进行检测分析，对于实际生产中的连续生产线而言是非常有益的。尽管缺乏相关经验，但目前国内其他领域如农业、化工等经过长时间的积累，在硬件和软件上都已经相对成熟，这都为近红外在线检测在中药领域内的应用和推广提供了重要的借鉴作用。通过建立分析预测模型以及开发智能软件，随着提高光谱检测仪器的灵敏度的增加，近红外光谱在线检测技术装置未来将在中药制药领域中的应用更加广泛。

（二）高光谱在线成像系统

1. 工作原理　该技术结合了成像和光谱检测技术，可以同时对分析目标的空间特征进行成像，并通过色散将每个空间像元形成几十甚至几百个窄波段以进行连续的光谱覆盖。该技术获取物体在一定波长范围内的多个光谱数据，并将这些数据组合成一个高维数据集，形成一个高光谱图像，见图4－11、4－12。其中图像信息反映了样本的大小、形状、缺陷等外部品质特征，而光谱信息则能反映样品分子组成、品质组分等内部结构。

图4－11　高光谱在线成像系统设备

高光谱成像系统主要由以下几个部分组成。

（1）光源。发射光源，提供足够的辐射能量来照亮被测物体。

（2）光学系统。用于将反射或透射的光聚焦成像到探测器上，通常包括透镜、棱镜和滤波器等。

（3）探测器。通常采用线阵列式探测器或二维阵列式探测器，用于捕获不同波长下的光信号。

（4）分光装置。用于在空间位置上选择不同波长范围内的光谱信号，以便生成高光谱图像。通常采用棱镜或光栅。

（5）数据采集系统。用于采集探测器输出的信号，并将其转换为数字信号，以进行分析和处理。

（6）数据分析系统。用于对采集的高光谱数据进行处理和分析，包括预处理、特征提取、分类、回归等算法。

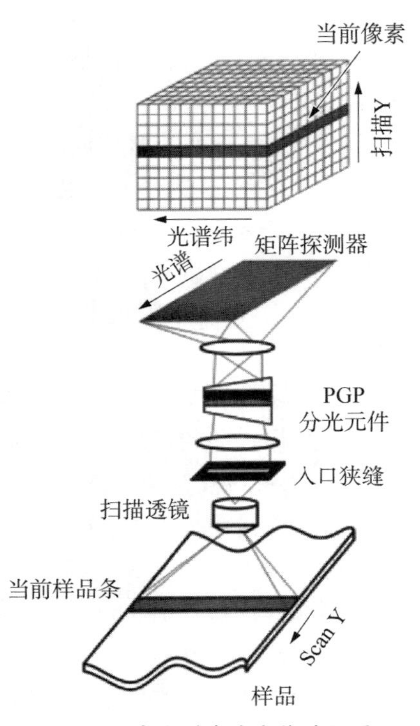

图4－12　高光谱在线成像系统原理

高光谱图像数据通常包含同一空间区域上的数百个光谱带，虽然这为识别各种材料提供了宝贵的信息，但是高光谱图像维数过多、数据量大、波段冗余严重的特点导致其容易发生“Hughes”现象。应用中，一般采用降维的方式将高光谱图像由多维的图像转变为数字信息，在图像上提取需要的信息并且以各个波段反射率方式加以使用，目前常见的波段降维方法主要分为两种：基于特征变换的方法和基于原始信息的波段选择方法。

基于特征变换降维是依据某一原则，运用一定的数学运算法则，将原始高维特征空间的多个特征值映射到低维空间。例如局部线性嵌入的流行学习方法、判别流行学习方法、核二维主成分分析方法。特点是改变了高光谱数据的原有特性，导致原始波段物理信息损坏甚至丢失。

基于原始信息降维是依据某个准则从原始波段中选择部分最具代表性的波段，常用的有自适应波段选择、波段指数、最佳指数因子等。特点是直接从原始光谱空间中选择波段，未经过变换处理，保持了图像的原有特性。

2. *工作方法* 高光谱成像设备在线数据采集方式为：将待检测的样品放置在高光谱在线成像系统的扫描区域内；系统会利用高光谱成像技术来对样品进行扫描，通过采集样品表面反射或透射的光谱信息来获取样品的特征数据；采集到的光谱数据将被传输到计算机中，并经过处理和分析，以生成具有代表性的图像或数据。这些信息能够展示出样品的化学成分、颜色、形态、大小等信息；针对不同的检测需求，系统也可以根据预设的参数设置来自动识别并提取出需要的关键数据，以实现对样品的快速判定。

高光谱成像设备在线数据处理方式如近红外光谱仪数据处理方式类似。

（1）建立模型。使用高光谱仪器收集中药制药过程中已知检测信息和样品特征的样品数据，并将数据输入到计算机中结合机器学习或深度学习等方法进行建模和分析。建立准确可靠的高光谱分析模型。

（2）信息采集。确定制药过程中需要监测的化学成分，以及它们对应的光谱特征，进行对应样品的高光谱信息采集。可以选择在线检测或离线采集。在线检测可以实时获得数据，而离线采集需要将样品带回实验室进行分析，但离线采集允许更多的时间和空间来处理样品。

（3）预处理高光谱数据。由于高光谱数据通常非常复杂，需要进行预处理。预处理步骤包括数据校正、光谱标准化、信号降噪以提高数据质量和可靠性。

（4）数据降维。在高光谱图像数据中提取有用的特征进行数据降维是非常重要的。主要为特征提取降维和波段选择降维。传统的特征提取方法包括主成分分析、线性判别分析等。近年来，深度学习技术逐渐应用于高光谱数据的特征提取中，如卷积神经网络、循环神经网络等。

（5）数据分析。在数据处理完毕以后，将检测数据输入已有的高光谱分析模型中，快速对检测目标样品的信息进行检测。

3. *应用场景* 高光谱成像系统作为一种能同时表征一维光谱信息和二维空间性信息的综合无损检测技术，高光谱成像技术被广泛应用于多个领域，如农业、环境监测、医疗诊断和地质勘探等。在农业领域，可用于监测作物的生长和检测病虫害；在环境监测领域，可用于监测地表覆盖和水质；在医学领域，可用于肿瘤检测和组织分类；在地质勘探领域，可用于矿物探测和地貌分析等。

将高光谱在线成像技术运用于中药制药过程，通过结合化学计量学和深度学习等人工智能方法进行数据预处理和特征选择降维处理分析，可以成功中药制药过程中关键环节和质量参数进行检测。

高光谱在线成像系统是一种先进的工业检测技术，在中药制药过程中，高光谱在线成像系统可以用于对原材料、半成品和成品等物质进行非破坏性的实时检测，以保证产品的质量稳定性。在中药制药过程中，它可以用于原料药品质检测、制剂过程监控以及产品质量评估等方面，例如：

（1）药材质量检测。高光谱在线成像系统可以通过对药材的光谱信息进行分析来检测药材的质量。例如，可以通过对药材的光谱信息进行比对，来判断药材的真伪、是否含有杂质等。

（2）药材炮制过程监测。中药炮制过程中，药材的炮制时间和温度对药效有很大的影响。高光谱在线成像可以通过对药材的光谱信息进行监测，来判断药材的炮制程度和炮制效果，从而调整炮制时间和温度，提高药材的质量和效果。

（3）中药材种类鉴别。中药材种类繁多，有些药材外观相似，难以鉴别。高光谱成像技术可以通过对不同药材的光谱信息进行分析，来区分不同药材的种类，从而确保中药制剂的质量和效果。

（4）中药制剂成分分析。中药制剂中含有多种复杂的成分，高光在线谱成像技术可以通过对中药制剂实时的光谱信息进行分析，来确定中药制剂中的各种主要成分和含量，从而提高中药制剂的质量和效果。

4. 优势和特点　高光谱成像技术是一种先进的非接触式、无损伤、实时在线检测方法，它可以获取物体的高维度光谱信息和空间分布信息。在中药制药过程中，高光谱在线成像检测系统具有以下几个应用优势和特点。

（1）高效性。利用高光谱成像技术，可以快速获取中药材或制剂样品的高分辨率图像，并实现多元素、多成分的在线检测，避免了传统检测方法所需的复杂的操作和繁琐的处理步骤。同时也能够大幅提高检测效率和生产效益。

（2）精确性。高光谱成像技术可以获取中药材或制剂样品的全光谱信息，通过对比标准库或数据库，可以准确地鉴别不同的中药品种、确定中药含量、检测中药质量等方面有很好的应用前景。

（3）非破坏、非接触检测。高光谱在线成像检测不需要样品前处理和取样，只需通过远距离拍摄样品光谱图像即可获取相关信息。这种检测方法避免了样品受到污染和损坏的问题，保证了检测结果的准确性和稳定性。

（4）信息丰富。高光谱在线检测可以获取样品在不同波长下的光谱信息，并且信息中包含了产品的组成、形态、结构、性质等多种信息，有利于深入了解产品的特性。

（5）清晰透明。高光谱在线检测系统可以实现全程在线监控，让生产过程更加清晰透明，为品质管理提供有力支撑。

高光谱在线成像系统是一种具有广泛应用前景的成像技术，可以为中药制药过程提供一个全新的分析手段，利用其高精度和高分辨率的检测特点可进一步为中药制药过程质量安全“保驾护航”。

（三）探头式微波水分仪

1. 工作原理　微波水分仪是利用微波穿透法实现水分监测的。当微波通过含水物料

图 4-13 探头式微波水分仪设备

和干燥物料时，微波在传播方向上的传播速度和强度会发生不同的变化，含水物料会使微波的传播速度变慢，强度减弱。微波水分仪测量原理就是通过检测在穿过物料后微波的这两种物理性质变化来计算物料中的水分含量，见图 4-13。

探头式微波水分仪是一种利用微波技术进行非破坏性水分测量的仪器。它是由微波发生器、探头、接收器和数据处理设备组成的。探头是探测水分的部分，通常是一个传输线，将微波信号从发生器传输到样品中并接收反射回来的信号。微波信号在样品中传播时，会被水分吸收、反射或透射，通过探头接收到反射信号后，再经过数据处理，可以得到样品的水分含量。

2. *工作方法* 探头式微波水分仪通常由一个微波发射器和接收器组成。发射器向样品发射微波信号，接收器则接收信号并将其转换为电信号。

(1) 安装探头式微波水分仪。将仪器的探头插入需要测试的干燥中药样品中，确保探头完全贴合样品表面。

(2) 启动仪器。按照仪器说明书上的操作步骤启动仪器，并设置相应的参数，例如测试时间和测试温度等。

(3) 获取数据。在测试完成后，仪器将自动显示测试结果，包括样品的水分含量等信息。进行数据记录与分析。

在使用探头式微波水分仪采集数据之前需要进行数据准备工作。使用探头式微波水分仪对中药制药过程中的样本进行检测，并记录下各个时间点的湿度数据；将采集数据输入到数字孪生系统中，利用数字孪生技术为探头式微波水分仪建立数学模型，通过该模型可以实现对实际过程的仿真和预测，数字孪生系统会将实时收集的数据与虚拟模型中的数据进行分析比较，以确定制造过程中的问题，并预测产品性能和生产效率。

3. *应用场景* 探头式微波水分仪是一种非破坏性、快速且高精度的水分测量设备。其无需样品准备，适用于食品、化工、制药和纺织等行业。例如，在食品加工过程中使用时，可以通过测量食品中的水分含量来控制加工过程，保证食品质量；在化学和制药领域中，可以测量原料和制品的水分含量，确保产品稳定性和质量；在纺织和建材领域，可以用于测量纱线、布料、木材等材料的水分含量，以控制生产工艺并提高产品性能。

随着中药市场的发展和中药质量要求的提高，探头式微波水分仪在中药领域中的应用前景非常广阔。中药的水分含量是影响其质量和稳定性的重要因素，而探头式微波水分仪可以快速、准确地测量水分含量，从而保证中药品质，进一步提高中药的质量和安全性。

探头式微波水分仪结合数字孪生在中药制药过程中可以应用于以下环节。

(1) 中药材原料选择。使用探头式微波水分仪检测原料的水分含量，将数据输入到数字孪生系统中进行分析和比较，以找到最佳的原料选择方案。

(2) 制备工艺优化。使用探头式微波水分仪实时监测制备过程中样品的水分含量，并将数据反馈给数字孪生系统，以帮助优化工艺参数、调整操作流程，提高产品质量和生产效率。例如：中药制剂的水分检测，炮制加工过程水分检测。

(3) 质量控制。通过探头式微波水分仪采集样品数据，结合数字孪生技术，建立质量控制模型，实现自动化在线检测，及时发现并修正可能存在的问题，提高产品一致性和稳定性。

(4) 产品优化。利用探头式微波水分仪对不同阶段的产品进行检测，将数据输入到数字孪生系统中，根据模型预测产品性能和质量，以便制造商在开发新产品时更好地了解其性能和特性。

4. 优势和特点　探头式微波水分仪与中药制药数字孪生过程相结合进行制药过程的应用具有以下优势和特点。

(1) 非破坏性检测。用微波进行测量，可以实现即时、在线测量，而且微波可以穿透相当大截面厚度的材料且给出整体湿度测量，而不是只检测材料表面。探头式微波水分仪属于无损检测技术，不需要样品破坏，不影响样品的后续处理流程。

(2) 检测速度快、精度高。探头式微波水分仪可以在几秒钟内完成一次检测并具有高精确度的检测结果，适用于中药制药生产线快速检测。通过数字孪生系统对实时数据进行分析和比较，可帮助制造商找到最佳的原料选择方案和工艺参数，提高产品质量。

(3) 降低成本。探头式微波水分仪数字孪生技术可以帮助制造商在原材料采购、制备工艺和产品质量控制等环节中实现优化控制，降低了生产成本，并提高了企业竞争力。

(4) 适用范围广。探头式微波水分仪适用于各种中药材和制剂，包括植物药、动物药、矿物药等。

(5) 可追溯性强。可以实时监测制备过程中样品的水分含量，根据数据进行反馈控制并可将数据存储到计算机或云端，便于数据管理和追溯。

总之，探头式微波水分仪在中药领域中具有重要的应用价值，可以为中药的质量控制和炮制过程监测提供有效的手段。随着人们对健康的重视和对传统中药的认可，中药市场的规模不断扩大，中药的质量和安全性也越来越受到关注。探头式微波水分仪作为一种快速、准确、非破坏性的水分测量仪器，在中药领域中的应用前景非常广阔。未来，随着中药制造工艺的不断改进和技术的进步，探头式微波水分仪将发挥更加重要的作用，为中药制造提供更加可靠的质量保障。

综上所述，除了了解这些数据采集技术的基本知识以及其在中药制药数字孪生中的具体应用，仍需要注意的是，在数字孪生平台中进行数据采集和处理时，需要保证数据的准确性和稳定性，避免因误差或干扰等因素对数据分析和建模结果的影响。同时，对于数据的保密和安全，也需要采取相应的措施，以确保数据的保密和安全。最后，在数字孪生平台中对数据进行处理和分析时，应考虑到实际生产环境中的各种因素，以便生成具有实际意义的模拟数据。

第二节　实时信号处理技术

数字孪生技术基于信息层的数据，结合机理模型构建能够真实反映加工设备实时状态的虚拟样机和历史加工大数据，通过数字孪生体对加工过程的行为进行建模及深度学习和训练，根据采集到实时数据经处理对产品质量与加工设备下一时刻的状态进行科学预测，将预测值与目标设定值实时比较，并通过对关键制造参数的科学调优，形成数据驱动的生产过程实时优化。实时性是中药制药数字孪生技术的核心要求，它要求其计算模块尽可能迅速快捷，根据输入条件，能够及时反馈计算结果。其实时数据和输入条件主要来自集成仿真计算、实测位点（主要是工业现场通过传感器获取的数据实时，如温度、压力、速度、密度等）、计算位点（主要是上游仿真计算得到的物理量，一般无法通过传感器实时采集）三个方面。其中采集处理技术是实测位点数据获取的主要渠道。

中药制药过程工艺布局分散，过程复杂，质量影响因素众多，且充斥着诸多过程变量，其采集处理的准确与否、质量好坏间接影响着最终产品的质量及其一致性。因此，在制药工艺流程的关键节点以及空间位置上准确测量过程参数并且明确其与关键质量之间的相关性是实现中药制药数字孪生所迫切需要解决的。各种传感检测器和实时信号处理技术的使用扩展了生产者对于生产全局的把控，包括对于系统运行状态、各种物料生产基础数据信息的自动监测和获取等。

实时信号主要来源于传感器传来的模拟信号，经过放大电路、电流电压转换电路、滤波电路和隔离电路进行放大、滤波提升信号质量，通过信号处理技术，由 AD 转换器转化为数字信号，执行存储相关程序并发出后续指令，再进行信号转换到达控制部件进行相关控制。数据实时采集与处理的重要性十分显著，很大程度决定后续能否实现实时而有效的控制并关乎最终产品质量。

一、单片机技术

（一）概念、原理及组成

单片机是一种嵌入式微控制器，又被称为微型计算机，其中的 CPU 和计算机中的处理器类似，其主要作用是进行运算处理。单片机属于集成电路芯片，通过集成技术把各种不同功能的模块集合在同一片芯片上，以此构建一个微型的计算机系统，具备多种功能。单片机主要依靠中央处理器来开展所有工作，先在存储器之中提取出对应的指令，之后对指令实施译码与测试，规范接下来的指令动作，引导控制数据的流动方向，将完成后的译码结果传送到逻辑电路，最后将其转变为不同类型的信号，到达相应的控制部件之中，完成全部工作流程，见图 4-14。目前我国所使用的单片机设备中，硬件主要包含只读存储器、随机存储器以及输入输出接口和中央处理器等，随着我国电子信息技术的不断发展，定时器、脉冲宽度调制以及中断系统也被广泛应用于单片机的设计系统中。如今，单片机技术逐渐在工业生产中得到普及，在维持自动、智能的生产中发挥重要作用。

（二）单片机技术特征

1. *集成水平高、携带便捷*　单片机属于集成电路芯片，不同功能集成到某一个芯片上，因此体积较小，质量较轻，便于携带。

2. *系统稳定性强*　随着使用时间延长，与单片机功能较为相近的其他设备较容易受到多方面因素的影响，导致稳定性逐渐变差，输入量与输出量、分辨率以及灵敏性越来越低。相较之，单片机可以较好地避免不良因素的影响，并且其自身拥有的自检功能，可对故障传感器器件进行自主修复，利用调整非线性参数来解决系统参数问题，有助于维持系统的稳定性。

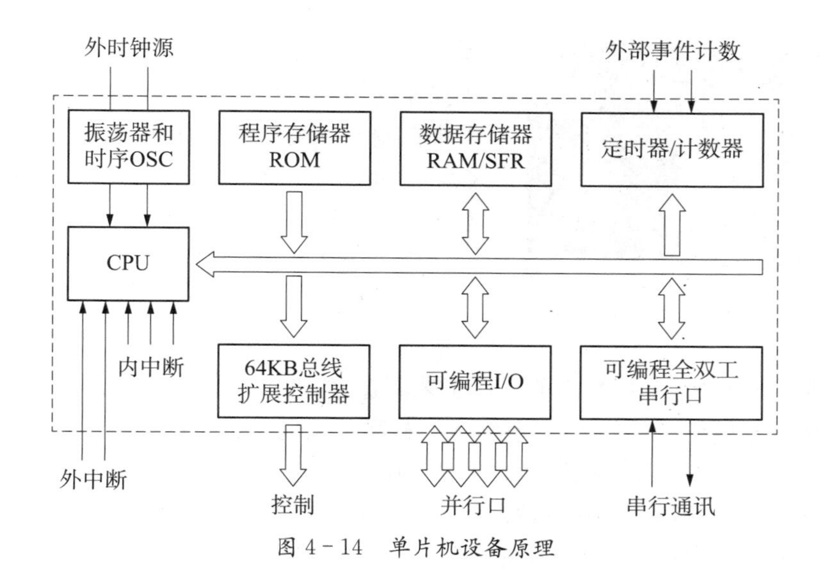

图 4-14　单片机设备原理

3. 良好的抗干扰能力　单片机控制系统干扰来源主要有无线电设备射频干扰问题、辐射磁场、电路产生的高频电磁干扰、电子设备接通和断开时产生的宽频谱干扰等。通过信号屏蔽、进行元器件的优化和完善、采用数字滤波，或者通过合理设计电源电路、模拟电路、去耦合电路等硬件抗干扰处理能使单片机拥有良好的抗干扰能力。

(三) 基于单片机的实时信号处理与应用

单片机能根据自身的实际特点来对应的融入相应功能，如处理数据、存储等。多样化的数据采集系统能顺利利用单片机完成运算，以此来有效的处理相应数据。

在实际的中药制药数据采集处理过程中，在得到相关采集指令后，单片机对指令进行译码后传送到逻辑电路，最后将其转变为不同类型的信号，从而控制在流程关键节点安装的传感器进行工作，传感器将采集到的数据反馈到单片机，经过处理，一方面传送给显示单元用于实时显示，另一方面通过模型计算得到流程关键部位下一时刻的预测状态参数，通过将预测值与前期目标设定值实时比较，反馈给控制部件对监控对象预判控制，实现制药过程的优化控制。如在中药提取过程的保温阶段，温度高低影响着上升蒸汽功率，为了防止溶液暴沸保持溶液处于微沸状态，实时控制上升蒸汽功率保持相对稳定在一定范围，通过将传感器深入到溶液内部测的提取液实时温度计算预测出下一时刻上升蒸汽功率，如超过范围，控制系统则自动控制加热开关闭合达到预测控制效果，从而有效控制溶液沸腾效果。

在工业自动化控制的实际应用过程中，单片机和 PLC 是两种被广泛使用的设备，前者性能功能强大，高灵敏度，可以满足各种电气控制的要求，并且可以很好地处理相关因素所引发的线路异常问题，后者简单操作、可靠性高、功能强大，适合应用于各种恶劣的环境里。

二、PLC 技术

(一) 概念、原理及组成

可编程逻辑控制器(Programmable Logic Controller, PLC)，是一种专为工业环境而设计的数字运算操作电子系统，它采用一种可编程的存储器，通过调用存储程序的执行来实现

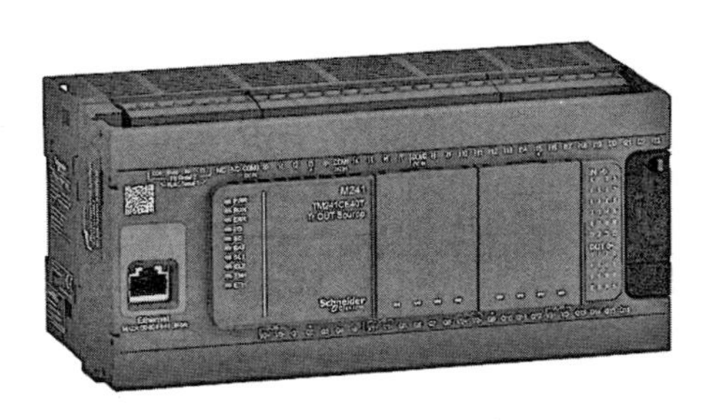

图 4-15　PLC 设备

系统的逻辑运算、顺序控制、定时、计数和算术运算等操作的指令，通过数字式或模拟式的输入输出信号来控制各种类型的机械设备或生产过程。可编程控制器由 CPU、指令及数据内存、输入/输出接口、电源、数字模拟转换等功能单元组成，见图 4-15。

(二) PLC 技术特征

1. 稳定、抗干扰强　PLC 技术特征使其较为适应应用到大规模、超大规模集成电路系统中，在电路系统结构及生产过程中，采用严格的生产工艺制造，内部电路采取了先进的抗干扰技术，可以解决复杂电气故障中产生的干扰问题，大大提高机械电气控制装置的抗干扰能力。

2. 功能多样、使用便捷　现代的 PLC 控制系统具备完善的功能，不仅具有处理数字量和模拟量的能力，还具有处理数据、数据预算以及对机械设备、生产线及生产过程进行控制，同时它还具备较强的联网通信能力，通过与上位机的结合应用还能实现全自动化控制。

3. 编程简单、利于掌握　PLC 技术能够利用编程和编译图号来表达，其图形化语言能够使操作者无需具备专业的计算机编程知识，就能进行操作，同时理解并掌握相关 PLC 的编程技能。

4. 安装、调试方便　成熟 PLC 产品的安装过程基本上采用搭积木的方式进行，模拟调试。

5. 设备维护及改造简单　应用 PLC 技术的过程中，应用 PLC 技术逻辑设计方法替代传统线接逻辑的设计方法，这为后续维护和程序更改、应用提供便利。

6. 体积轻便、节能　PLC 的制造使用了微电子技术，因此它具备体积轻便、结构紧凑的特点，并且由于模块体积较小，所以功耗相对较低，在一定程度上起到了节能的作用。

(三) 基于 PLC 的实时信号处理与应用

信号数据处理在工业生产过程中是十分重要的，它包括数学运算、采集、存储、传输、处理等环节。随着 PLC 技术的发展，通过编程的方式能让 PLC 有效的解决数据信息处理问题，并依托工业网络传输相关数据，以此来实现不同工业智能设备之间的对接，并且进行统一的调度控制以及数据管理，这样可以减少人工操作带来的工作失误，从而提升整个工业自动化体系的操作效果。

实际应用中，根据工业现场实际控制对象和控制范围，选定 PLC 的型号、基本单元和功能模块，接着对硬件和软件进行设计，将设计好的程序写入 PLC 中再进行多次调试，待全部调试完成后，将程序固定在 PLC 控制装置中并进行备份。

在实际的中药制药工业现场，存在着很多不断连续变化的量，例如压力、温度、液位、流量、速度等，基于安全及工艺质量控制要求，这些信号变量往往是工业生产中需要时刻监控和控制的变量。由于经 PLC 处理的信号数据可与存储内的最初设定值进行比较，因此广泛应用于工业生产连续过程的管控，包括温度、电压、压力、电流等运行参数的控制，从而完成程序设定的控制操作或打印制表。在中药制药数字孪生数据采集中，将不同需求的传感器安装在设备关键部位，在 PLC 控制下，不同传感器将实时采集到的信号数据，通过输入模块 A/D 转换将外电路的模拟量转换为数字量并送入 PLC 中，随之执行设定程序进行相关运算，在中药制药数字孪生系统中，通过实时数据计算出未来时刻参数状态变化，自适应智能决策后续控制指令，经过输出模块D/A转换，PLC运算处理后的数字量信号则会转换成相应的模拟量信号输出，对生产现场机械设备进行连续控制，进行实现生产工艺的预测式管理和控制。PLC还可以利用网络通信传送到上位机或其他智能装置，从而实现不同工业智能设备之间的对接和信息交换，解决数据分散和集中管理的问题，构成"集中管理、分数控制"的分布式控制系统，以此实现对整个生产过程的智能控制和管理。

然而，PLC控制系统通常串联控制执行指令，因此可实现的控制是单向的，整个控制过程会按照预设的流程顺序，从一个控制阶段过渡到另一个控制阶段，并一直循环下去。这种情况下，针对数据实时性方面还稍微欠缺。

三、FPGA技术

(一) 概念、原理及组成

FPGA是在可编程阵列逻辑(programmable array logic, PAL)、通用阵列逻辑(generic array logic, GAL)、可擦除可编辑逻辑器件(erasable programmable logic device, EPLD)和复杂可编程逻辑器件(complex programmable logic device, CPLD)等相关可编程器件的技术基础上进一步完善和发展所得到的通用型的工业逻辑电路开发平台。它规避了定制电路由于应用场景局限性所带来的开发成本较大的难题，为满足特定的工业需求所提供的半定制的开发电模块。

FPGA内部逻辑电路主要组成结构如图4-16所示。在图4-16中，一个完整的FPGA模块主要由若干逻辑单元陈列(logic cell array, LCA)组成。每一个LCA都是由可配置逻辑模块(configurable logic block, CLB)、输入输出模块(input output block, IOB)和内部连线组成。CLB是FPGA逻辑计算的核心，通过CLB间的排列组合从而实现FPGA不同的

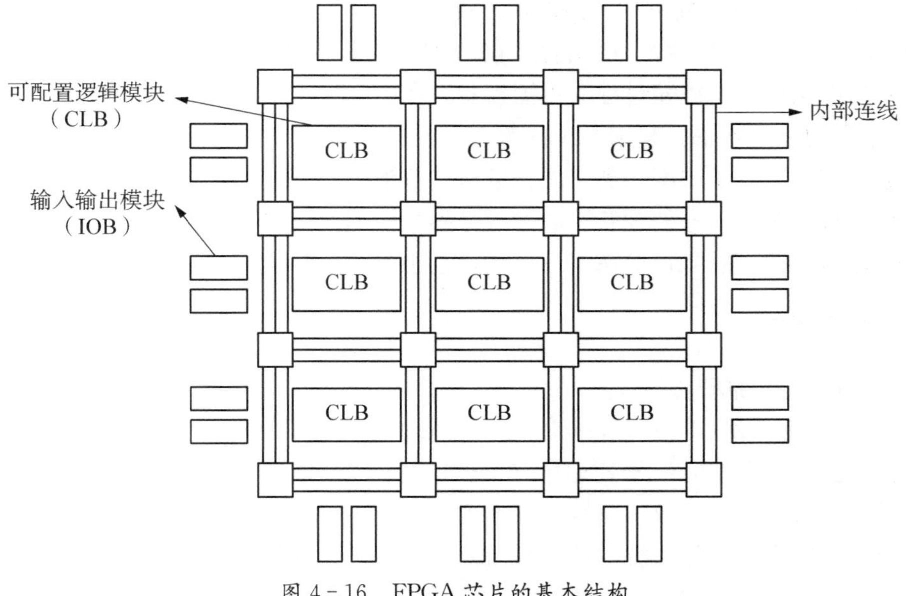

图4-16　FPGA芯片的基本结构

输入/输出的运行逻辑。IOB 是 FPGA 与外界交互的模块,外界的声、光、电和磁通过相关的信号转化装置转变为相应的电信号后通过 IOB 输入至 FPGA,而后 FPGA 根据运行后的结果通过 IOB 发出电信号指令驱动相关的动作系统对输入信号进行相应的动作反馈。内部连线连接了内部的 CLB 实现其相对应的逻辑组合。

(二) FPGA 技术特征

1. 采集频率、精度高　FPGA 内装有高主频的晶振时钟,每一个引脚都可以使用相对独立的高频时钟实现信号的高精度采集,有效避免信号间的干扰。

2. 多通道同步信号采集,独立数模转化　FPGA 采用的是并行化和流水线算法结构设计,并行化使得内部可同时进行不同的逻辑运算,而不局限于执行相同的任务,流水线的设计可以使任务分段同时进行,因此,FPGA 具有更强的运算能力和较低的时间延迟。

3. 高性能、低能耗　FPGA 的硬件并行模式使其在每个时钟周期内完成更多的处理任务,超越了其他相似芯片,并且能耗更低。

(三) 基于 FPGA 的实时信号处理与应用

在中药制药全流程各关键节点适时检测状态参数、工艺参数、质控参数、物料参数等各类过程参数一直存在较大技术盲区,一方面由于关键的质量参数不明确,以至于“该测而没有测”,另一方面中药制造过程瞬时变化,由于缺乏实时检测技术,导致“应测却测不出、想测但测不了”等工程实际问题。通过检测较为详尽地获知制药过程状况并辨识制药过程规律是一直未解的中药制药关键核心技术问题。

中药制造过程工艺环节是一个复杂动态平衡实时建立和更替的过程,各种工艺参数相互混杂,彼此影响。基于 FPGA 并行处理和高性能优势,可切实提高制药过程参数检测和处理的实时性,准确获知参数及其变化规律,并及时控制调整工艺参数,不断实时建立新的过程平衡从而进行有效控制运行,保证产品质量稳定性。

如在中药浓缩过程,根据同一时刻下采集处理得到的溶液密度,系统真空度和温度数据,利用 FPGA 计算得到此刻的料液溶质浓度,并以此计算得到其他物性数据,进而计算得到本预测周期内溶剂蒸发速率,再结合当前时刻测得液位高度得到本预测周期内的补料量进行补料,从而实现整个浓缩过程的预测控制。在中药层析过程中,洗脱液的组成及流速关系着关键组分的分离效果。利用 FPGA 对溶质在填料和溶液之间的组分传递平衡方程进行计算,根据事前输入溶质浓度得到溶质在填料和溶液中的分配比,从而预测性得到溶液浓度组分变化,再根据实时信号处理获取的参数得到当前的色谱柱内部状态,可为下一时刻的洗脱工艺参数进行预测性调节,最终实现层析过程中目的组分的高纯度洗脱。

四、DSP 技术

(一) DSP 概念、原理及组成

数字信号处理技术(digital signal processing, DSP),是一种专门用来实现数字信号处理算法的微处理器,在实时信号处理中,优势明显。一个典型的 DSP 系统包括抗混叠滤波器、数据采集 A/D 转换器、数字信号处理器 DSP、D/A 转换器和低通滤波器等。DSP 系统的工作过程:将输入信号经过抗混叠滤波,滤掉高于折叠频率的分量,以防止信号频谱的混叠;经过采样和 A/D 转换器,将滤波后的信号转换为数字信号;数字信号处理器对数字信号进行处理，得到数字信号；经 D/A 转换器，将数字信号转换成模拟信号；经低通滤波器，滤除高频分量，得到平滑的模拟信号。

（二）DSP 技术特征

1. 接口便捷、编程简单　DSP 应用系统的电气特性简单，与其他以现代数字技术为基础的系统或设备都是相互兼容的，所以系统接口容易实现；DSP 应用系统中的可编程 DSP 芯片可使设计人员在开发过程中灵活、方便地对软件进行修改和升级；

2. 精度高、稳定性好　DSP 系统精度取决于 A/D 转换的位数、DSP 处理器的字长和算法设计等，数字信号处理仅受量化误差和有限字长的影响，因此处理过程不易引入其他噪声，具有较高的信噪比；

3. 运算速度快　DSP 内部哈佛结构配合流水线操作，增加了处理器的处理能力，指令周期短，增加了信号处理器的吞吐量，大大提高了运算速度。

（三）基于 DSP 的实时信号处理与应用

DSP 强大数据处理能力和高运行速度，是其最显著的两个特色。DSP 可用于信号处理、自动控制、图形图像处理及数据采集。其采用软件、硬件结合为一体的特殊结构，内部软件结构采用哈佛结构，程序和数据具有独立的存储空间，有着各自独立的程序总线和数据总线，因此可以同时独立进行寻址，加上内部大量使用流水线操作，允许多条指令同周期的不同操作，大大提升了处理器的速度，此外，DSP 内部还具有专用硬件乘法器、快速的指令周期等，这些结构特点使之性能更加优越，提高了处理器的执行效率，满足实时完成许多 DSP 运算，针对中药制药过程数据变化迅速、数据繁多的特点，因此非常适合于中药制药数字孪生实时数据采集与处理。

相对于单片机，DSP 的数字信号处理能力更强，运行速度快。在信号采集和处理应用中，当收到数据采集指令后，数据采集硬件进入工作状态开始对信号进行采集，经过 A/D 转换器转化为数字信号后存入到存储 RAM 中，DSP 对信号进行提取，筛选、剔除无用、异常、噪声数据，进而输出质量优良的数字信号数据。

五、GPU 技术

GPU 处理器(graphics processing unit, GPU)最初是用于图形计算的专业处理器，采用了并行运算、面向吞吐量的处理方式，其内部体系中有大量的可编程的浮点运算单元，而且依靠同一时间让多个线程并行完成对数据的加速并行处理，支撑其并行运算的底层硬件主要有存储单元、CUDA 核心和流处理器簇三大模块组成。流处理器簇上的 CUDA 核心读取存储单元中需要处理的数据并进行具体的运算。CUDA 核心数越多，流处理器簇的数量越多，其并行计算的能力越强，因而极其适用于信号处理、医学影像、天气系统等需要做大量数据运算的领域，成为高速数据实时处理的热门技术手段。

六、CPLD 技术

复杂可编程逻辑器件 CPLD(complex programmable logic device, CPLD)是一种可根据需要自行构造逻辑功能的数字集成电路，其主要由可编程 I/O 单元、基本逻辑单元、布线池和其他辅助功能模块构成，可实现逻辑运算和判断、数据采集与处理、时序控制等，具有编程灵活、适用范围广、设计周期短、成本低、上手简单、保密性好等特点，相比于FPGA适合完成时序逻辑，CPLC更适合完成各种算法和逻辑组合，具有更快的速度，并且具有延迟时间的可预测性。CPLC现广泛应用在通讯、电子、工业设备、仪器仪表、航空航天等领域。

第三节　数字空间与物理空间的数据交互

一、数据传输

数据传输技术是数字孪生实现中至关重要的一个环节，它负责将物理空间采集到的数据传递到数字空间，并且保证数据的实时性、准确性、安全性等多个方面的要求。下面将对数据传输技术进行详细的介绍。

(一) 数据传输类型

数字孪生数据传输技术的传输类型主要分为两种:实时传输和离线传输。实时传输指的是实时监测和收集物理系统的数据，并将其传输到数字孪生平台中进行实时处理和分析。而离线传输则是指将事先收集到的物理系统数据进行处理和分析，再传输到数字孪生平台中。

实时传输是指数据的传输必须保证在规定的时间内完成，不能出现延迟或数据丢失的情况。这种传输一般用于实时控制和监测等场景，例如机器人控制、航空航天、医疗等领域。

非实时传输则不需要特别强调时间的敏感性，可以在一定时间内完成传输，因此可以采用一些更加灵活和高效的传输方式。这种传输一般用于离线数据处理和分析等场景，例如制造业、能源行业等领域。

(二) 数据传输协议

有线传输可以通过各种通信协议实现，例如以太网、USB、CAN总线等。其中以太网应用非常广泛，可以通过千兆以太网和万兆以太网等高速网络传输大量数据。USB接口则常用于短距离传输，例如连接PC和传感器设备等。CAN总线则常用于汽车、机器人等实时控制系统中，它能够通过数据帧的方式实现多节点之间的数据通信。数字孪生中常用的计算机网络通信协议有TCP/IP协议、HTTP协议、MQTT协议等。

TCP/IP协议是网络通信的基础协议，能够实现可靠的数据传输。HTTP协议是Web通信中常用的协议，可以实现浏览器与服务器之间的数据通信。MQTT协议则常用于物联网场景中，它能够实现低延迟、高效的数据通信。TCP/IP协议是目前使用最广泛的数据传输协议，它提供了可靠的、面向连接的传输机制，可以保证数据传输的完整性和可靠性，但是传输效率相对较低，不适合对实时性要求较高的场景。

HTTP协议是一种基于TCP/IP协议的应用层协议，主要用于Web应用程序之间的数据传输。它的优点是简单易用，但是实时性不够强，适合传输数据量较小且对实时性要求不高的数据。

MQTT协议是一种基于发布/订阅模式的轻量级通信协议，适用于低带宽、高延迟、不可靠网络的通信场景，例如物联网等。它具有消息推送的实时性和数据量小的优势，但是对于大数据传输效率相对较低。

WebSocket 协议是一种支持双向通信的协议，可以实现服务器主动向客户端推送消息。它的优点是可以实现较低的延迟和高实时性，适合传输数据量较小、对实时性要求较高的数据。

QUIC 协议是一种基于 UDP 协议的传输层协议，由 Google 公司开发，旨在提高 Web 应用程序的性能和安全性。QUIC 协议支持多路复用、0 - RTT 握手、实时更改等特性，可以实现更快的连接建立和更高的传输效率。

gRPC 协议是一种高性能、开源、通用的 RPC 框架，由 Google 公司开发。gRPC 协议基于 HTTP/2 协议，支持多语言、多平台，可以实现跨语言的服务调用和数据传输。

AMT 协议是一种针对边缘计算场景的数据传输协议，由 Intel 公司开发。AMT 协议支持多种传输方式，可以实现数据在不同层次的网络节点之间的传输和通信。

BLE 协议是一种低功耗蓝牙协议，主要用于物联网设备和移动设备之间的通信。BLE 协议支持广播、连接、数据传输等特性，适用于低功耗、低带宽的数据传输场景。

LwM2M 协议是一种轻量级的物联网管理协议，用于远程管理和监控物联网设备。LwM2M 协议支持多种传输方式，包括 UDP、SMS、CoAP 等，可以实现数据传输、设备管理等功能。

无线传输包括 5G、Zigbee、LoRa 等通信技术。

5G 技术在数据交互过程中的应用优势主要体现在以下几个方面：①5G 网络具备更高的带宽和更低的延迟，可以实现更快速的数据传输和更加稳定的连接；②5G 网络具备更高的设备连接密度和更好的设备管理能力，可以支持大规模设备连接和智能设备管理；③5G 网络还可以通过网络切片技术将网络划分为不同的虚拟网络，从而可以根据不同应用的需求，为不同的数据交互场景提供不同的网络支持。

Zigbee 是一种基于 IEEE 802.15.4 标准的低功耗无线通信技术，其采用低功耗无线协议，可以实现长时间的运行，并且可以使用电池供电。Zigbee 网络可以自动建立和管理，可以灵活地添加或删除设备，支持多种网络拓扑结构。但是 Zigbee 技术的数据传输速率较低，通常在 10～250 kbps 之间。

LoRa 是一种长距离低功耗无线通信技术，可以实现数千米范围内的通信，可以支持广域物联网应用。LoRa 技术采用了自适应扩频技术和前向纠错技术，可以在弱信号和高干扰环境下实现可靠通信。LoRa 技术的数据传输速率通常在 0.3～50 kbps 之间。

(三) 数据传输工具

数字孪生数据传输技术需要使用特定的工具来实现数据的传输和处理。常用的数字孪生数据传输工具包括 EdgeX Foundry、Eclipse IoT 和 IBM Watson IoT 等。EdgeX Foundry 是一款轻量级、开放式的物联网边缘计算平台，支持多种传输协议和设备接口。Eclipse IoT 是一个开源的物联网平台，支持多种数据传输和处理方式。IBM Watson IoT 是一个云平台，提供多种数据传输和处理服务，支持多种设备和协议接口。

(四) 其他关键点

1. *数据安全性*　数字孪生数据传输涉及现实世界的物理系统数据，因此数据的安全性至关重要。需要使用安全的协议和工具来保证数据的传输和存储安全。

2. *传输延迟*　数字孪生数据传输需要实时监测和收集物理系统数据，因此需要考虑传输延迟对数据处理和分析的影响。

3. 数据质量　数字孪生数据传输需要保证传输的数据质量，包括数据的准确性和完整性等。

4. 设备兼容性　数字孪生数据传输需要考虑不同设备和协议之间的兼容性，以保证数据的正常传输和处理。

二、数据处理

数据处理技术是数字孪生中用来处理采集到的数据的技术。它包括数据预处理、数据清洗、数据分析等环节。数字孪生中的数据处理技术需要处理大量的实时数据，需要快速、高效地完成数据处理和分析。

1. 数据预处理　数据预处理是指对采集到的数据进行处理，以去除无效数据、噪声、异常值等。这可以通过滤波、降采样、插值、对齐等技术来实现，以确保数据质量。在实际应用中，常用的数据预处理方法包括小波分析、傅里叶变换、线性回归等。此外，常用的信号处理方法包括卡尔曼滤波、扩展卡尔曼滤波等。

2. 数据清洗　数据清洗是数据分析的前置步骤，数据清洗是指在对数据进行分析时，对不合理、异常的数据进行清理的过程。在数字孪生中，清洗数据可以提高数据的质量和准确性，以便于后续的数据分析和建模。常用的数据清洗方法包括插值、均值填充、中值填充、数据删除等。除此之外，异常值检测和处理方法也很重要，例如箱线图、z-score 等方法。

3. 数据分析　数据分析是数字传输中非常重要的一步，它能够从大量的实时数据中提取有用的信息和特征，为后续的数据建模和分析提供基础。常用的数据分析方法包括聚类分析、回归分析、时间序列分析、机器学习等。

4. 常用软件　常用的数据处理软件包括 R、Python、Matlab、SPSS、SAS 等。此外，很多商业软件和平台也提供数据处理和分析服务，例如 Tableau 、Power BI、DataRobot 等。除此之外，有一些开源平台，如 Apache Hadoop、Apache Spark 等，也能帮助进行大规模数据处理。

三、数据储存

(一) 数据储存方法

数据储存方法可以分为关系型数据库和非关系型数据库两种类型。①关系型数据库：关系型数据库使用表格来存储数据，每个表格都包含了若干行和若干列。关系型数据库使用 SQL 语言来查询和操作数据。②非关系型数据库：非关系型数据库不使用表格来存储数据，而是使用键值对、文档或者图形来存储数据。非关系型数据库不需要使用 SQL 语言来查询和操作数据，而是使用 NoSQL 语言来查询和操作数据。

(二) 数据储存软件

数据储存软件是实现数据储存方法的关键工具，不同的数据储存方法需要使用不同的数据储存软件。①关系型数据库软件：包括 MySQL、Oracle、SQL Server 和 PostgreSQL 等，这些软件都是开源的，可以在 Linux 和 Windows 等不同的操作系统上运行。②非关系型数据库软件：包括 MongoDB、Cassandra、Redis 和 Hadoop 等，这些软件也都是开源的，也可以在 Linux 和 Windows 等不同的操作系统上运行。

（三）数据储存平台

数据储存平台是提供数据储存服务的云计算平台，可以让用户无需自己搭建数据储存环境，而是将数据上传到云计算平台进行储存和管理。

云计算数据储存平台：云计算数据储存平台包括 AWS S3、Azure Blob Storage 和 Google Cloud Storage 等，这些平台提供了高可靠、高可用、高性能的数据储存服务，并且支持各种类型的数据储存，包括文件、图片、视频和数据库等。

分布式数据储存平台：分布式数据储存平台包括 HDFS、GlusterFS 和 Ceph 等，这些平台使用分布式存储架构来实现数据的储存和管理，可以提高数据的可靠性和可用性，并且支持海量数据的储存和处理。

（四）数据可视化与交互

数据可视化和交互是数字孪生中的关键因素，因为它们使用户能够快速准确地理解数据和分析结果。在数字孪生实施的过程中，数据可视化平台可以通过各种图表类型、图表颜色、图表动画等方式，让用户更容易地理解数字模型中的数据，并且可以通过图表交互来探索数据。以下是一些常见的工具和平台。

Echarts：Echarts 可以帮助数字孪生实施中的用户更好地理解数据和分析结果，以便更好地控制和管理物理系统。它可以用于创建各种类型的图表，如饼图、折线图、柱状图等，并且可以通过配置选项自定义图表外观和行为。此外，Echarts 还具有交互式功能，例如缩放、平移、轮廓高亮等，以帮助用户探索数据。

Tableau：Tableau 是一种功能强大的数据可视化和商业智能工具，可以用于创建交互式的可视化仪表板和报告。它支持各种数据源和图表类型，并且具有丰富的分析和探索功能。

Power BI：Power BI 是微软的商业智能平台，可以用于创建交互式的报告和仪表板。它支持各种数据源和图表类型，并且具有强大的分析和探索功能。

D3. js：D3. js 是一个基于 JavaScript 的数据可视化库，可以用于创建各种类型的交互式图表和数据可视化应用程序。它提供了广泛的 API 和功能，可以自定义各种图表的外观和行为。

Highcharts：Highcharts 是一个基于 JavaScript 的图表库，可以用于创建各种类型的交互式图表和数据可视化应用程序。它支持多种图表类型，并且具有丰富的可定制性和交互功能。

第四节　微波技术用于中药制药投料前整包含水率在线检测

中药材整包含水率是评价中药品质的重要指标之一，该参数不仅决定了中药材贮藏的安全性，同时也制约着中药加工工艺与流通过程。若药材含水量超过最高临界限度，就可能会发生变质现象，影响中药质量与疗效。只有严格控制水分在一定合理范围内，才能抑制药材发生变质。

目前针对中药材含水率检测通常采用的是药典规定的烘干法、减压干燥法和甲苯法等分析方法，这些方法属于有损的检测方法，精度高但费时费力，通常只能使用小部分样品进行测试，很难实现大批量药材的快速检测。基于此，本节提出了一种基于微波透射吸收的药材水分快速无损检测方法。该方法是利用微波对水分子有极化现象的原理，水分子的极化会消耗大量的微波能量，通过测量消耗的能量即可得到水分含量的变化，此种方法受环境影响小，不需要与样品接触，检测速度快，可以实现样品的大批量在线检测。目前微波吸收法在煤炭、原油、谷物及烟草等的水分检测中已经有了广泛应用，但是在中药材的水分检测中还未见应用。本节将微波透射法应用于中药的水分检测中，选择五味子、酸枣仁、茯苓、地龙、百合、黄芩、炒鸡内金和黄柏这 8 种不同类型的中药材为研究对象，建立微波吸收率-含水率测量模型，验证该方法在多品种药材水分检测中的适用性，为药材产地及药企等大批量药材的水分快速测定提供参考，提高生产效率，降低检测成本。

一、仪器与材料

微波水分仪 PMT9000(BACH Industrie Mess technologie)、粉碎机 BJ - 150(德清拜杰电器有限公司)、快速水分测定仪 HX204(梅特勒-托利多国际有限公司)。

五味子产自黑龙江，药包规格为 50 kg/袋，共 11 袋；酸枣仁产自河北，药包规格为 50 kg/袋，共 13 袋；茯苓产自安徽，药包规格为 50 kg/袋，共 14 袋；地龙产自广西，药包规格为 30 kg/袋，共 12 袋；百合产自湖南，药包规格为 50 kg/袋，共 11 袋；黄芩产自甘肃，药包规格为 50 kg/袋，共 11 袋；炒鸡内金产地为全国，药包规格为 50 kg/袋；黄柏产自四川，药包规格为 50 kg/袋。以上药材经天津中医药大学王春华副研究员鉴定，鉴定结果五味子为木兰科植物五味子 *Schisandra chinensis* (Turcz.) Baill. 的干燥成熟果实，酸枣仁为鼠李科植物酸枣 *Ziziphus jujuba* var. *spinosa* (Bunge) Hu ex H. F. Chou 的干燥成熟种子，茯苓为多孔菌科茯苓属真菌茯苓 *Poria cocos* (Schw.) Wolf 的干燥菌核，地龙为钜蚓科动物参环毛蚓 *Pheretima aspergillum* (E. Perrier)的干燥体，百合为百合科植物卷丹 *Lilium lancifolium* Thunb.、百合 *Lilium brownii* var. *viridulum* Baker 的干燥肉质鳞叶，黄芩为唇形科植物黄芩 *Scutellaria baicalensis* Georgi 的干燥根，炒鸡内金为雉科动物家鸡 *Callus gallus* domesticus Brisson 的干燥砂囊内壁，黄柏为芸香科植物黄皮树 *Phellodendron chinense* Schneid. 的干燥树皮，见图 4 - 17。

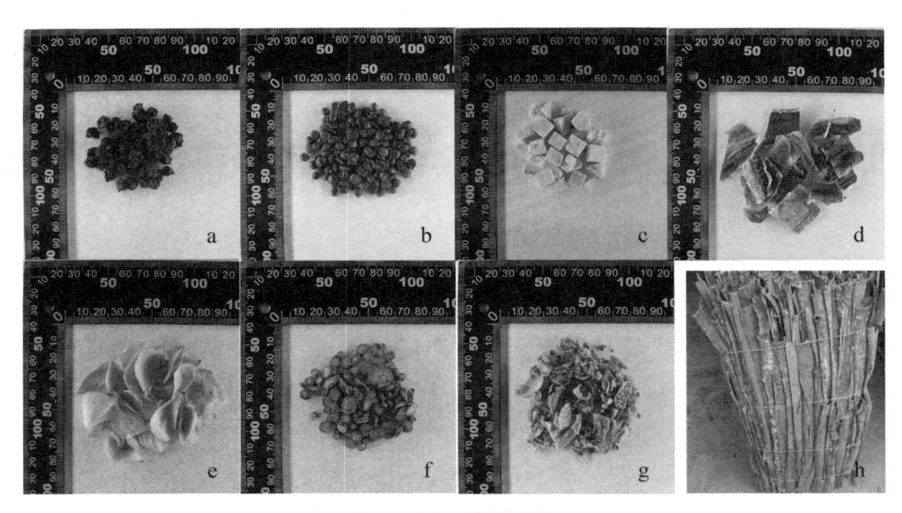

图 4 - 17　药材形状

a:五味子；b:酸枣仁；c:茯苓；d:地龙；e:百合；f:黄芩；g:炒鸡内金；h:黄柏

二、实验方法

(一) 微波吸收强度实验

记录微波水分测试仪初始强度值及仪器自身响应强度值，计算样品的微波吸收率(A)用于后续的建模和验证，如公式(4-4)所示：

$$A=\frac{I-I_0}{I_1-I_0}\times 100\% \tag{4-4}$$

式中，I 为放入样品后仪器接收到的微波强度值；I_0 为关闭仪器微波发射端后仪器接收到的微波强度值；I_1 为不放样品后仪器接收到的微波强度值。

本实验采用了静态微波吸收强度检测法，在检测过程中药包与微波探头相对位置保持不变。根据微波作用原理，药包内药材的密实状态对微波的透射和能量消耗有影响。药材密实状态(堆积密度)不同时，微波的衰减常数不同，导致采用微波水分测定仪检测结果有显著差异。因此，每次检测前手动调整药包上下厚度，通过保证药包厚度基本一致的方法使药材达到相对均匀密实的状态。微波频率为 2.4 GHz，测样前要对仪器进行预热 30 min。

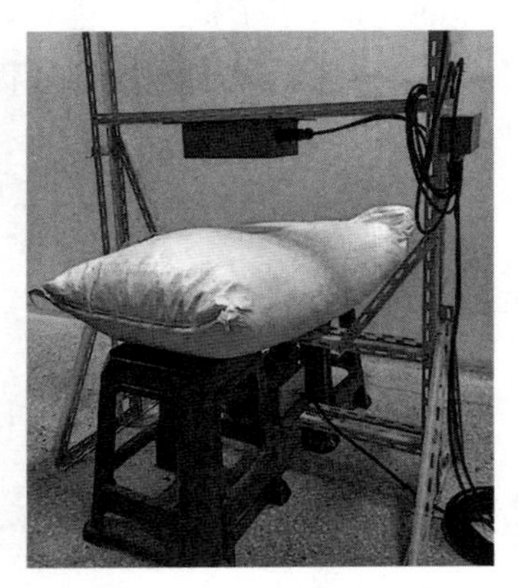

图 4-18　微波吸收实验装置

采用实验室自行搭建的微波吸收装置检测整包药材的微波吸收值，如图 4-18 所示。为了避免药包不均匀性，采集药包多个部位的微波吸收，取其平均值用于后续建模及验证。

(二) 药材水分测定

药包微波扫描后马上对每包药材进行取样，为提高取样结果对整体平均含水率代表性，从药包的中部上下两侧分别取样，如图 4-19 所示。

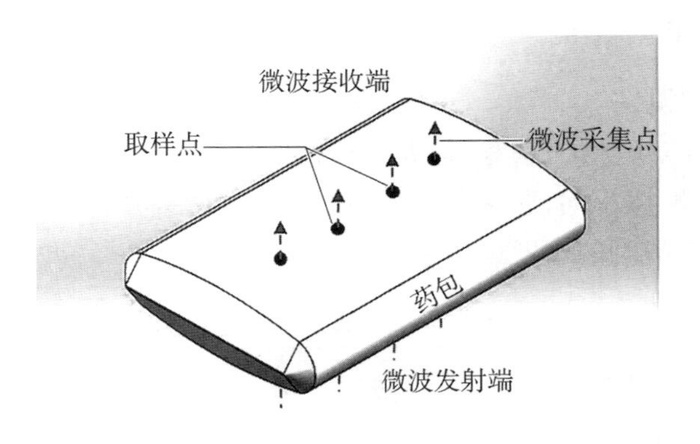

图 4-19　微波扫描位点

采用卤素水分测定仪测定药材水分。方法：首先将药材粉碎，过 2 号筛备用；取药材粉末约 1 g 放入卤素水分测定仪托盘内，均匀平铺，设定烘干温度为 105 ℃，平衡至恒重的标准为 1 min 内重量波动小于 50 mg；达到终点后仪器自动停止，记录含水率数据，将每袋药材各个部位的含水率取代数平均值，以此代表整袋药材的平均含水率。

（三）数据分析与建模

微波水分测定仪通过检测药包的微波吸收特性实现药材含水率的检测。微波水分测定法是一种间接测量的方法，并且每种药材都具有独特的微波吸收特性，因此必须与标准方法获得的真值建立校正模型才能测量真实的含水率。本研究基于最小二乘法对药材微波吸收率与真实含水率进行线性拟合，建模之前按药材种类划分训练集和验证集。本实验对整包药材进行测试，因此每种药材的样本数量较少。每种药材用不少于7包药材建模，4包药材验证模型。模型性能用均方根误差(root mean square error, RMSE)决定系数(R^2)和相对分析误差(relative percent deviation, RPD)来评价，*RPD*为总体标准差与交叉验证标准误差的比值，用于检验所建立的模型的准确性，一般认为$RPD>2.0$，则认为所建模型具备较高可靠性，能够用于模型分析，计算公式如公式(4-5)、(4-6)、(4-7)所示：

$$RMSE=\sqrt{\frac{1}{n}\sum_{i=1}^{n}(y_i-\hat{y}_i)^2} \tag{4-5}$$

$$R^2=1-\frac{\sum_{i=1}^{n}(y_i-\hat{y}_i)^2}{\sum_{i=1}^{n}(y_i-\bar{y})^2} \tag{4-6}$$

$$RPD=\frac{\sqrt{\frac{1}{n}\sum_{i=1}^{n}(y_i-\bar{y})^2}}{RMSE} \tag{4-7}$$

其中，n为样本数，y_i为第i个样品的参考测量值，$\hat{y}_i$为第i个样品的估计值，$\bar{y}$所有参考测量值的平均值。

三、结果与讨论

（一）药材含水率测定

表4-1为五味子、酸枣仁、茯苓、地龙、百合和黄芩6种药材含水率的描述性统计。每种药材的含水率变化幅度不同，这也会使模型的性能有所差异。水分变化幅度越小，对仪器的精度要求越高，建立模型的难度也会增大。

表4-1　6种药材含水率的描述性统计

种类	最小值(%)	最大值(%)	Mean(%)	*SD*(%)
五味子	9.68	10.16	9.95	0.14
酸枣仁	7.31	9.35	8.06	0.73
茯苓	10.41	14.34	12.21	1.33
地龙	8.42	9.58	9.16	0.40
百合	7.53	9.07	8.22	0.64
黄芩	7.97	9.70	8.95	0.56

（二）水分测量模型

利用 Matlab 软件对微波吸收率与含水率进行基于最小二乘法的线性拟合，建模及验证结果如表 4－2 所示。其中 R_C^2 和 $RMSEC$ 分别为训练集决定系数和训练集误差均方根，R_V^2 和 $RMSEV$ 分别为验证集决定系数和验证集误差均方根。

表 4－2　6 种药材建模及测量结果

种类	R_C^2	$RMSEC$(%)	R_P^2	$RMSEP$(%)	RPD
五味子	0.7058	0.08	0.6210	0.08	3.11
酸枣仁	0.9014	0.23	0.9515	0.15	9.09
茯苓	0.8212	0.59	0.8173	0.41	6.00
地龙	0.7026	0.20	0.6989	0.24	2.95
百合	0.7727	0.29	0.7783	0.29	3.64
黄芩	0.7174	0.30	0.7019	0.25	3.68

从表 4－2 中，五味子的测量误差 $RMSEC$ 和 $RMSEP$ 最小，但是其模型准确度并不是最高，这是因为实验用到的五味子各个样本的含水率跨度偏小造成的，评价模型性能需要结合 R^2 和 $RMSE$。酸枣仁的 R^2 最大，$RMSE$ 也很小，说明酸枣仁测量模型的准确性最高，这与酸枣仁药材的自身特性有关。下面为每种药材的建模及测量结果，并结合药材特性对模型性能进行了解释。

（三）五味子水分测量模型

拟合曲线如图 4－20 所示，方程式为：

$$y = 0.0619x + 9.2019 \tag{4-8}$$

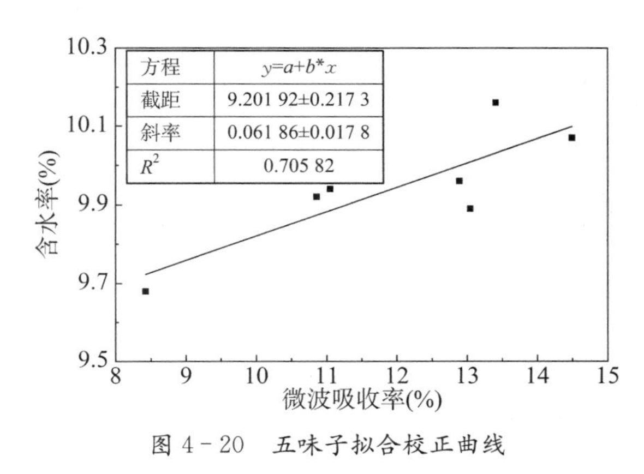

图 4－20　五味子拟合校正曲线

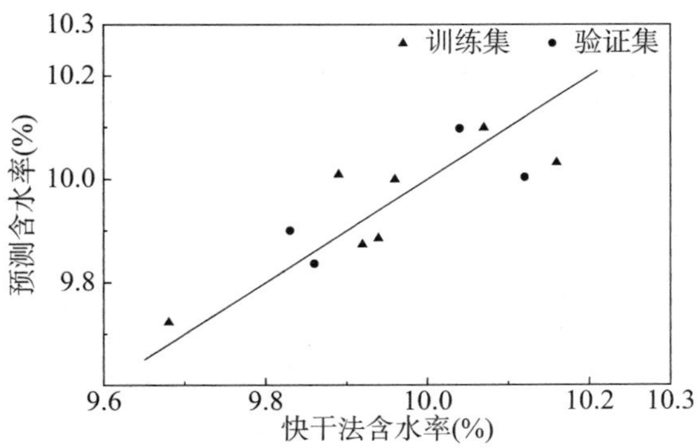

图 4－21　五味子真实值与微波测量值相关性

受实验条件限制，五味子药材的水分变化幅度较小，仅为 0.48%，所以微波吸收率与含水率的相关性较差。微波测量值与真实值相关图中斜线为象限等分线，即理想状态下快干法含水率等于测量含水率，由于在测量过程中存在误差，实际的样品点往往产生一定的偏离，见图 4－21。微波测量值与真实值相关图中样品点距离等分线越近则说明测量越准确，距离等分线越远则说明测量的准确度越差。

(四) 酸枣仁水分测量模型

拟合曲线如图 4－22 所示，方程式如式(4－9)所示：

$$y = 0.467x + 5.0299 \tag{4-9}$$

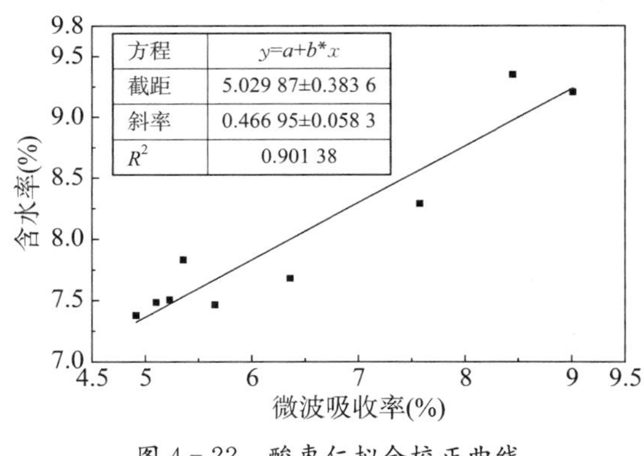

图 4－22　酸枣仁拟合校正曲线

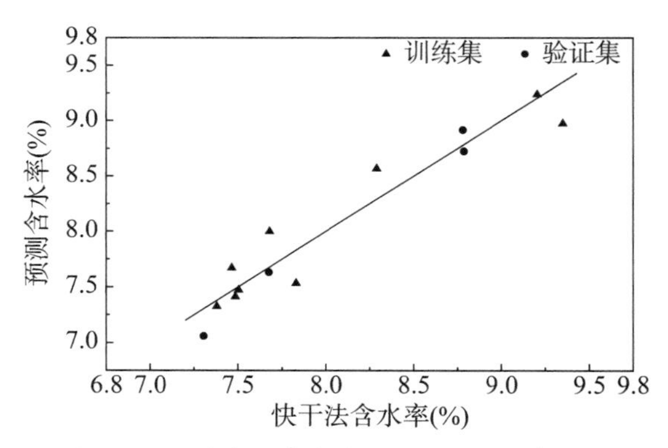

图 4－23　酸枣仁真实值与微波测量值相关性

训练集和验证集的测量结果如图 4－23 所示，样品点与等分线距离越近则证明测量越准确，建模及测量结果如表 4－2 所示。结果表明酸枣仁的微波测量比较准确，可以采用微波吸收法快速检测整包酸枣仁的含水率。酸枣仁药材表面较为光滑，通过简单抖动药包即可使药包每个部位厚度及密度均匀，使每个部位的微波系数基本一致，模型中微波能量的变化主要与样品含水率有关，因此得到较好建模效果。

(五) 地龙水分测量模型

拟合曲线如图 4－24 所示，方程式如式(4－10)所示：

$$y = 0.4403x + 7.5881 \tag{4-10}$$

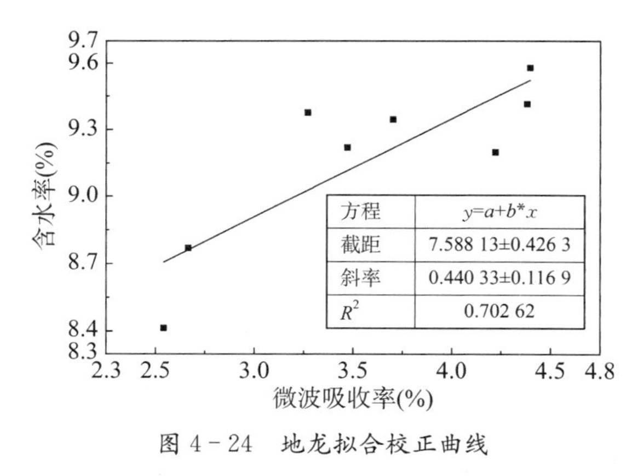

图 4－24　地龙拟合校正曲线

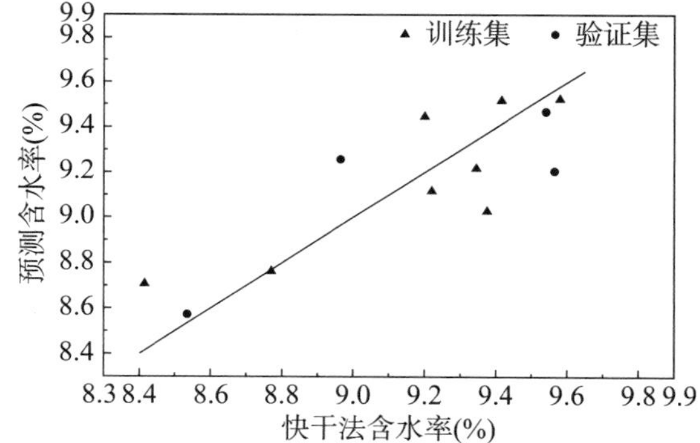

图 4－25　地龙真实值与微波测量值相关性

测定的地龙的微波吸收值与测定的含水率相关性较差，地龙药包质地松泡，各位置的药材的分布不均匀，堆积密度不一致，微波衰减常数不一致导致各个位置的微波衰减量不同，导致微波吸收值与水分含量测定结果相关性低，见图 4－25。

（六）茯苓水分测量模型

拟合曲线如图 4－26 所示，方程式如式（4－11）所示：

$$y = 0.8055x + 3.4438 \tag{4-11}$$

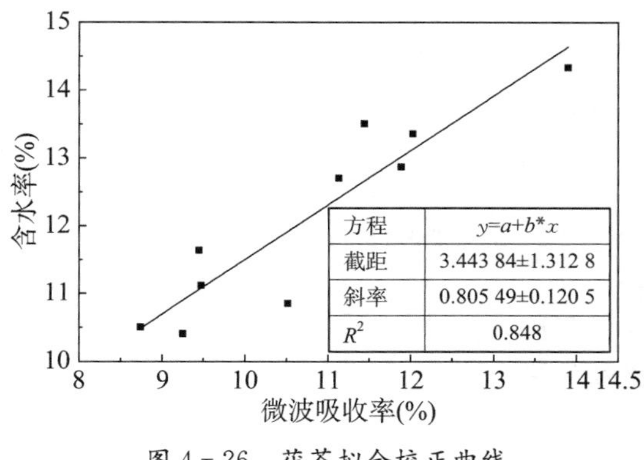

图 4－26　茯苓拟合校正曲线

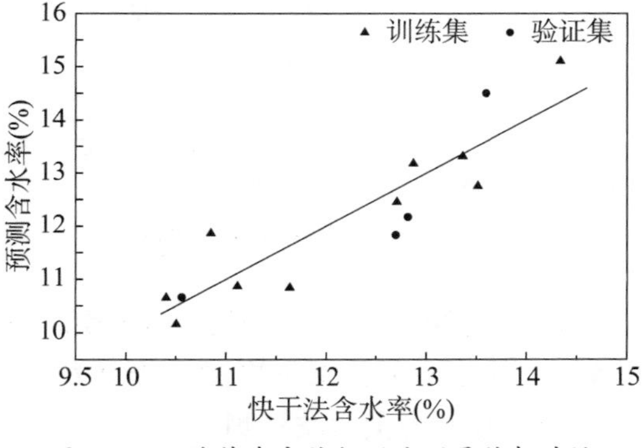

图 4－27　茯苓真实值与微波测量值相关性

茯苓药包的厚度基本一致，但各部位的堆积密度存在差异，测量前通过整理难以完全扣除，所以茯苓的线性低于酸枣仁但优于地龙，见图 4－27。

（七）百合水分测量模型

拟合曲线如图 4－28 所示，方程式如式（4－12）所示：

$$y = 1.3256x + 0.4773 \tag{4-12}$$

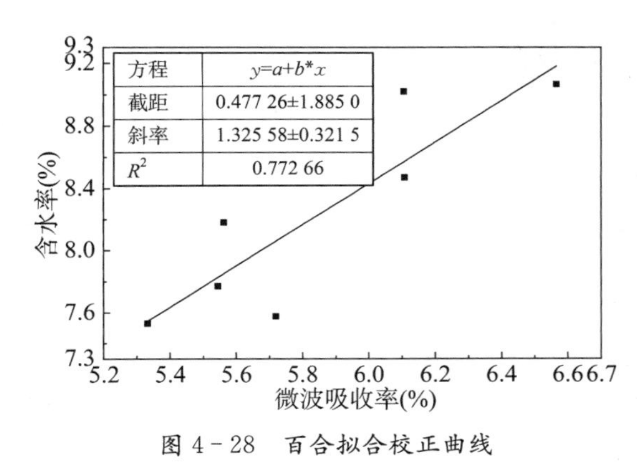

图 4－28　百合拟合校正曲线

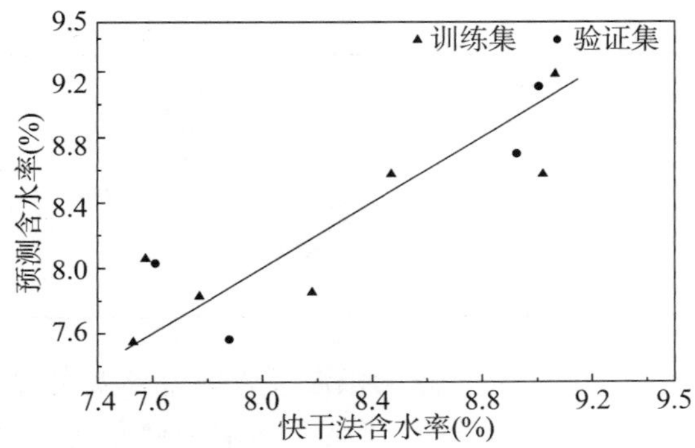

图 4－29　百合真实值与微波测量值相关性

百合药包的质地与茯苓相似，各部位密度均一，但是测量时同样存在密实状态不一致的现象，且百合药材的含水率跨度较小，导致百合药材的含水率测量值与等分线距离较远，见图 4－29。

（八）黄芩水分测量模型

拟合曲线如图 4－30 所示，方程式如式（4－13）所示：

$$y = 0.7085x + 5.5332 \tag{4-13}$$

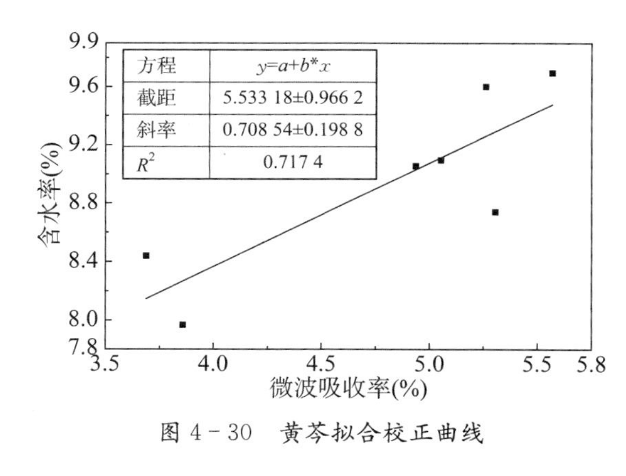

图 4-30　黄芩拟合校正曲线

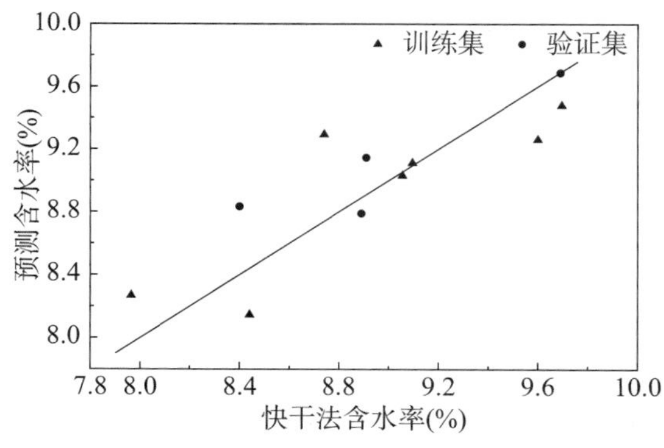

图 4-31　黄芩真实值与微波测量值相关性

黄芩药材的长度较长，导致不同部位的密度存在较大差异，微波吸收率的变化受到除药材水分含量之外的因素影响较大，导致样品点离等分线较远，见图 4-31。

（九）炒鸡内金微波检测

表 4-3　炒鸡内金微波吸收率

样品	样品 1	样品 2	样品 3	样品 4
微波吸收率(%)	2.25	3.49	2.24	1.83

在测定炒鸡内金药材时，发现样品对微波的吸收很少，微波吸收仅为 1.83%～3.49%，受到仪器精度的限制，无法建立炒鸡内金的含水率测量模型，见表 4-3。

（十）黄柏微波检测

表 4-4　黄柏微波吸收率

样品	位 1	位 2	位 3	位 4	$A_{max}-A_{min}$
样品 1	15.84	13.23	27.97	14.92	14.74
样品 2	16.06	26.08	15.90	22.15	10.18
样品 3	17.08	24.11	31.88	15.93	15.95

黄柏不同位置的微波吸收率差异太大，见表 4-4，大于不同样品间的差异，这是由于黄柏药材个头较大，为了便于运输和储存而使用了铁丝捆扎。铁丝对微波的吸收远大于药材中水分的吸收，因此药包中存在铁丝对微波测量干扰太大，不适于微波水分检测法。

本研究对 8 种药材进行了微波水分测定，其中包括果实类（五味子）、种子类（酸枣仁）、根茎类（百合、黄芩、黄柏）、真菌类（茯苓）和动物类（地龙、炒鸡内金）。大部分药材的微波吸收与含水率有线性关系，但是线性度各不相同。酸枣仁的模型训练及验证效果最好，*RPD* 为 9.09，这是因为酸枣仁药材的体积较小且表面光滑，酸枣仁在药包内基本上可以达到均匀分布，各部位密度差异不大，微波吸收干扰较小，微波吸收系数主要与含水率有关。茯苓和百合的尺寸也较小，但是药材之前的流动性比酸枣仁差，因此药包上下存在的密度差异难以消除，导致微波吸收变化中包含含水率之外的因素。五味子含水率变化幅度太小，同时微波吸收也收到药包密度不均的影响，导致测量准确度降低。地龙和黄芩的长度较长，导致药材在药包内同样存在密度分布不均的现象，使每个测试点的微波吸收系数不同，导致微波吸收率与含水率相关性降低。

通过研究基本验证了微波吸收测量药材含水率的可行性，整包药材的含水率结果检测的可靠性。但是由于实验采用的是静态检测法，药包密度分布差异会影响微波吸收。在未来工业应用中拟采用动态检测法，即将药包放在传送带上，扫描药包每个位置的微波吸收用于建模，以此来抵消分布不均的影响。

同时，研究发现微波吸收法用于药材含水率检测还受制于药材本身特性，并不是所有药材都适用于本方法。炒鸡内金对微波吸收极低，仪器自身的波动都有可能大于样本的响应，因此炒鸡内金不适用此方法。这可能是由于鸡内金被炒制后药材中的自由水减少，残留的水分主要以结合水为主，而微波对结合水的响应较弱导致。黄柏药材用铁丝捆绑，铁丝对微波吸收的吸收很强，会严重影响微波测量的准确性，因此有铁丝捆绑的药材也不适用微波吸收法。针对类似的药材，包装时可以换用安全无害可降解的塑料扎带，即可适用于此微波透射技术快速检测含水率。

第五节　高光谱成像结合人工智能技术探索天然金银花提取物的干燥行为

喷雾干燥是食品、制药和化学生产中常用的技术，其使产品在整个保质期内具有高稳定性、理想的体积特性和出色的功能特性。由于液滴数量众多，因此无法跟踪和研究喷雾干燥过程中单个液滴的干燥行为。干燥过程中的许多工艺参数和进料特性都会影响最终产品的质量和工艺效率，并且仍然难以为给定产品选择最佳干燥条件。在干燥机理的研究中，单液滴干燥实验被认为是构建目标材料干燥曲线的直观技术。

颗粒内部成分分布图模型和在线分析技术的建立仍存在重大挑战。单液滴干燥实验研究在获取液滴干燥机理方面发挥了重要作用，但在建立颗粒内部成分分布映射模型和在线分析技术方面仍存在重大挑战。彩虹折光仪测量、粒子图像测速、光学相干断层扫描和拉曼光谱已被开发用于捕获单个液滴的干燥动力学行为，但不具备实时在线分析和建模的能力。这是因为它们无法同时获得非侵入性条件下液滴的组成分布和形态变化的数据。高光谱图像技术是从高光谱遥感成像技术发展而来的技术。高光谱图像是在特定波长区域获取的具有特定波长间隔的一系列光学图像的集合。在高光谱图像中，存在特定波长的特定二维图像，并且其在特定像素处呈现的灰度值在每个波长下都不同。因此，高光谱图像将待测样品的图像与光谱信息相结合。光谱学和成像学的结合使系统能够提供有关样品物理和几何形状的信息，以及对物质化学成分的光谱分析，从而可以获得光谱和图像信息。

采用单液滴干燥实验研究天然金银花提取物的干燥行为。使用高光谱成像仪连续采集液滴干燥过程，以获得有关水分和尺寸变化的数据。利用 Faster-RCNN 算法对高光谱图像中的液滴进行自动识别和定位，并根据损失和平均精度评估算法的识别精度。提取液滴对应区域的光谱，并采用人工神经网络构建水分含量预测模型。结合液滴直径变化得到的特征干燥曲线。因此,结果可以作为工艺改进的基础,并为喷雾干燥工艺提供最佳操作条件。

一、材料和方法

(一) 单液滴干燥实验的样品制备

忍冬科植物金银花是从安国药材批发市场(中国河北)获得的。实验中使用了 Mili-Q 级水。按 1∶10 的料液比煎煮两次。第一次提取时间为 2 h,第二次提取时间为 1.5 h。两种提取物通过旋转蒸发器的组合进行浓缩,得到含有 15%、25%和 35%可溶性固体的溶液。

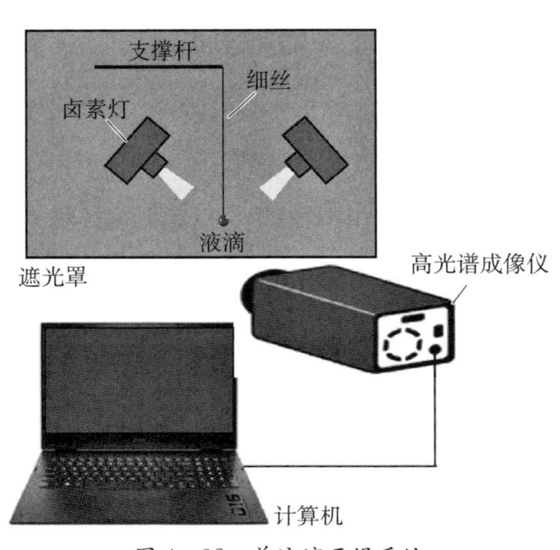

图 4-32 单液滴干燥系统

(二) 单液滴干燥实验方法

图 4-32 示意性地描述了实验设置。液滴悬浮在细丝上,细丝尖端的浸入部分仅占液滴总体积的 0.2%左右。通过这种方式,可以限制从细丝到液滴的传热。细丝通过支撑杆固定在分析天平上,天平用于测量颗粒中的残留水分(分辨率 0.01 mg);卤素灯(220 V,75 W)用于加热提取液滴。液滴周围的空气被加热到 79.85 ℃。注射器(最大体积为 3 mL)产生液滴并将其固定在细丝(直径约 3 mm)上。用于捕获液滴水分和尺寸变化的高光谱成像仪。在实验过程中,实时光谱信息被记录在计算机中。获得最终的 216 个样品用于随后的干燥表征。

(三) 干燥特性基本数据的获取

高光谱图像是包含光谱和图像信息的数据立方体,光谱分辨为 5 nm,光谱范围为 372~1 050 nm,图像分辨率为 696×520 像素。这意味着在高光谱数据立方体中,每个波长都有一个液滴图像。由于样品对不同波长的响应不同,在较弱的波长下,图像信噪比较低。我们选择了 767 nm 处的图像进行液滴定位和轮廓检测。通过机器视觉技术分析了高光谱仪记录的一系列液滴图像。本研究采用的目标检测算法可以实现高光谱图像中液滴的自动跟踪和识别,因为液滴在干燥过程中会变小。假设将投影液滴面积视为完美圆,以获得等效的液滴直径。液滴质量数据采用精密分析天平测量。对于高光谱图像中的光谱数据,以目标检测算法确定的液滴位置作为感兴趣区域,取各波长对应的图像平均值,得到液滴的光谱。电流液滴的水分含量是根据测得的液滴质量变化计算得出的。高光谱图像中包含的光谱信息可以反映其含水率,因此可以根据图像信息和实测数据建立光谱含水率的预测模型。结合高光谱图像获得的液滴直径和预测模型获得的水分含量,研究了天然植物提取物的干燥特性。

(四) 目标检测算法与图像处理

Faster R-CNN 于 2015 年提出,属于目标识别算法之一。该方法首先选择图像中的几个区域,并将它们的类别和边界框标注为建议区域,然后通过卷积神经网络计算建议区域的特征,最后利用每个建议区域的特征来预测图像所属的类别和目标所在图像中边界框的位置。在这项研究中,使用 Faster R-CNN 来识别单个液滴的定位曲线,如图 4-33 所示。与

R－CNN 算法相比，该方法采用区域建议网络(RPN)，不仅减少了建议区域的数量，而且保证了目标检测的准确性。RPN 包含一个卷积层和两个全连接层。两个全连接层各有各的作用，一个是用于输出分类分数的类别全连接层，另一个是用于输出建议目标位置的边界全连接层。Faster R－CNN 共享网络先从原始图像中提取特征，分别馈送到 RPN 网络和快速 R－CNN 网络中。RPN 网络和快速 R－CNN 是分开计算的。

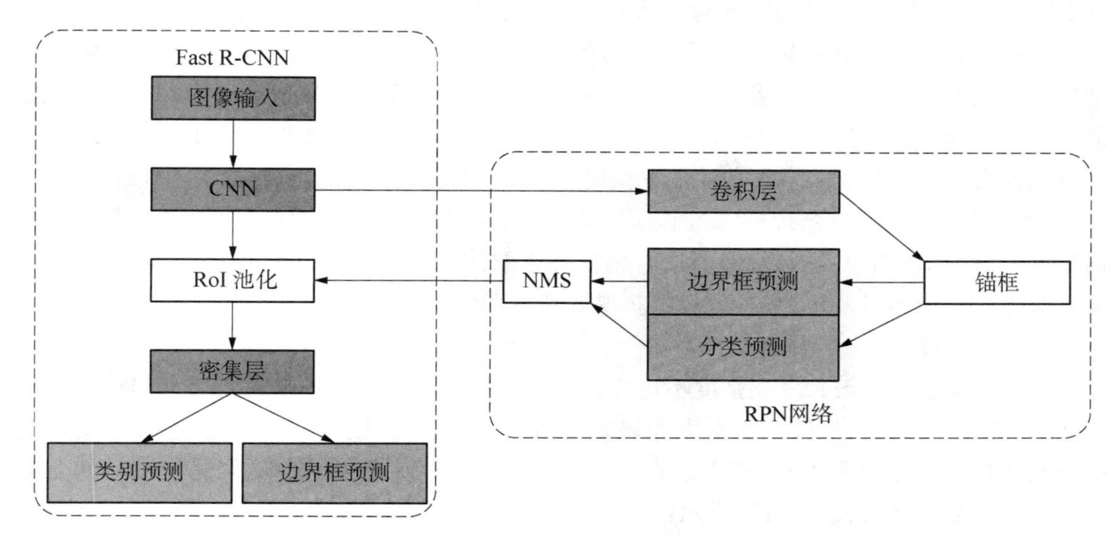

图 4－33　Faster R－CNN 的流程

在计算过程中，原始图像的特征首先通过 CNN 提取到感兴趣区域(RoI)的池化层中，并分别转移到 RPN 和 Fast R－CNN 中。从共享卷和网络获得的特征图使用 3×3 卷积滑动窗口进行扫描。使用 3 个比例 (128×128、256×256 和 512×512) 扫描滑动窗口中心周围的窗口，具有 3 个比例关系(1∶1、1∶2 和 2∶1)。单次扫描生成 9 个建议的框，这些映射会产生称为定位点的候选窗口。多个定位点通常在同一目标上重叠。为了消除重叠引起的计算问题，使用非最大抑制(NMS)模型来消除它们之间的重叠。锚点的交集点(IOU)值按降序计算和排序。如果定位点的 IOU 值超过预定义的阈值，则会拒绝该定位点。网管计算完成后，将区域建议转移到 Fast R－CNN 的 ROI 池层进行后续操作。

在 Fast R－CNN 中，来自共享卷积层和 RPN 的特征数据收集到 ROI 池层中。在 ROI 池层中计算提案和原始特征图，输出特定大小的特征图。最后，密集层对特定尺寸的特征图进行处理，生成类别预测和边界框预测。类别预测用于描述目标类别，边界框预测用于描述目标位置信息。

RPN 中包含两个损失，$Lcls$ 用于对锚点属于目标还是背景进行分类，$Lreg$ 用于校正锚框。损失函数如公式(4－14)所示：

$$L(\{p_i\},\{t_i\})=\frac{1}{N_{cls}}\sum_i L_{cls}(p_i,p_i^*)+\lambda\frac{1}{N_{reg}}\sum_i p_i^* L_{reg}(t_i,t_i^*) \quad (4-14)$$

其中，p_i 表示网络预测第 i 个锚点是目标的概率；p_i^* 表示相应的基本事实，如果第 i 个锚点和实际目标之间的 IOU 大于阈值，则 $p_i^*=1$；如果 IOU 小于阈值，则 $p_i^*=0$；其余锚点不参与训练。t_i 是参数化的坐标向量，指示预测框和锚框之间的偏移量；t_i^* 指示 GT 框和锚框之间的偏移。$Ncls$ 设置为小批量的大小，$Nreg$ 置为定位点数。默认情况下 λ 等于 10，这使得分类和回归的权重几乎相等。

通过 RPN 网络和 Fast R－CNN 网络对模型进行交叉训练，可以充分利用训练数据，提高精度。首先，将 Vgg16 数据集的预训练权重用作 RPN 的初始化参数；包含液滴的图像通过 RPN 网络以生成正负样品，并对其进行微调以获得建议的区域。使用 Vgg16 数据集的预训练权重参数作为快速 R－CNN 的初始化参数，快速 R－CNN 通过之前获得的区域建议结果进行调整。使用微调的参数重新初始化 RPN，微调 RPN 并生成新的区域建议数据。最后，使用这些数据对 Fast R－CNN 的最后两个完全链接层进行微调。通过交叉训练 Fast R－CNN 和 RPN，两个网络共享一个卷积层，这不仅提高了准确性，而且加快了训练速度。

液滴的区域由 Faster R－CNN 识别。为了获得更精确的液滴图像，使用高斯去噪函数消除噪声对阈值分割的影响。采用二值化算法提取液滴轮廓，在灰色边缘形成外矩形。图像系统可以自动测量外矩形的边长，以获得液滴的直径和体积。

（五）光谱数据

由于光源在不同波长下的强度不均匀、样品不规则，同时受到成像光谱仪中的暗电流影响，得到的光谱图像具有较大的噪声和误差。因此，需要黑白校正。焦距调整后，收集标准白色校正板的高光谱图像 W，覆盖镜头收集全黑图像 D。I 是原始图像，R 是校正后的光谱图像。校正公式如公式(4－15)所示：

$$R=\frac{I-D}{W-D} \tag{4-15}$$

考虑液滴定位误差和液滴表面曲率的影响，利用欧氏距离算法去除单个样本中的异常光谱数据。首先基于液滴定位获得所有光谱，计算这些光谱的平均值。用公式(4－16)计算各光谱与平均光谱之间的欧氏距离，进行排序，剔除光谱的底部 20%，提高数据的准确性。其中 r 代表样本光谱，是平均光谱，D 是欧几里得距离，n 是波长数，i 是第 i 个波长的反射率。

$$D(r,\ \bar{r})=\sqrt{\sum_{i=1}^{n}(r_i-\bar{r}_i)^2} \tag{4-16}$$

（六）含水率预测模型

本研究开发了一个基于 ANN 的水分含量预测模型，如图 4－34 所示。采用目标识别算法捕获高光谱图像中液滴的位置和干燥过程，提取相应的光谱数据。对于每种浓度的液滴，干燥过程重复三次。网络结构包含 3 个全连接层，第一层和第三层有 20 个神经元，第二层有 60 个神经元。激活函数为 tanh，损失函数设置为均方误差，并采用 Adam 优化器。批大小设置为 32，学习率为默认值，迭代次数为 32 000。将决定系数(R^2)、均方根误差($RMSE$)和性能偏差比(RPD)作为评估模型预测性能的指标。将 ANN 模型的预测性能与偏最小二乘回归(PLSR)模型进行了比较。通过蒙特卡罗交叉验证确定 PLS 回归模型中潜在变量的最佳数量。

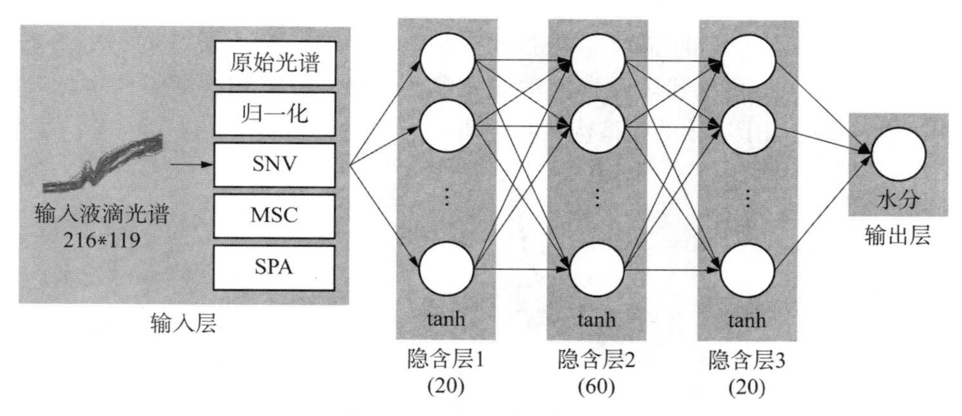

图 4-34　ANN 模型的架构

二、实验结果分析

（一）用于液滴图像检测的 Fast R-CNN

采用 Faster R-CNN 算法对液滴干燥过程中采集的一系列图像进行分析，得到不同干燥阶段液滴直径的变化规律。所有图像根据 9∶1 分为校正集和预测集。在图 4-35 中，我们显示了由 Faster R-CNN 算法识别的液滴图像。随着干燥时间的流逝，液滴的直径越来越小，直到达到一定的极限。利用 Faster R-CNN 的损失函数对图像中目标定位精度进行定量分析。分析结果如图 4-35a 所示。随着训练次数的增加，损失曲线减小。校正集曲线在前 400 次迭代中急剧下降，在大约 900 次迭代后在 0.015 左右保持稳定。证明该方法不会在此过程中过度拟合。在该模型中，该算法可以准确捕获目标特征。在图 4-35b 中，计算校正装置的 mAP 值以评估分离效率。经过大约 240 次迭代，mAP 曲线达到 0.95，而计算测试集的 mAP 值也在 0.95 以上，表明该方法模型具有良好的在线检测液滴的潜力。

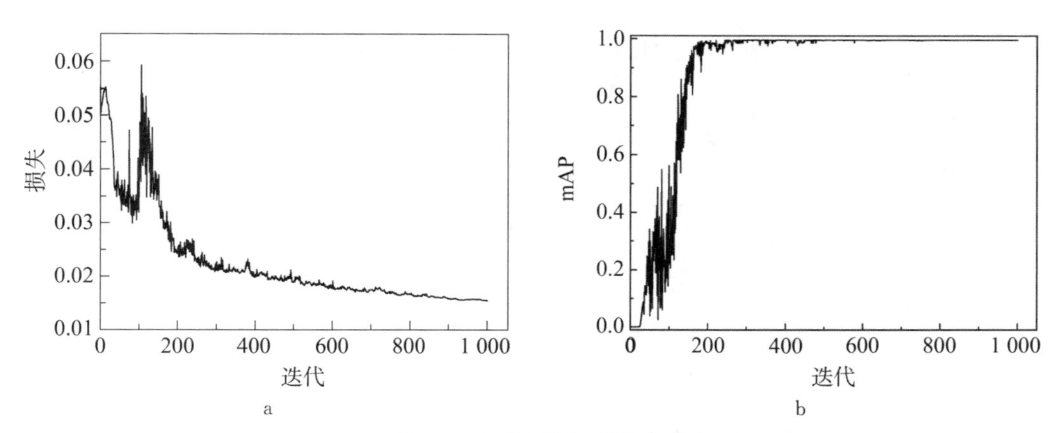

图 4-35　Faster R-CNN 检测液滴图像的性能

a：Faster R-CNN 的损失值；b：Faster R-CNN 的 mAP 值

（二）光谱分析

共收集了 216 个平均光谱用于构建水分含量预测模型，样品的光谱如图 4-36a 所示。使用 SPXY 算法将所有样本按 4∶1 分为校正集和预测集，以确保两个数据集具有相似的组成和数据代表性。图 4 - 36b 显示了校正和预测样本的前两个主成分的分数分布。PC1(41%)和 PC2(29.5%)可以代表数据集中的大多数变体。校正和验证集样本具有均匀分布,表明分组可以应用于后续的模型构建和验证。

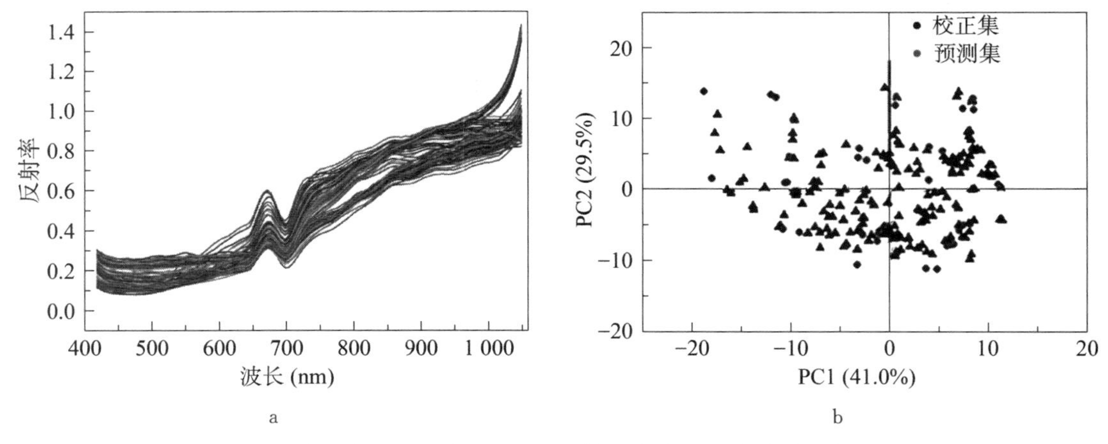

图 4 - 36 校正和预测集的归一化样品光谱(a)和主成分分数(b)

(三) 液滴含水率定量预测模型

基于收集的光谱数据和液滴干燥过程的含水率,利用 PLS 回归和 CNN 建立了定量预测模型。由于光谱仪响应的灵敏度受到采集环境、光源和光谱仪波动的影响,光谱数据可能包含与样品特性无关的信息。为了消除光谱数据中冗余信息对预测模型的干扰,已经开发了几种用于光谱预处理的化学计量学算法。它可用于消除光谱数据中的噪声并提高模型的准确性。比较不同预处理方法[归一化、标准正态变量(SNV)、乘法散射校正(MSC)、连续投影算法(SPA)等]及其组合对 ANN 和 PLS 回归模型的建模效果的影响,如表 4 - 5 所示。

表 4 - 5 ANN 和 PLS 回归模型预测性能比较

模型	预处理	校正集		预测集		*RPD*
		R_c^2	*RMSEC*	R_p^2	*RMSEP*	
ANN	原始光谱	0.9152	0.0727	0.8223	0.1273	1.8259
	归一化	0.9909	0.0204	0.9474	0.0533	4.4213
	SNV	0.9312	0.0595	0.8161	0.1301	1.6839
	MSC	0.9077	0.0797	0.8204	0.1288	1.8102
	SPA	0.9457	0.0540	0.8916	0.0856	2.7318
	归一化+SPA	0.9922	0.0259	0.9254	0.0682	3.5153
PLS	原始光谱	0.9210	0.0694	0.08136	0.1359	1.6418
	归一化	0.9953	0.0156	0.8966	0.0715	3.2480
	SNV	0.9455	0.0533	0.8354	0.1141	2.3142
	MSC	0.9518	0.0457	0.8517	0.0916	2.6213
	SPA	0.9482	0.0596	0.8152	0.1353	1.5913
	归一化+MSC	0.9851	0.0386	0.8719	0.0857	3.0290

比较 ANN 模型和 PLS 回归模型的 R^2、$RMSE$ 和 RPD，评估模型性能。通过对比不同的建模方法，可以看出预处理后模型精度有不同程度的提高。归一化的效果最为明显。与其他方法相比，将归一化与 ANN 和 PLS 回归相结合，实现了模型的最佳性能。此外，ANN 模型的预测集误差更接近校正集，表明 ANN 模型与 PLS 回归模型相比具有良好的泛化性。最终选择了“ANN＋归一化”的方法，为后续分析构建水分含量预测模型。Eijkelboom 利用高分辨率热成像跟踪研究了液滴干燥过程的温度变化，预测模型的 R^2 为 0.9742。钟等采用高光谱成像结合人工智能算法预测中药注射液中总黄酮醇、总银杏内酯、抗氧化活性和抗凝血活性 4 个质量指标，有效离子 R^2 分别为 0.922、0.921、0.880 和 0.913。本研究的最佳水分含量模型的 R^2 为 0.9474，$RMSEP$ 为 0.0533，表明该模型可用于液滴干燥过程的后续表征。

图 4－37 显示了 ANN 的训练过程以及 ANN 模型的参考值和预测值之间的相关图。可以观察到，模型的损失值在前几次迭代中大幅下降，最终模型在 30000 次迭代后基本保持不变。图 4－37b 显示了经过训练的 ANN 模型对校正集和预测集样本的预测结果。采样点大多位于相关图的对角线平行线上，预测集比校正集离散略强。这表明 ANN 模型具有更高的鲁棒性。与传统分析方法相比，所开发的校正模型可用于使用非侵入性方法快速预测液滴的水分含量。

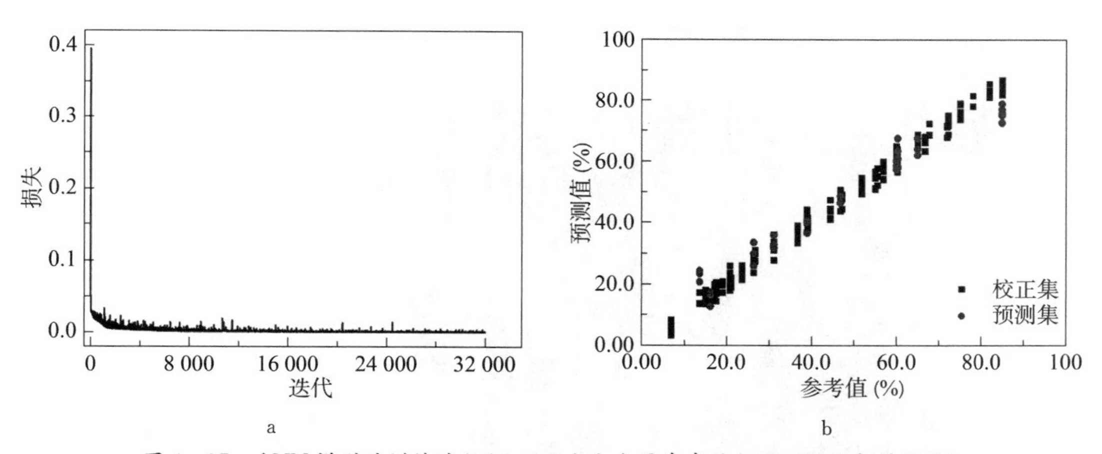

图 4－37　ANN 模型的训练过程(a)以及水分含量参考值与预测值的相关性(b)

(四) 液滴直径曲线

Faster R－CNN 算法生成的边界框可以准确识别液滴直径的变化(图 4－38a)。该系统可以使用更快的 R－CNN 算法自动获得液滴的大小。图 4－38b 显示 LJFE 液滴的直径在实验过程中减小。在此干燥实验中，减少了约 50％～80％的初始尺寸。在相同温度下，各种浓度的液滴干燥过程之间存在差异。含有 15％可溶性固形物的液滴直径迅速减小，其次是含有 25％和 35％可溶性固形物的液滴。液滴含水量降低曲线也显示了这种现象(图 4－38c)。

图 4－39 显示了 LJFE 液滴的干燥过程。液滴干燥的初始阶段的特点是直径随着水分蒸发而均匀减小，与纯溶剂相似。随着干燥过程的进行，其表面会形成外壳。干燥速率由水分通过壳孔的扩散速率控制。在这个阶段，液滴的水分含量降低，而直径保持不变。最终，

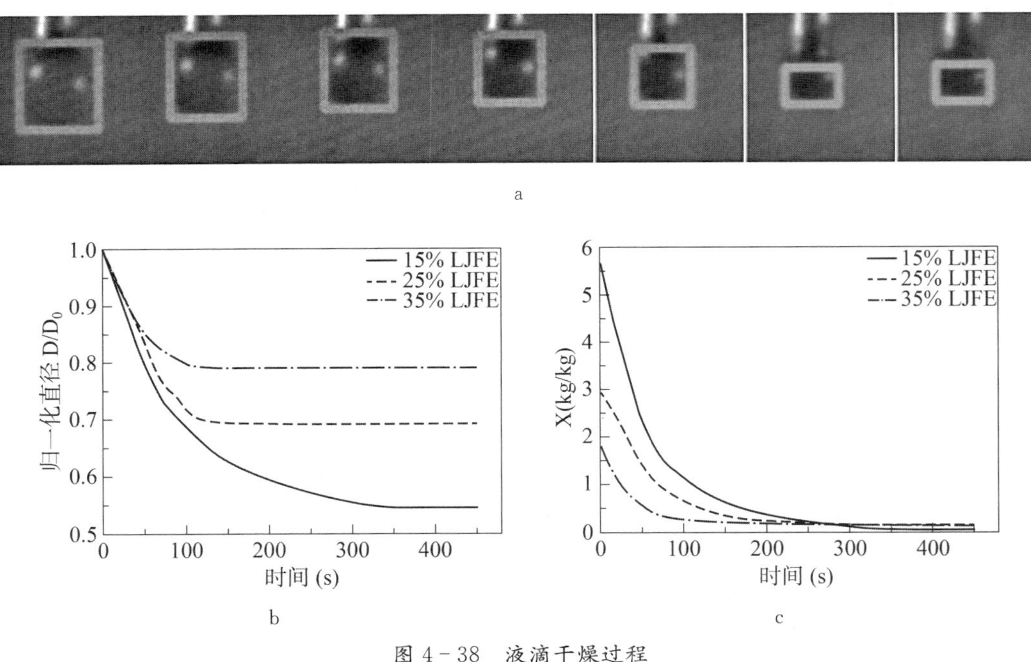

图 4-38　液滴干燥过程

a:不同固含量的液滴的边界框;b:直径;c:含水率

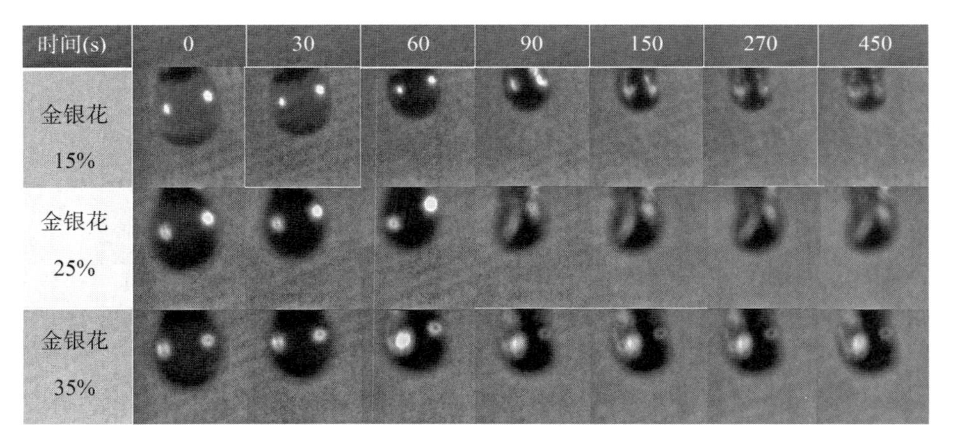

图 4-39　LJFE 液滴干燥过程的图像

液滴水分含量下降到最小可能值(确定为平衡水分含量或无法通过干燥去除的有界水分),直到干燥完成。干燥过程中液滴直径的突然变化点可以在直径减小曲线图中看到。外壳的初始形成时间变化较大,初始液滴随着浓度的增加而更早到达突变点。可溶性固形物含量为 35%的 LJFE 液滴在干燥开始后约 60 s 形成固体外壳,保持稳定状态。含有 25%和 15%可溶性固体的 LJFE 液滴在约 90 s 和 150 s 时形成固体壳。在其他研究中,液滴初始表面结壳形成时间的差异是液滴干燥速率差异的原因。天然植物提取物干燥过程中液滴表面出现结皮的现象,通过液滴直径和含水量变化曲线得到证实。随着干燥过程的进行,不同初始浓度的液滴相继进入减速干燥阶段,直径保持不变。这项研究的结果证实了之前发表的结果。

三、高光谱技术的技术优势

通过详实和具体的实验数据分析可以看出，采用高光谱成像技术成功获得了单液滴干燥实验中液滴含水率和尺寸的变化。Faster R-CNN算法实现了液滴位置和直径收缩变化的准确捕获，ANN含水率预测模型也表现出良好的性能。结合含水率和粒径变化，得到了3种可溶性固形物含量的干燥特性曲线。与以往的单颗粒实验相比，本设备可以预测在封闭系统中难以直接监控的产品性能变化趋势。结果发现，不同初始浓度结壳的液滴的含水量存在一定差异。事实上，当溶剂从液滴表面蒸发时，溶剂迁移是通过扩散和对流控制的。随着液滴浓度的增加，溶质扩散到液滴中心的速率降低得更快。

本检测装置的优点是可以同时在线获取液滴的含水量和尺寸变化，但暂时无法获得液滴内部和表面的温度信息，未来需要将温度预测校正模型与精确的测温参考方法相结合。

喷雾干燥、带式干燥、冷冻干燥作为工业中常见的干燥技术，通过在线检测设备获取过程数据，有助于改善生产控制，提高产品质量。高光谱技术结合人工智能技术在单颗粒实验中证明，该技术可以实时准确地获取液滴的干燥特性。高光谱技术利用其快速、无创的特点，可布置在喷雾干燥、带式干燥、冷冻干燥设备中，获取生产实时数据，为质量检验和最优控制提供支持。

小　结

本章重点介绍了数字空间与实体空间数据交互的具体设备，以及相关通信协议。数字空间通过在线传感器等硬件设备，从实体空间实时采集关键数据信息，并通过通信协议，将数据信息传送至数据处理的设备中进行信息的分析，归纳和计算。其中，数字空间的眼睛就是各种在线传感器，其主要实现了物理空间的数据从虚拟空间的传送；数字空间的大脑就是各种实时信号处理设备，其主要实现了从数据到知识的升华，帮助物理世界更好的认知工程现场。通过信号的采集、传送和处理，使相关工程技术人员实时知道正在发生什么，以及未来要发生怎么样的工程现象。这就是工程控制从滞后控制转变为预测性控制，避免工程事故的发生，提升工程生产的稳定性。

而预测控制的核心，也是数字空间的技术核心就是仿真模拟。仿真模拟就是要在现有的数据基础上根据科学的知识和机理模型模拟在此条件下未来即将可能发生的变化，从而实现预测性控制。为了更好地仿真模拟，就必须要对实时采集的数据精度和数据处理速度有着更为严格的要求。

因此随着工业技术的发展，在线传感器逐渐从点到线，从简单的过程参数采集到更为深入的质量参数的采集，从串行数据采集处理到高并发的数据采集处理，为构建更为精确的数字空间提供了科学的数据支撑。

从后面章节开始介绍在现有的数据采集和处理基础上，构建中药制药模拟仿真的相关技术和实际的工业应用案例。

第五章

中药制药过程建模与仿真

制药过程建模与仿真是一种利用计算机技术对制药生产过程进行数学建模、仿真优化的方法，主要研究制药过程中的物质流、能量流、动力学过程、设备运行等各个方面。

该方法的发展可以追溯到 20 世纪 60 年代初期，经历了手工制图和试错法、计算机技术的发展、桌面应用程序、Web 应用程序以及与人工智能、大数据融合等阶段。其研究目的是通过建立生产过程的数学模型，对生产过程进行预测、优化和控制，以提高制药生产效率、降低成本、提高产品质量和安全性。传统的制药生产工艺常常是基于试错和经验积累的，这种方法虽然在某些情况下可以得到较好的效果，但其效率和可靠性都有一定的局限性。此外，随着现代科技的不断进步和人们对药品质量和安全的要求越来越高，传统的方法已经不能满足制药生产的需求，因此需要采用更加科学、精确、高效的方法对制药生产过程进行优化和控制。

制药过程建模与模拟仿真的重要性和必要性主要表现在优化制药生产过程。通过建立生产过程的数学模型，可以对制药生产过程进行优化和控制，从而提高生产效率、降低成本、提高产品质量和安全性，预测和评估制药生产过程的各个环节，发现可能存在的问题和瓶颈，及时进行调整和优化；提高制药生产的可靠性和稳定性，减少生产中出现的问题和质量事故的发生。

第一节 制药过程建模方法

一、模型开发

模型开发需要遵循科学和合理的开发原则，必须要符合客观实际世界的运行规律，且能真实可信的反映出实际世界的运行趋势。无论是机理模型或者统计学模型开发，都必须要考虑以下 3 个关键技术问题。

(1) 模型开发的目的需要明确且科学，是具体的可量化的数据指标。开发数字孪生模型目的是贴合工业实践的具体需求，且能够满足工艺设计指标要求。以中药提取工艺数字孪生控制系统为例，开发本系统是为了控制提取过程的沸腾状态，最终保证溶液中提取物浓度满足下游产品工艺生产的需求。此时，本工艺目的是明确且具体，而且有可以量化的指标参数对模型的可靠性进行衡量。

(2) 模型的输入数据规划与设计，模型的输入数据是数字孪生系统对真实世界系统状态的捕捉和认知。真实世界包含了复杂纷繁的信息，但是对于具备特点功能的数字孪生系统而言，只有特定信息才是有效输入信息。仍然以中药提取控制系统为例，提取罐内实测溶液的温度、压力、工作时长等为有效信息，而操作人员的年龄、性别和学历等是无效信息。因此，在模型设计之初就必须要明确模型具体且有效的输入数据的类型、用途以及相关采样频率等，且保证输入的数据通过模型计算后满足模型目的计算需求。

(3) 模型本身运行逻辑需要贴近具体的工艺历程，所开发的模型必须要通过实际工艺数据的验证，且模型运行上下限满足工艺控制的需求，防止工艺极端条件并未包含在模型输入/输出范围内。数字孪生模型必须要保证可以历遍工艺所有可能状态，且针对可能的极端状体都有对应的控制机制，此种机制可以是电气的安全防范控制，也是数字化的驱动控制。

二、模型类型

过程模型可分为机理模型和非机理模型。机理模型描述了过程的机理、物理、化学和生化结构，并以过程知识为基础；非机理模型是纯粹的数据驱动(黑箱)模型，如人工神经网络或统计模型。在下一节中，将讨论各种模型类型及其区别。

(一) 机理模型

使用机理模型作为数字孪生的基础是有利的，因为机理模型允许描述因果关系，从而进行预测。机理模型可细分为结构化模型和非结构化模型。非结构化模型将生产单元视为一个统一的黑盒，即一个简单的平衡室。相比之下，结构化模型将生产单元划分为不同的区域，这些区域由具有特定任务的不同组件组成。

1. 结构化模型　结构化模型将生产单元划分为不同功能的隔间。因此，提取罐或浓缩罐不被认为是同质的。这使得模型更加复杂，并增加了模型参数的数量。划分的、结构化的模型可以充分描述质量传递的动态。

2. 非结构化模型　与结构化模型相比，非结构化模型复杂度低、模型参数少，简化了该模型类型的参数识别。非结构化模型发展迅速，易于操作。特别是在数据量有限的工艺开发的早期阶段，这些模型发挥着重要作用。在大多数情况下，非结构化模型只考虑单一效应(例如料液浓度或温度)。各种研究都能够通过扩展非结构化模型来解决这些问题。这些扩展增加了模型参数的数量，从而增加了模型的复杂性。这可能会导致模型的简单性丧失，从而失去非结构化模型的主要优势。在工艺开发的早期阶段，当可用的数据量有限时，非结构化模型对于数字孪生的应用可能特别有利。但是，必须特别注意不要违反模型可能受到限制的有效性范围。

3. 多模型框架　多模型框架(工况变量模型)将感兴趣的过程划分为具有特定行为的几个阶段，每个工况都由一个单独的模型描述。只要知道每个相的初始状态，这些单独的相位模型就可以相互独立求解。这种分离具有数学上的优势，因为单独的工况变量模型更容易，甚至可以解析求解。每个工况都由一个单独的模型建模，其参数仅对由生产工艺主导的状态有效。这些局部模型非常简单，包含的参数数量有限。

对于数字孪生中的应用程序，需要详细的描述，需要大量不同的模型。在多模型框架中，工况的清晰定义是一个巨大的挑战，因为工艺变化可能会重叠。这使得很难推导出对每个工况都具有代表性的规则。

(二) 非机理模型

非机理模型纯粹是根据数学相关性建立的。这种类型的模型没有利用机理、物理、化学或生化关系，而是以一种更抽象的方式描述过程。

与机理模型相比，非机理模型的数据驱动模型的开发耗时更少。非机理模型再现已知的和实验获得的数据。此外，非机理模型只考虑扰动，这是高于用户定义的显著性水平。这种信噪比的定义是至关重要的，也是一项具有挑战性的任务。非机理模型的验证仍然是一个挑战。因为非机理模型是数据驱动的，它们比机理模型更特定于过程，超出用于模型建立的数据范围的外推几乎是不可能的。因此，它们只能在有限的程度上与其他过程相关，或者无关。

非机理性的统计模型具有有限的预测能力，因为它们仅限于再现由先前进行的实验的数据集所反映的反应。对于数字孪生的使用，这些模型具有重要的支持能力，但不适合作为唯一的数学过程模型，因为它们不能直接洞察物理系统，不能解释机理。

1. 模糊集建模　模糊逻辑是一种为精确检测不精确而发展起来的理论。它允许从数值上捕获特征的值作为隶属度，并在数学上精确地建模模糊。与布尔逻辑相反，它允许 0 和 1 之间的中间级别。模糊逻辑是基于模糊集的。模糊集不是由对象是(或不是)集合的元素定义的，而是由它们属于集合的程度(在 0 和 1 之间)定义的。这是通过使用隶属函数来实现的，该隶属函数为每个元素分配一个数值作为隶属度。

基于模糊集理论的建模是生物技术中建立的，是确定性数学模型的另一种方法。模糊建模通过“if/then”规则模拟人类专家知识。模糊逻辑在工业生产过程的控制和建模中得到了广泛的描述和应用。

使用模糊集建模的主要优点是不需要对过程进行详细的数学描述。主要缺点是专家知识必须是可用的和有组织的。模糊集建模可与机理模型或人工神经网络结合使用，主要用于过程控制。

2. 人工神经网络　人工神经网络模仿大脑的功能。它们由输入层和输出层组成，由一个或多个隐藏层连接。这些连接由具有可调阈值的 s 型开关函数描述。阈值是通过“学习”过程计算出来的。为了获得可靠的结果，学习过程需要大量的数据。如果没有足够的实验数据可用，这些数据有时由力学模型产生。模型调整需要时间，但人工神经网络的计算时间很快。人工神经网络常用于优化和生物过程控制，它们是纯粹的数学相关性，因此不是基于对过程的机理洞察。人工神经网络只能描述在学习过程中可用的数据，集中有意义的影响和关系。严格地说，人工神经网络主要允许过程描述，但不允许预测，这就排除了它们作为数字孪生中唯一的基本工艺模型的应用。

(三) 混合模型

混合模型结合了机理模型和数据驱动的非机理模型。通过这种方法，混合模型合并了不同类型的知识。一种是通过机理建模获得的物质和能量平衡、热力学和动力学定律的先验知识。可以用机理关系描述的发现，如物理、化学或生化动力学，可以用机理模型建模。另一种类型的知识是数据驱动的知识，以启发式和已完成生产的过程数据的形式。启发式过程知识经常以模糊集的形式表示，历史数据通过人工神经网络转化为模型。

混合建模试图平衡机理模型和非机理模型的优点和缺点。虽然机理模型能够提供预测结果，但机理模型的开发通常是耗时的，并且需要详细的工艺知识。相比之下，非机理的数据驱动模型往往可以快速创建和应用，但只在用于生成模型的数据范围内提供良好的描述性属性。与纯数据驱动建模方法相比，混合模型的主要优点是可以实现更高的精度、更有效的模型开发和更好的外推特性。

本章即是以机理模型为例，讨论模拟仿真的数据与深度学习的处理相结合，从真空带式干燥设备的数字孪生体中深入挖掘内涵知识，提升相关生产工艺设置的可靠性和稳定性。

第二节　基于机理模型的中药真空带式干燥工艺研究

本节以甘草提取物的真空带式干燥工艺为例，结合化工经典的传递模型构建数字孪生模型，以此来实现对本生产工艺过程的优化设计。在真空带式干燥设备中，物料相对传送带保持静止，而相对于设备内腔运动，因此本模型针对真空带式干燥工艺的特点进行机理模型建模，将物料分割成一块一块相连续的微元体，直接对每一个微元体运动行为过程和受热干燥过程进行独立计算。

在本应用中，以甘草浓缩液作为干燥工艺研究对象。甘草是甘草属植物的根和根茎，作为补益中药常与其他药物配伍使用。在中药制药过程中，干燥工艺是中药浸膏加工过程中的一个重要步骤，其主要目的为去除浸膏中多余的水分。真空带式干燥工艺具有处理高黏度、高糖含量和热敏性物料的能力，是甘草提取物干燥工艺中使用的主要技术方法。真空带式干燥工艺的产品质量受加热温度、干燥时间、真空度等因素的影响。在生产过程中需要对这些参数进行优化控制，以保证产品质量的一致性。目前，真空带式干燥过程的操作参数主要依靠工程师根据生产经验手动调节。面对包含复杂传热传质现象的生产过程，依靠经验进行调节缺乏科学性，不适当的操作条件会造成产品质量波动和能源浪费。因此，建立真空带式干燥过程模型并了解其内在机制对真空带式干燥工艺控制策略优化决策至关重要。文献报道了多种工艺参数方法用于优化天然产物的真空带式干燥工艺。如正交设计法和单因素试验法。这些方法通过建立参数与产品质量之间的统计学关系，进而完成对目标参数的优化。然而，上述方法没有对物料的传热传质进行定量描述。当原料或设备发生变化时，优化模型可能不适用。

一、真空带式干燥的数字孪生技术方法构建

在真空带干燥过程中，中药浸膏通过进料系统输送到传送带上，物料从入口到末端连续加热并干燥。假设材料层的长度为 L，其宽度为 w。如图 5-1a 所示，物料层可以被分成许多大小相同的微元体。每个微元体的厚度大致等于物料层的厚度(d)，加热面积(s)是长度(a)的平方，体积(V)等于为 S 和 d 的乘积。在任意时间(t)内微元体的质量可表示为 M_i，其中微量元素 (i) 在某时间段(Δt)可定义为如式(5-1)所示的质量平衡方程。初始时刻微元体 (i) 的质量 [$M\_(i, t=0)$] 计算方式如式(5-2)所示，其中 ρ 为原料的密度(kg/m^3)。对于 t 时刻的微元体 $M_{i,t}$，微元体的质量 ($\alpha_{i,t}$) 可由式(5-3)计算，其中 m_i 被定义为物料中溶质的质量(kg)，溶质的质量从干燥开始到结束保持不变，即 $m_i=(1-\alpha_{i,0})M_{i,0}$，式中 $\alpha_{i,0}$ 干燥开始时

微元体的含水率。微元体能量变化率 $dQ_{i,t}/dt$ 可由式(5－4)计算得到，微元体的温度 ($T_{i,t}$) 变化由式(5－5)计算得到，其中 C_{pl} 为物料的恒压比热容[kJ/(kg·K)]。

$$\frac{dM_{i,t}}{dt}\Delta t = M_{i,t} - M_{i,t+\Delta t} \tag{5-1}$$

$$M_{i,0} = \rho V_i \tag{5-2}$$

$$\alpha_{i,t} = \frac{M_{i,t} - m_i}{M_{i,t}} \tag{5-3}$$

$$\frac{dQ_{i,t}}{dt}\Delta t = Q_{i,t} - Q_{i,t+\Delta t} \tag{5-4}$$

$$T_{i,t} = \frac{Q_{i,t}}{C_{pl}M_{i,t}} \tag{5-5}$$

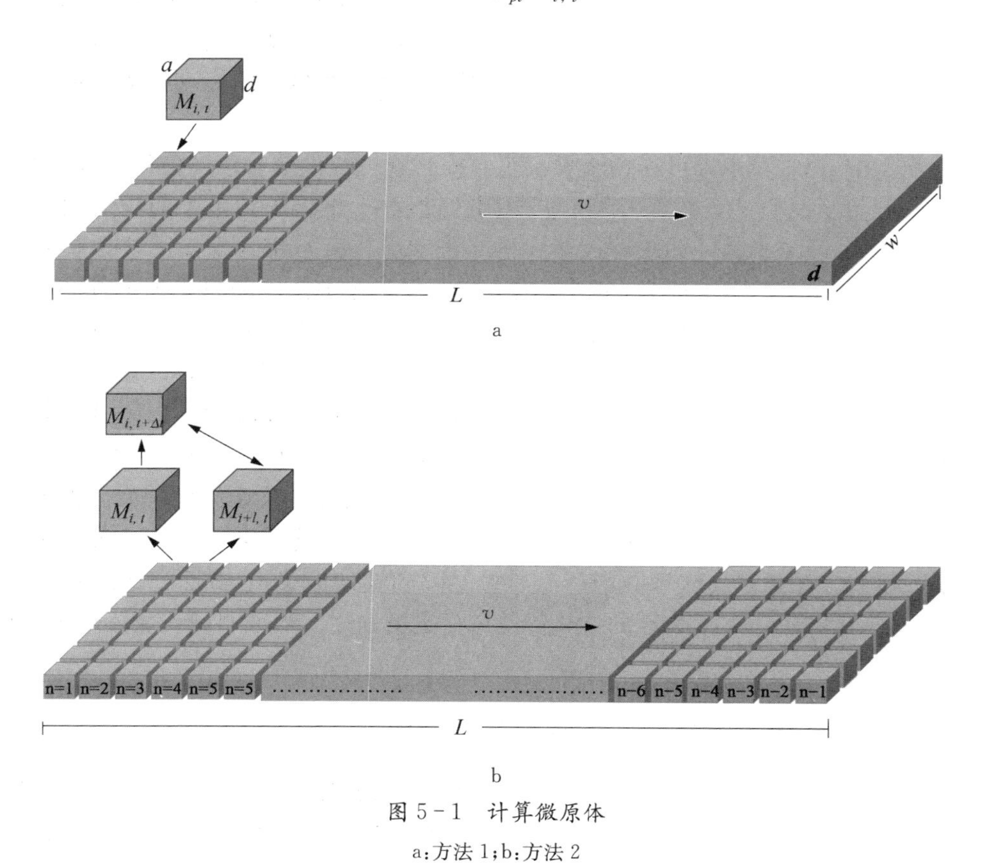

图 5－1 计算微原体

a:方法 1;b:方法 2

物料的干燥过程可分为两段。在第一段中，物料被加热至沸腾状态水分快速蒸发。在第二阶段，沸腾程度逐渐降低，水分蒸发速度减慢。分别使用两个公式计算不同阶段物料的水分蒸发过程。

(一) 沸腾阶段模型

在沸腾阶段，假设物料温度等于其沸点，可以认为由热能驱动水分从液态向气态转换，

即 $dQ_{i,t}/dt=0$。沸腾阶段的 $dM_{i,t}/dt$ 可由式(5-6)进行运算，式中 $Q_{i,t}$ 为热能(w)，h_r 为水的汽化潜热(kg/kJ)。基于平板沸腾模型，可由式(5-6)推导出式(5-7)。

$$\frac{dM_{i,t}}{dt}=\frac{Q_{i,t}}{h_r} \tag{5-6}$$

$$\frac{dM_{i,t}}{dt}=\frac{\mu r\left[\frac{g(\rho_l-\rho_v)}{\sigma}\right]^{\frac{1}{2}}\left[\frac{C_{pl}(T_{i,w}-T_{i,t})}{C_{wl}rPr_l^k}\right]^3 S}{h_r} \tag{5-7}$$

式中，Pr_l 为普兰德常数 ($Pr_l=C_{pl}\times\mu/\lambda_l$)，$\mu$ 为物料的黏度(Pa×s)，λ_l 为物料的导热率，ρ_l 和 ρ_v 分别为物料和水蒸气的密度(kg/m^3)，σ 为水的表面张力系数，$T_{i,w}$ 为加热温度(K)，C_{wl} 为受热面和物料之间的经验常数，k 实验常数 ($k=1.7$)。

(二) 蒸发阶段模型

在蒸发阶段，$dM_{i,t}/dt$ 的计算取决于蒸汽在干燥材料多孔介质中的扩散速度，计算方式见式(5-8)。

$$\frac{dM_{i,t}}{dt}=\frac{NuD_w}{d}(c_0-c_{i,t})M_{H_2O}S$$
$$c_0=\left(\frac{P_l}{RT_{i,t}}\right) \tag{5-8}$$

$$P_l=22.089\times10^6\times e^k \tag{5-9}$$

$$c_{i,t}=\left(\frac{P_w}{RT_{i,t}}\right)X_w \tag{5-10}$$

$$k=\sum_{i=1}^{8}a_i\times[0.01\times(T-338.15)]^i\times\frac{647.286}{T-1.0}$$
$$a_{i=1\sim8}=(-7.42,\ 2.97\times10^{-1},-1.16\times10^{-1},\ 8.69\times10^{-3},\ 1.099\times10^{-3},-4.40\times10^{-3},\ 2.52\times10^{-3},-5.22\times10^{-4}) \tag{5-11}$$

式中，D_w 为水蒸气在多孔介质中的扩散系数 ($5.93\times10^{-7}\ m^2/s$)，P_l 和 P_w 水的饱和蒸汽压和干燥设备的压力(kPa)，R 为气体常数，X_w 为水的摩尔分数(mol/mol)，M_{H_2O} 为水的分子质量(18.0 kg/kmol)。由于样品相对于皮带静止且随皮带运动，因此认为物料的努塞尔数 Nu 为 2。

蒸发过程中的微元体的能量变化率 ($dQ_{i,t}/dt$) 为热量传递与蒸发损失的能量总和，见式(5-12)。上述式(5-9)、(5-10)中的物料温度 ($T_{i,t}$) 可由式(5-12)、(5-4)和(5-5)计算得到。

$$\frac{dQ_{i,t}}{dt}=\frac{Nu\lambda_l}{d}(T_{i,w}-T_{i,t})-\frac{dM_{i,t}}{dt}h_r \tag{5-12}$$

(三) 过渡段模型

在真空带式干燥过程中，很难将物料的沸腾阶段与蒸发阶段完全分开。在干燥过程的开始，沸腾现象占主导地位，但随着过程的进行，蒸发现象占主导地位。因此，建立了过渡模型用以连接两个阶段，详细运算过程见式(5－13)：

$$\frac{dM_{i,\,t}}{dt}=\frac{dM^{boi}{}_{i,\,t}}{dt}\varnothing+\frac{dM^{vap}{}_{i,\,t}}{dt}(1-\varnothing)$$

$$\varnothing=\begin{cases}0,\text{otherwise}\\ \mathrm{Sin}\left(\frac{\pi}{2}\times\frac{\alpha_{i,\,t}-\alpha_{\min}}{\alpha_{\max}-\alpha_{\min}}\right),\ \alpha_{\max}>\alpha_{i,\,t}\geqslant\alpha_{\min}\end{cases}\tag{5-13}$$

式中，$\frac{dM^{boi}{}_{i,\,t}}{dt}$ 由式(5－7)计算得到，$\frac{dM^{vap}{}_{i,\,t}}{dt}$ 式(5－8)计算得到，$\alpha_{\max}$ 和 $\alpha_{\min}$ 物料为含水率的上下限。当 $\alpha_{i,\,t}$ 居于上下限之间时表示当前处于过渡阶段，使用函数 Ø 描述当前状态。

二、真空带式干燥过程的数值模拟

基于以上小节中所述的传递模型对真空带式干燥过程进行数值模拟。在数值模拟过程中，从入口到出口之间的微元体数量（n）为 $n=L/a$。如图 5－1b 所示，定义在 t 时刻入口处微元体可表示为 $M_{i=0,\,t}$，出口处微元体可表示为 $M_{n=L/a,\,t}$。a 表示微元体的空间步长即单个微元体的长度，使用 n 来代替 a 进行模型运算并将其命名为节点密度。

使用时间步长（Δt）来表示微元体（$M_{i,\,t}$）与相邻节点（$M_{i,\,t+\Delta t}$）之间的时间间隔。为满足空间连续性的要求，$M_{i,\,t+\Delta t}$ 的空间位置必须与 $M_{i,\,t}$ 相邻的 $M_{i+1,\,t}$ 重合。其中 $\Delta t=a/v$，v 表示微元体从入口移动到出口的速度。假设微元体与传送带之间的相对速度为零，可以近似认为微元体速度等于输送带的速度。

在拉格朗日系统中，入口的微元体（$M_{i=0,\,t=0}$）经过时间 L/v 到达出口处可表示为 $M_{i=0,\,t=L/v}$。在欧拉系统中，微元体从入口到出口可依次写成：$M_{i=0,\,t}$，$M_{i=1,\,t}$……$M_{i=L/a,\,t}$。对于任意微元体（$M_{i,\,t}$），其空间序列邻接节点为 $M_{i+1,\,t}$，时间序列邻接节点为 $M_{i,\,t+\Delta t}$。与传送带相比，二者差异不显著：$M_{i,\,t+\Delta t}=M_{i+1,\,t}$。因此，在本模型中，$\Delta t$ 与 n 之间存在相关性，可以合并为式(5－14)：

$$\Delta t=L/vn\tag{5-14}$$

对于数值模拟中的任意微量元素，其质量与能量平衡方程的计算方法如图 5－2a 所示。在模拟进料开始时，初始化单个微元体的质量与热量，得到 $M_{i=0,\,t=0}$ 与 $Q_{i=0,\,t=0}$。以时间步长（Δt）为间隔进行循环，按入口到出口的排列顺序可得到相邻节点数据 $M_{i+1,\,t+\Delta t}$ 和 $Q_{i+1,\,t+\Delta t}$。当计算进行到出口时微元体的质量与热量为 $M_{i=\frac{L}{a},\,t=n\times\Delta t}$ 和 $Q_{i=\frac{L}{a},\,t=n\times\Delta t}$，此轮计算结束。残差($R$)计算方式如式(5－15)所示。

$$R=\frac{1}{n}\sum_{i=1}^{n}\sqrt{(M^{p}_{i,\,t=n\times\Delta t}-M^{p-1}_{i,\,t=n\times\Delta t})^2+(Q^{p}_{i,\,t=n\times\Delta t}-Q^{p-1}_{i,\,t=n\times\Delta t})^2}\tag{5-15}$$

式中，p 为计算过程中的任意节点。模型当 $R\leqslant1\times10^{-3}$ 时计算结束。

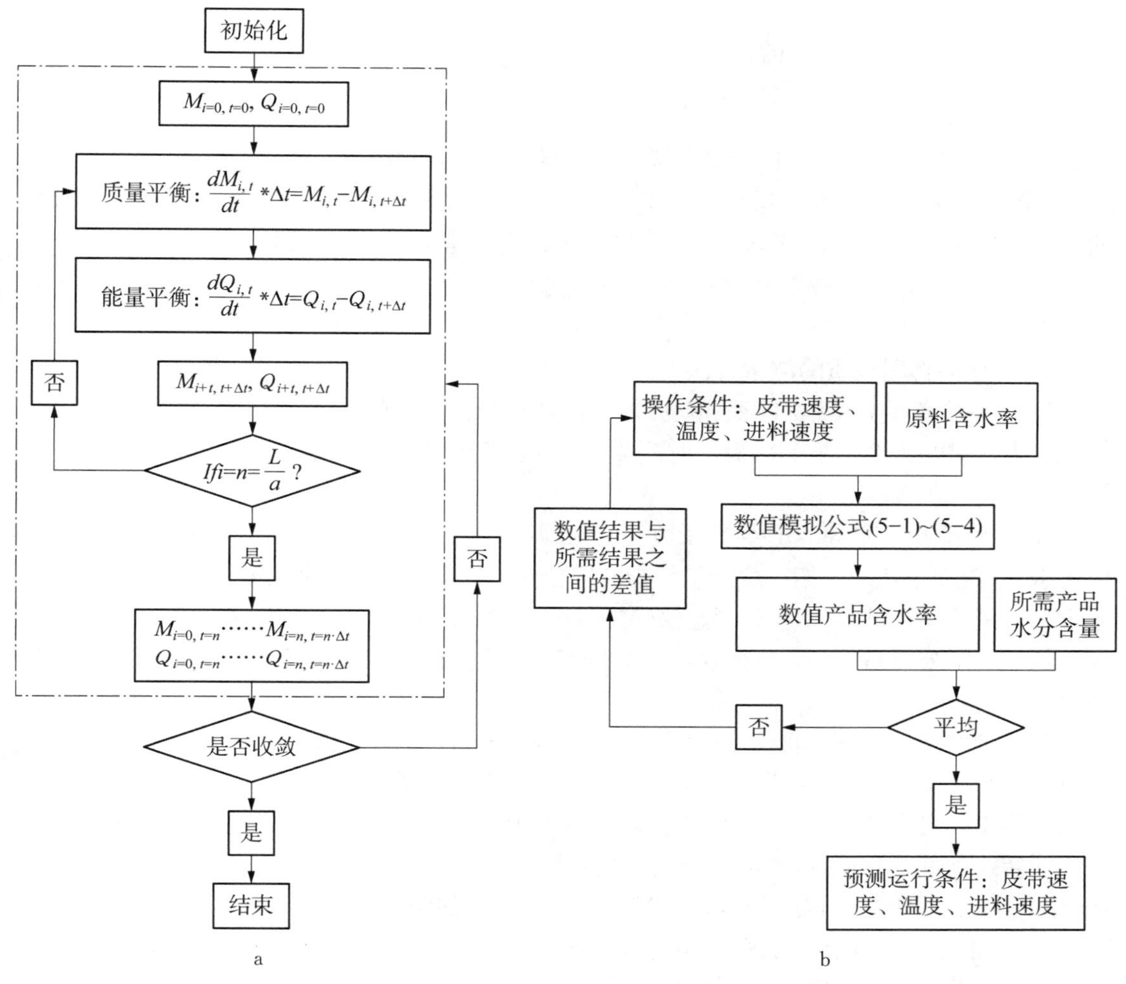

图 5-2　机理模型计算流程

a：质量与能量平衡方程计算方法；b：预测目标最终含水量

三、真空带式干燥过程的工艺优化

图 5-2b 所示的流程对目标最终含水率的工艺参数进行预测。首先使用初始工艺参数进行模拟运算得到初始预测值。计算初始预测值与目标值进行误差运算。若误差不满足要求，则重新调整工艺参数再次进行运算，直至预测值与目标值之间的误差满足要求，最后一次输入模型的工艺参数即为模型预测的工艺参数。

真空带式干燥过程受物料加热温度、原料含水率、输送带速度、进料速度等多个操作参数的影响。因此，有必要探究上述操作参数之间的关系及其对最终产品质量的影响。基于中心组合设计方法在一定范围内建立了三因素三水平的数据抽样策略共 27 组数据。

利用仿真模型，以操作参数为输入，分别计算了在该条件下当产品最终含水率小于 5% 时所对应的最大进料速率。最终将计算所得数据导入 PLS-VIP 方程(5-16)进行下一步分析。

$$VIP_j = \sqrt{\frac{J}{\sum_{m=1}^{M} R_{Y, z_m}^2} \left(\sum_{m=1}^{M} w_{jm}^2 R_{Y, z_m}^2 \right)} \tag{5-16}$$

PLS-VIP 值用于描述自变量在解释因变量时的重要性程度。式中，J 是变量的数量，R_{Y, z_m}^2 是根据第 m 个潜在变量解释的 Y 方差的量，w_{jm}^2 是变量 j 对第 m 个潜在变量的权重的平方。现有的结论认为，若 $VIP > 1$，则表示该变量是重要的驱动因素；若 $0.8 < VIP < 1.0$，则表示该变量为比较重要的驱动因素；而当 $0 < VIP < 0.8$ 时，则表示该变量为不重要的因素。

(一) 样品物理性质的测量方法

1. *样品准备* 甘草购自当地市场(内蒙古，中国)。将甘草按 1∶10 的料液比煎煮 2 次。第一次提取时间为 2 h，第二次提取时间为 1.5 h。将两次合并后提取使用刮板浓缩器进行浓缩。

2. *实验设备* TC3000E 导热系数测定仪(西安夏溪电子科技有限公司)；DH-300L 液体比重计(深圳市达宏美拓密度测量仪器有限公司)；JK99B 全自动张力仪(上海中晨数字技术设备有限公司)；HX204 水分测定仪(Mettler-Toledo)；DZF-6021 真空干燥箱(上海一恒科学仪器有限公司)；DV3T 流变仪(AMETEK Brookfield)；SHZ-95B 真空泵(天津科诺设备有限公司)。

3. *浸膏黏度的测量* 取中药浸膏样品溶液约 10 mL，放于黏度仪定子中使得转子浸没在待测样品中，取 40℃、50℃、60℃、70℃、80℃ 5 个温度点作为测量点，根据中药浸膏的种类并基于其浸膏状态设定转速范围，设置不少于 5 个转速测量点即可。测量每个温度点下不同转速条件的黏度，取切应力与转速之间的关系作为该温度点的动力黏度。待测量完毕，用 95%乙醇冲洗干净定子和转子，进行下一个样品的测量。

4. *浸膏密度的测量* 参考 2020 年版《中国药典》四部通则中相对密度测定法要求，采用适用于中药浸膏的密度测量仪器对其进行测量。按照比重计操作要求，在仪器校正归零后，在配置烧杯中注入待测浸膏至 50 刻度线处，将烧杯放至测量台正中央，J 型挂钩挂于测量架中央，挂钩末端完全浸没在待测浸膏中，进行归零。归零后将挂钩取出，挂钩尾部挂上洁净干燥的标准砝码，砝码置于待测浸膏内，挂钩末端依旧完全浸没在待测浸膏中，待仪器稳定，记录此时的浸膏密度，每个样品重复 3 次，结果取平均值。

5. *浸膏导热系数的测量* 导热系数代表物料的导热能力，由于导热系数的值会随着温度的变化而发生变化，因此，应按照一定的温度梯度对待测浸膏进行导热系数曲线的测量。整个测量环境应在恒温状态下进行，选择 40～85℃作为温度梯度范围(温度过高会导致仪器测量不准确)。将待测浸膏倒入烧杯中，将烧杯放置于恒温水浴锅内，进行加热与保温。将仪器校正后，使用铁架台固定传感器，使其探头垂直置于烧杯中，调整上下位置，至传感器固定部位下边缘高出液面约 0.5 cm 处，静置。待烧杯内温度稳定后，测试此时的待测浸膏导热系数值及其对应的测试温度。由于烧杯内部存在传热温差，故实际测量温度以传感器测试得到的温度为准。每样品每温度点测试三次，该温度点导热系数取平均值记录。由导热系数与温度点共同构成物料的导热系数曲线。经观察后发现，同一物料的导热系数随温度的变化情况不明显，而不同物料的导热系数之间存在差异，因此选择导热系数平均值代表物料在该温度范围的整体导热能力。

6. *浸膏表面张力系数的测量*　采用 JK99B 全自动张力仪进行中药浸膏的表面张力测定。基于待测中药浸膏的高黏状态，使用白金板法，选择中高黏度液体的测量方法。①用酒精灯外焰对白金板进行灼烧，直至白金板呈现烧红的状态，待白金板恢复正常状态后挂于挂钩上，按调零按钮进行归零；②按向下键使得白金板向下移动，待白金板即将接触到待测样品时，约 1 mm 按停止键；③取下白金板于待测样品中润湿约 5 mm 高度(如果再次挂上后显示超过 5 mN/m，还需将白金板重新清洗干净，再次进行灼烧、调零、重新润湿进行测量)；④重新挂上白金板，此时待测液体会接触到白金板，并出现表面张力现象，完成润湿的过程；⑤等相对稳定时记录仪器显示的表面张力。之后测定不同浓度十二烷基苯磺酸钠即 SDBS 溶液表面张力并进行拟合，根据拟合得到的曲线方程计算各样品表面张力相当于 SDBS 浓度的量，以消除仪器本身的误差。

(二) 物性方程的构建

根据上述物性测量结果，建立了以浸膏含水率为自变量，密度、导热系数、黏度等为因变量的物性方程。

密度方程：

$$y=-0.5986\alpha+1.5514 \tag{5-17}$$

导热系数方程：

$$y=0.4125\alpha+0.2206 \tag{5-18}$$

黏度方程：

$$y=0.0145e^{4.985\alpha} \tag{5-19}$$

表面张力方程：

$$y=15.293\alpha+32.618 \tag{5-20}$$

(三) 小试实验

1. *小试实验方法*　小试实验在真空干燥箱中进行，如图 5-3 所示。将甘草提取物放入不锈钢容器中，将容器放入真空干燥箱进行加热并采用真空泵维持真空状态，以模拟真空带式干燥过程。小试实验中加热温度的设定策略基于工业生产经验制定。在生产场景中，真空带式干燥不同加热区域的加热温度逐渐降低。为了模拟不同加热区域的加热情况，将真空干燥箱的加热温度分别设置为 120℃、125℃和 130℃。在每个加热条件下，分别采集 20、40、60、80 min 时浸膏样品并测定其含水率，每组实验平行进行 3 次。此外，在实验过程中通过对实验现象观察，确定了 α_{max} 和 α_{min} 的取值。

2. *小试数据处理*　小试实验中浸膏的含水率(moisture ratio, MR)由式(5-21)进行计算，α_e 为物料平衡含水率，在真空条件平衡含水率被认为是 0。

$$MR=\frac{(\alpha_{i,t}-\alpha_e)}{(\alpha_{i,0}-\alpha_e)} \tag{5-21}$$

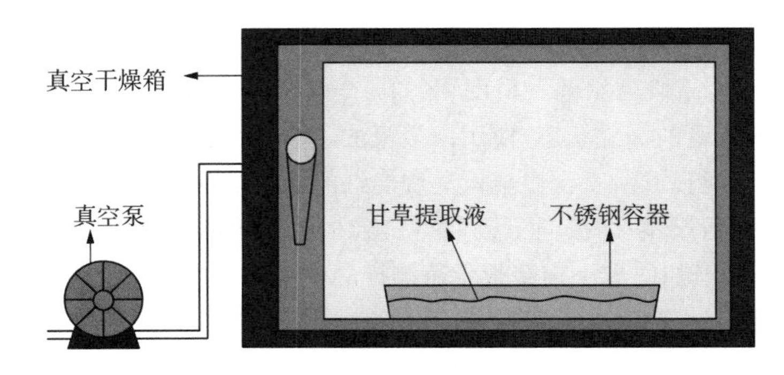

图 5-3　真空干燥烘箱小试实验

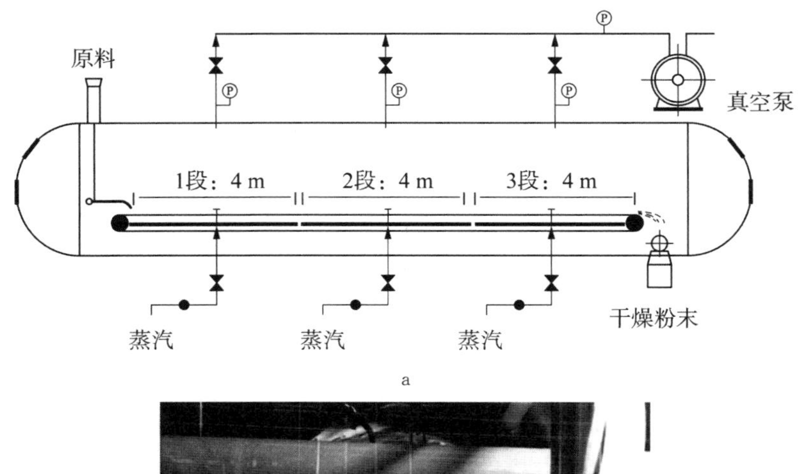

a

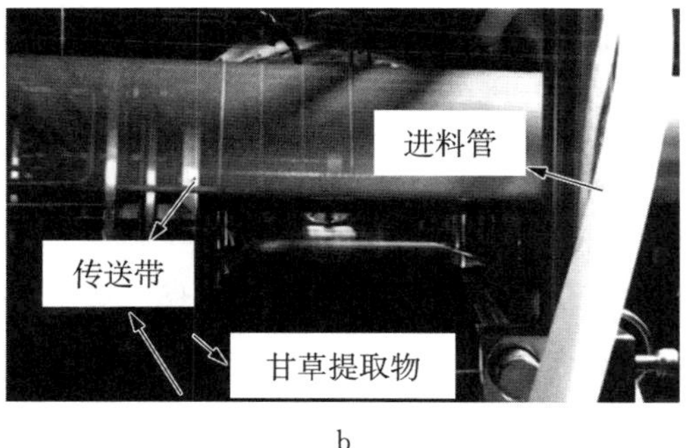

b

图 5-4　真空带式干燥实验

a:真空带式干燥设备示意图;b:真空带式干燥设备

采用决定系数(R^2)和均方误差(MSE)来评估仿真模型的准确度,R^2 与 MSE 的计算过程见式(5-22)(5-23),式中下标 pre 代表含水率的预测值,下标 exp 为含水率的实验值。

$$R^2=1-\frac{\sum_{i=1}^{n}(MR_{pre,\,i}-MR_{exp,\,i})^2}{\sum_{i=1}^{n}(\overline{MR}_{pre}-MR_{exp,\,i})^2} \tag{5-22}$$

$$\overline{MR}_{pre}=\frac{1}{n}\sum_{i=1}^{n}MR_{pre,\,i} \tag{5-23}$$

$$MSE = \frac{1}{N}\sum_{t=1}^{N}(\alpha_{pre,\ i} - \alpha_{exp,\ i})^2 \tag{5-24}$$

3. 真空带式干燥小试实验结果

(1) 时间步长筛选。本研究取 4 个不同水平的 Δt(15 s、30 s、60 s、120 s)进行数值模拟，将不同组别的模拟值与小试实验数据进行对比，结果如图 5－5 所示。在综合考虑模型运算时间与模型稳定性后，本研究采用 30 s 作为最佳时间步长。

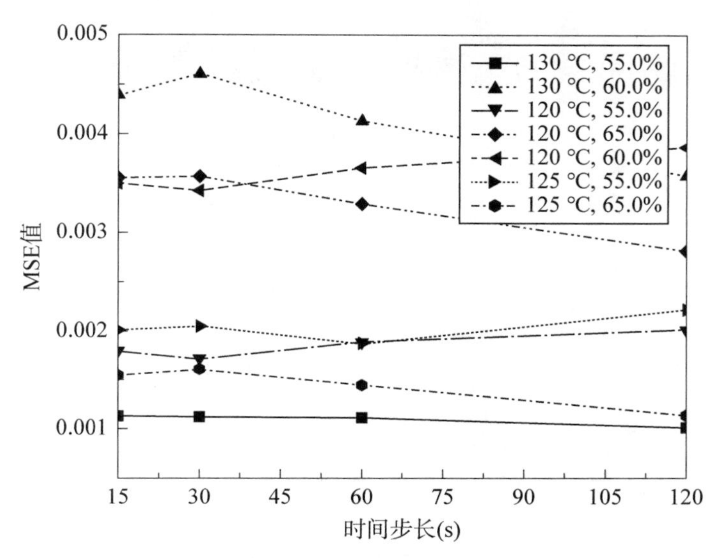

图 5－5　不同时间步长条件下计算结果分析

(2) 小试实验验证结果。在真空带式干燥过程中，浸膏的进料含水率需要控制在一定的范围内。含水率过高会导致料液外溢，含水率过低会堵塞进料管。根据生产经验，选择含水率分别为 55%、60%和 65%的甘草浸膏。

与真空带式干燥相比，实验室内进行的干燥实验可视为静态实验。该材料在本实验中所经过的过程与在相同操作条件下在真空带式干燥中加热的过程相似。因此，通过对小试干燥实验的分析，可以估计出数值模拟的基本参数。在小试实验中，Δt 为 30 s，微元体 (a) 的长度为 0.2 m，宽度为 0.01 m，真空干燥箱内的绝对压力为 1.6 kPa。

根据实验数据和目测结果，确定甘草提取物在干燥过程中的 $\alpha_{\min}$ 为 8%，$\alpha_{\max}$ 为 20%。结果表明，浸膏在含水率大于 20%时处于沸腾状态，当含水率在 8%到 20%之间时顶部气泡逐渐变小。随着浸膏水分含量的进一步减少，浸膏最终变为坚硬的固体，甘草干燥后的照片如图 5－6 所示。

在不含过渡方程的模型中，将沸腾阶段和蒸发阶段的切换函数设为 $\alpha_{\min}$。当 $\alpha_{i,\ t}$ 大于 $\alpha_{\min}$ 时，$dM_{i,\ t}/dt$ 使用式(5－7)进行模拟。当 $\alpha_{i,\ t}$ 小于 $\alpha_{\min}$ 时，$dM_{i,\ t}/dt$ 代入式(5－8)。当引入过渡方程后，使用式(5－13)代替原模型的分段函数。不同干燥时间下甘草浸膏含水率的数值模拟与实验的对比结果如图 5－7 所示。

图 5-6　甘草浓缩液干燥前后对比

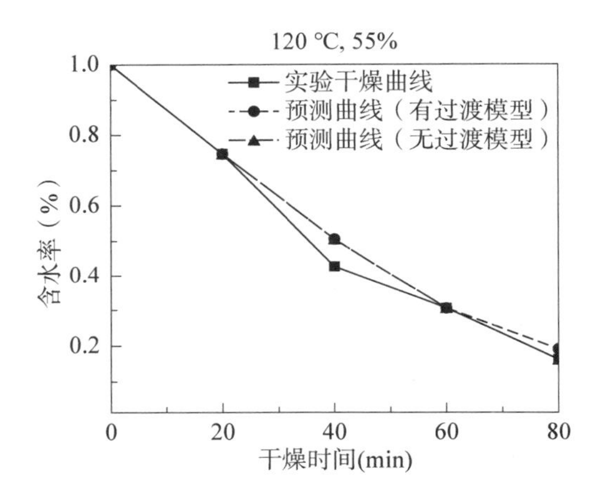

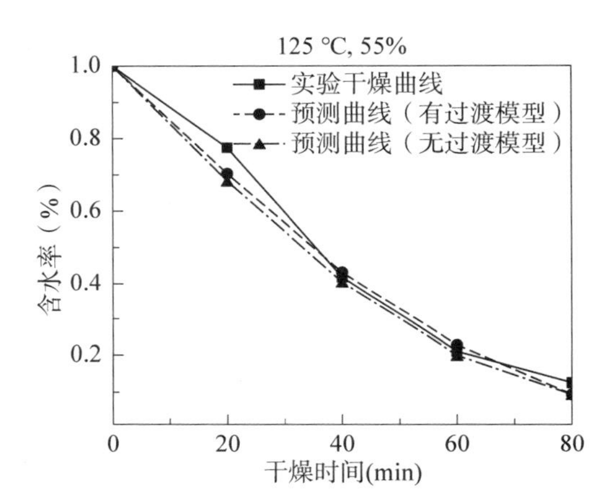

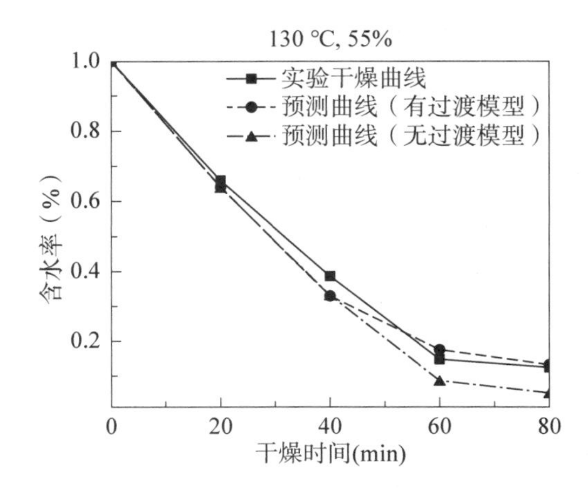

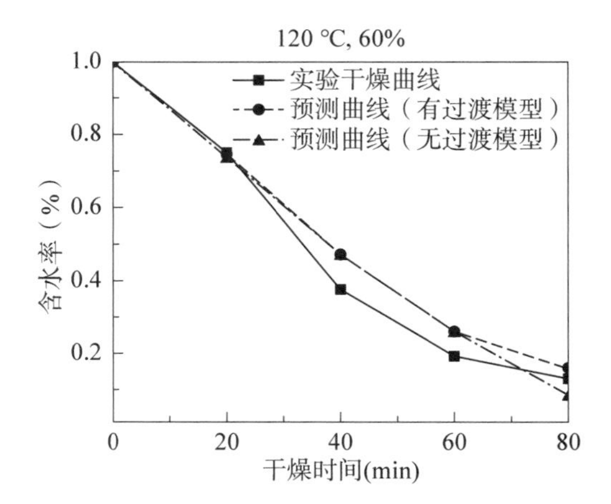

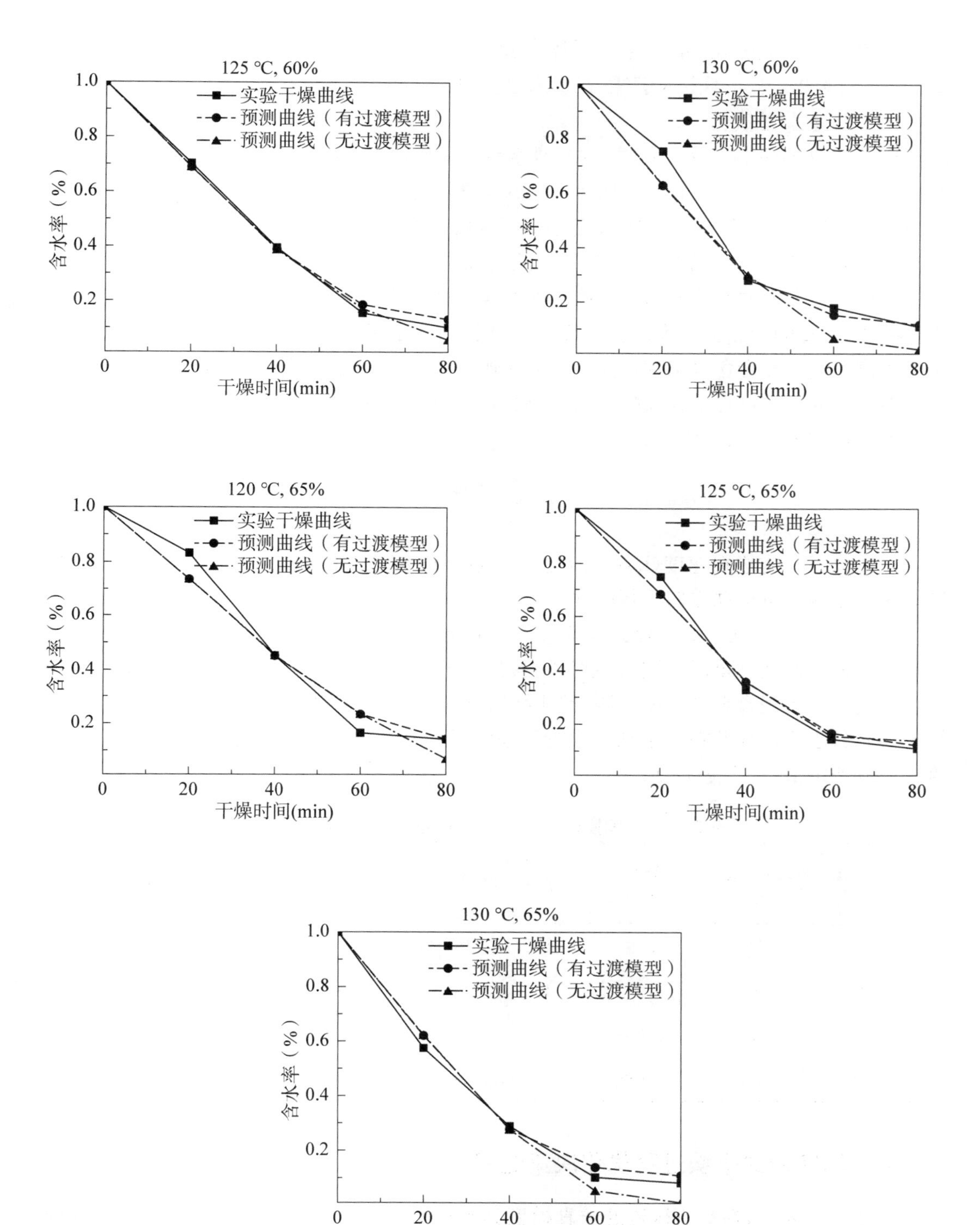

图 5－7　不同干燥时间下甘草浸膏含水率的数值模拟与实验的对比结果

如图 5-6，数值模拟的结果与干燥实验数据一致性较好。然而，在真空干燥过程的末期，模型的预测结果并不令人满意，在引入过渡模型后仿真模型的预测误差显著降低。

（四）工业验证实验

1. 工业实验设备　在工业试验中，真空带式干燥设备见图 5-4。实验所用设备传送带的长度为 12 m，宽度为 1 m，三个加热区域的长度均为 4 m。设备每个加热区域独立控制、精度为(±1.0℃)。在生产过程中，设备中的真空度始终维持在 4 kPa。

2. 工业实验方法　在模型的工业验证过程中，无法采集浸膏的过程含水率。因此，利用浸膏最终含水率的实验值与模拟值之间的误差来评价仿真模型的性能。采集生产过程的工艺参数、浸膏的初始含水率以及干燥后浸膏粉的含水率。将相同的工艺参数及初始含水率输入模型进行浸膏含水率的预测。最终对比实际生产值与预测值之间的偏差。

在浸膏的干燥过程中，物料通过进料管泵入干燥设备中并均匀地涂在输送带上。浸膏的厚度计算如式(5-25)所示。

$$d = \frac{m_{feed}}{\rho W t_{round} v} \tag{5-25}$$

式中，m_{feed} 为进料速度(kg/s)；t_{round} 为进料管的循环周期(s)。在料液涂布过程中，进料管垂直于输送带运动方向平行移动。

3. 真空带式干燥工业试验验证结果　在工业生产试验中，使用不同的生产条件对初始含水率相似的两批甘草浸膏进行生产并检测其浸膏粉含水率。随后，使用仿真模型对相同的生产过程进行浸膏粉含水率预测，预测结果见表 5-1。预测模型采用小试实验得到的最佳时间步长进行运算并在此基础上进行了模型最佳节点密度的测试，最终确定最佳节点密度为 120，测试结果见表 5-1。

表 5-1　不同操作工艺条件下预测结果与工业结果对比

初始含水量(%)	传送带速度(m/min)	进料速度(kg/min)	加热温度(℃)	真实最终含水量(%)	预测最终含水量(%)		
					240	120	60
60.52	0.20	0.095	130/122/100	1.93	7.26	2.37	0
60.52	0.20	0.093	130/122/100	2.06	7.14	1.70	0
61.94	0.20	0.082	120/100/90	2.55	7.93	1.87	0
61.94	0.20	0.084	120/100/90	1.84	7.98	2.30	0

四、真空带式干燥过程优化决策过程

上述结果表明，本章所构建的仿真模型具有预测真空带式干燥过程中物料含水率变化的潜力。在应用场景中，模型根据预期产品含水率，使用仿真模型对参数进行预测，在满足产品质量要求下，提高生产效率。然而，存在许多不同的工艺参数组合可以满足相同的目标。因此，确定合适的工艺参数组合是一个重要的步骤。

(一) 关键工艺参数筛选

根据式(5-16)提出的 *VIP* 评分计算公式评估 3 个输入变量:加热温度、传送带速度和浸膏初始含水量对真空带式干燥过程生产效率的贡献。提取液加热温度、传送带速度和初始含水率的 *VIP* 值分别为 0.6381、1.2174 和 0.8285。与其他变量相比,输送带速度对真空带式干燥工艺生产效率影响最大。结果说明,通过增加输送速度来优化真空带式干燥过程的生产效率最有效。

(二) 工艺参数优化

在工艺优化测试的实验条件为目标出口含水率为 5%,两批浸膏初始含水率分别为 60.78%和 59.89%,加热温度源于工业生产数据。图 5-8 为不同加热温度下输送带速度与进料速率的关系,当传送带速度基于生产经验得到时,进料速度可以用数值关系来确定。

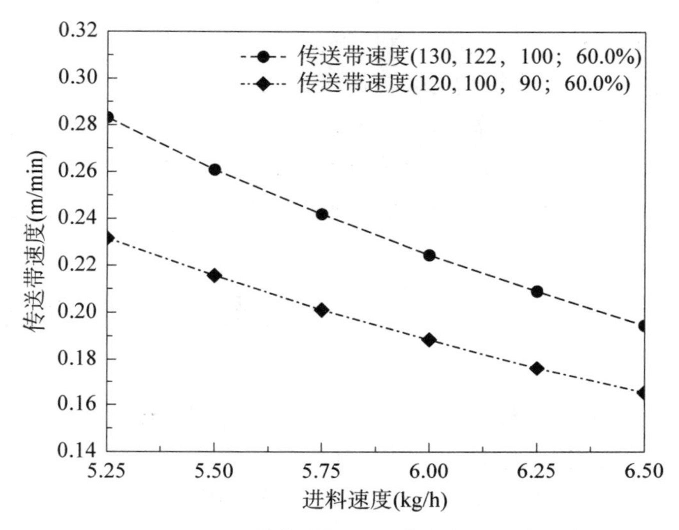

图 5-8 不同给料速度和传送带速度间的关联关系

基于该决策模型,在保持工业生产参数不变的情况下,对给料速度进行控制以提高生产效率。根据表 5-1 的结果,在满足出口含水率小于 5%的情况下,该工艺可进一步提高生产效率。优化后的工艺参数浸膏粉的含水率见表 5-2。模型预测的浸膏粉含水率与实验测得浸膏粉含水率的差异较小,说明该决策模型在甘草提取物真空带式干燥过程中有效。在生产过程中,该模型可以取代经验调整法提供准确的工艺操作条件。

表 5-2 优化后的工艺参数浸膏粉的含水率

初始含水量(%)	传送带速度(m/min)	进料速度(kg/min)	加热温度(℃)	真实最终含水量(%)	预测最终含水量(%)
60.78	0.2	0.11	130/122/100	4.15	4.56
59.89	0.2	0.095	120/100/90	3.59	4.13

(三) 优化工艺结果的分析

建立了一个虚拟仿真模型,用于预测甘草浸膏真空带式干燥过程的含水率变化及最终产品质量。该预测方法的核心是一个带有过渡方程的数值模拟模型,与之前文献报道方法相比,该方法可以对一个完全封闭系统内浸膏性质的变化趋势进行预测。然而在验证过程中,实验和模拟数据之间仍存在一些差异。造成这种差异的原因有两个:一方面,真空带式干燥过程是一个复杂的过程,该过程受到诸多因素的影响,导致甘草中水含量的波动。另一方面,甘草浸膏含水率测定过程也存在一定的误差,导致实验和模拟数据之间的差异。后续研究将进一步采集更多的真空带式干燥生产在线数据，用以进一步缩小模型预测误差。浸膏的在线密度和黏度等工艺数据有助于仿真模型中的超参数优化。与此同时，不断积累的生产数据对模型的完善也很有价值。

此外，基于历史工艺参数和工艺数据，应进一步完成工艺历史数据挖掘和知识发现等工作，从而实现更好的智能决策和预防性质量控制。强化学习（reinforcement learning，RL）是一种重要的机器学习方法，可以帮助解决动态过程优化问题。RL已被广泛用于纺织品制造和生物制药等领域。在中药制药领域，RL模型可以对生产过程的多个参数进行组合决策和动态调整。使用仿真模型为RL过程提供训练环境，有利于挖掘生产过程数据之间的数值关系，提高模型的智能决策能力。

作为数字孪生的核心技术，过程仿真技术直接决定了相关工程应用的数据可靠性，从上文中可以看出，仿真技术必须要能反映真实的物理现象，必须要与实践过程相吻合，过程仿真技术的研究已经成为目前工程技术研究的重要领域。

第三节　制药过程仿真技术

制药过程仿真技术是一种利用计算机模拟和分析的方法来研究制药过程的技术。它背后的理论基础是化学工程学和流体力学等学科，旨在提高制药过程的效率和质量，减少开发成本和生产成本，并最大程度降低对环境的影响。

制药过程仿真技术的应用范围非常广泛，可以涵盖制药工业的各个环节，包括药物设计、制剂研发、生产工艺优化、生产过程监控等。制药公司可以使用这种技术来设计更加高效和可控的生产工艺，从而提高生产效率，降低成本，并确保产品质量的一致性和稳定性。

一、制药过程仿真的一般流程

1. *定义问题和目标*　在进行制药过程仿真之前，需要先明确问题和目标，以便确保仿真过程的方向和目的清晰明确。问题和目标可以包括但不限于：优化生产工艺、改进产品品质、降低生产成本、提高生产效率等。

2. *建立模型*　建立模型是制药过程仿真的关键步骤。模型应该基于实际的生产工艺，并考虑到生产设备的特性、原料的特性、反应机理等因素。模型可以采用物理模型、统计模型或混合模型等方法进行建立。

3. *进行仿真计算*　在建立好模型之后，需要进行仿真计算。仿真计算是基于模型进行的计算，可以预测反应过程的动态变化，如反应速率、温度、浓度、物质转移等。

4. *分析结果和验证模型*　进行仿真计算之后，需要对仿真结果进行分析，并将结果与实际生产数据进行比对，以验证模型的准确性。如果模型无法准确反映实际生产情况，需要对模型进行修正。

5. *提出建议和改进方案*　通过分析仿真结果，制药企业可以得出改进建议和方案。这些建议和方案可能涉及生产工艺、设备调整、原料选择等方面，以提高生产效率、产品品质和控制生产成本。

6. 实施改进　最后，制药公司需要实施改进方案，并对改进结果进行监控和评估。如果有必要，可以进行进一步的优化和改进。

二、仿真结果验证

制药过程仿真结果验证是指通过实验数据与仿真结果的比较来评估仿真模型的准确性和可靠性的过程。其本质是通过对仿真模型进行验证来确保其对真实制药过程的描述是准确和可信的。以下是进行仿真结果验证的一般步骤。

（一）数据采集

数据采集是验证仿真结果的第一步，需要收集实验数据，包括原料成分、加工工艺参数、产品质量指标等。数据的来源可以是生产现场或实验室。在收集数据时需要注意数据应该尽可能的全面和准确，以确保验证结果的可靠性，缺乏关键数据会影响验证的准确性；数据应该包括不同时间点的样本数据，以便进行时间序列分析，这可以帮助识别制药过程的动态特征和变化；数据的采集应该满足相关法规和标准，以确保数据的可信度和可用性。例如，数据采集需要满足 Good Laboratory Practice(GLP)和 Good Manufacturing Practice(GMP)等要求。

（二）结果分析

对于仿真结果的验证，需要将仿真结果与实验数据进行比较。在进行结果分析时需要注意分析仿真结果和实验数据的差异，以评估仿真模型的准确性。这可以通过计算误差或差异指标来实现；比较仿真结果和实验数据的均值和标准差，以确定它们之间的一致性。这可以通过描述统计分析来实现；将仿真结果和实验数据绘制成图表，以便直观地比较它们的趋势和变化。这可以通过数据可视化来实现。

（三）结果验证

对于仿真结果和实验数据的比较，需要使用一些统计学方法来分析它们之间的差异和相似性。下面列出一些常用的统计学方法。

假设检验用于确定仿真结果和实验数据之间的差异是否显著。它基于一个假设：null hypothesis(零假设)，假设仿真结果和实验数据没有差异。如果使用假设检验得出的 p 值小于显著性水平(通常是 0.05)，则可以拒绝 null hypothesis，即认为仿真结果和实验数据之间有显著差异。

方差分析是一种用于比较两个或多个组之间的差异的统计方法，它可以用于比较仿真结果和实验数据之间的差异。方差分析将数据分为不同的组，并计算组内和组间的差异。如果组间的差异显著大于组内的差异，则通常可以认为仿真结果和实验数据之间有显著差异。

相关性分析用于评估仿真结果和实验数据之间的相关性。如果仿真结果和实验数据之间存在强相关性，则可以认为它们是相似的。常用的相关性分析方法包括 Pearson 相关系数和 Spearman 秩相关系数。

置信区间用于确定仿真结果和实验数据之间的差异是否显著。它是一个区间，如果仿真结果和实验数据之间的差异落在该区间内，则可以认为它们之间没有显著差异。置信区间的大小通常取决于置信水平(通常是 95%或 99%)和样本大小。

三、仿真常用软件

常用的制药过程仿真软件有许多，下面介绍几种常见的仿真软件以及它们的应用范围和优点。

1. Aspen Plus　Aspen Plus 是制药过程仿真领域中最常用的商业软件之一，其主要应用于化学工程、石油化工、环境工程、制药等领域的过程设计、优化和模拟。该软件支持多种单元操作模型，例如化学反应、热力学、物理传递等，可以对各种制药过程进行精确的建模和仿真。同时，Aspen Plus 还支持多种数据处理和可视化工具，可用于处理和展示仿真结果，便于用户进行仿真计算和分析。

2. MATLAB　MATLAB 是一种高级编程语言和交互式环境，广泛应用于科学计算、数据分析、工程建模、仿真等领域。在制药过程仿真中，MATLAB 可以用于建立各种数学模型、进行仿真计算、数据处理和可视化等方面。MATLAB 支持多种工具箱和模型库，可用于模拟和优化各种制药过程。

3. COMSOL Multiphysics　COMSOL Multiphysics 是一种基于有限元方法的仿真软件，广泛应用于制药、医疗、电子、材料等领域的工程仿真和科学计算。该软件可以用于建立和分析各种复杂的多物理场问题，例如流体力学、热传递、电磁场、化学反应等，适用于各种制药过程的建模和仿真。

4. Arena　Arena 是一个面向事件仿真的软件平台，主要用于仿真生产流程、供应链管理和服务系统等。在制药领域，Arena 可以用于建立和优化制药生产线和药品供应链等过程的仿真模型。

5. AutoCAD　AutoCAD 是一种通用的计算机辅助设计(CAD)软件，主要用于建筑设计、机械设计和工程制图等领域。在制药领域，AutoCAD 可以用于设计和建立药品生产厂房、设备和工艺流程等。

6. SolidWorks　SolidWorks 是一种三维计算机辅助设计(3D CAD)软件，主要用于机械设计、产品设计和工业设计等领域。在制药领域，SolidWorks 可以用于设计和建立各种药品制剂和药品包装等。

第四节　中药制药过程仿真——旋风分离器

本节用成熟的工业仿真平台对制药工程领域中的传统分离设备进行仿真研究，以此来讨论工业仿真软件与数字孪生技术相结合的技术问题。

作为气-固以及气-液两相分离重要装置的旋风分离器因其结构简单，操作弹性大，分离效率高，管理维修方便并且购置价格低廉而被广泛应用于制药工业过程中，常作为流化床反应器的内分离装置或作为预分离器使用。经分离完成的固体颗粒可用于后续的制粒、压片或者制成胶囊等工艺过程。

旋风分离器靠气流切向引入造成的旋转运动使得固体颗粒或者液滴因具有较大惯性离心力而被甩向外壁面实现颗粒或液滴的分离。在旋风分离器中气体和固体颗粒的运动非常复杂，在器内任一点都有切向、径向和轴向速度，并随旋转半径变化。当进气速度过小时，设备性能无法得到充分利用；而当进气速度过大，将造成严重的涡流和返混现象，影响产品质量和生产效率。此外不同长径比的旋风分离器在分离效率方面也出现了明显的差异。得粉率是评价旋风分离器性能的重要指标，同时中药生产中得粉率代表生产效率，因此工业现场常采用设备得粉率作为重要的评价指标。在目前的中药生产过程中，由于对于该设备的设计参数和工艺操作参数的控制不足导致设备得粉率难以把握，生产效率无法得到有效保证。缺乏对旋风分离器内颗粒运行特性的了解往往导致生产工艺及设备的设计具有盲目性。旋风分离器的进风速度是影响中药颗粒分离效率的重要因素。设备的设计尺寸对颗粒得粉率具有决定性作用，长径比过大或过小都不利于中药生产。颗粒的质量流量与设备压降有关，过大的颗粒浓度会导致压力损失下降，影响分离效率。为了进一步分析操作工艺参数和设备结构对旋风分离器得粉率的影响，完成旋风分离器系统的设计优化和改造升级，实现中药颗粒的高效分离，提高生产效率，文章对旋风分离器的入口进气雷诺数、颗粒质量流量以及设备长径比三个因素进行了考察。

一、旋风分离器物理结构

旋风分离器在设备构成上包括进气管、排气管、排灰口以及分离器罐体。以某制药过程中的旋风分离器作为研究对象，其几何结构如图 5 - 9 所示，其中进气管管径 d 为 47 mm，

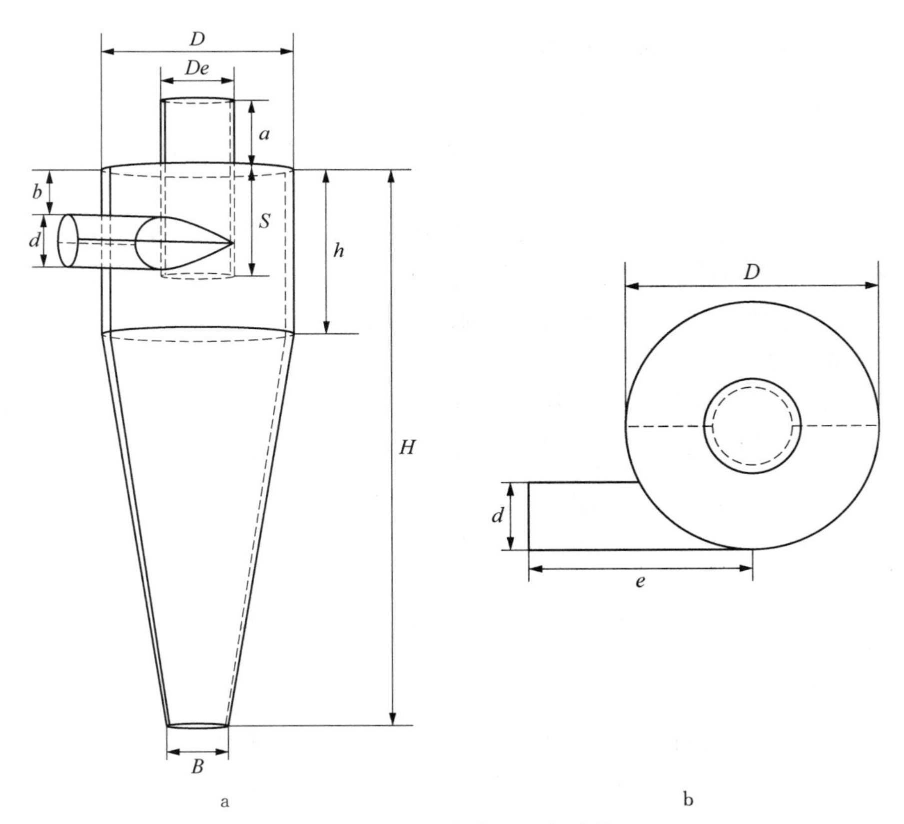

图 5 - 9　旋风分离器几何结构

a：前视图；b：俯视图

进气管与分离器罐体顶部距离 b 为 50 mm，进气管长度 e 为 150 mm；排气管管径 De 为 65 mm，排气管插入分离罐体的长度 S 为 97 mm，未插入分离罐体的长度 a 为 65 mm；分离罐体直径 D 为 170 mm，排灰口管径 B 为 54 mm，分离器罐体总高 H 为 510 mm，其中圆柱形罐体部分高度 h 为 150 mm。

为了考察不同长径比下旋风分离器内部粒子运动状态，研究基于实际设备尺寸（长径比 $H:D=3:1$），共建立了 5 个不同长径比的旋风分离器，建成的设备长径比 $H:D$ 如表 5-3 所示。

表 5-3　不同长径比的旋风分离器设备尺寸

旋风分离器长径比 $D:H$	分离器罐体直径 D(mm)	分离器罐体总高 H（圆柱形罐体部分的高度 h）(mm)
1∶3	170	510(150)
1∶4	170	680(200)
1∶5	170	850(250)
1∶6	170	1020(300)
1∶7	170	1190(350)

二、旋风分离器流场数值模拟

研究基于商用模拟仿真软件平台，使用 Euler-Lagrangian 模型，将常温气流视为连续相，干燥颗粒视为分散相，用来分析旋风分离器内部气流与颗粒之间的相互作用。对于连续相计算而言，进气端设置为速度入口，排气端设置为压力出口，出口压力绝压为一个大气压。控制方程采用有限体积法离散，通过 SIMPLE 算法求解压力与速度耦合，选取差分格式为 QUICK 格式，压力插补格式为 PRESTO 格式。对于分散相运动过程计算而言，为了简化数值模拟分析过程，设置排气口为逃逸边界条件，固体壁面边界为无滑移全反射边界条件。

（一）连续相方程

在连续相模型的守恒方程框架中，包括了连续性方程、动量守恒方程以及能量守恒方程。连续性方程如式(5-26)所示，动量方程如式(5-27)所示：

$$\frac{\partial(\rho_C)}{\partial t}+\nabla(\rho_C U_C)=\Gamma_{m,CD} \tag{5-26}$$

$$\frac{\partial(\rho_C u_i)}{\partial t}+\nabla(\rho_C u_j u_i)=-\nabla p+\nabla\tau+\rho_C g+F_{CD} \tag{5-27}$$

式中，ρ_C 为连续相密度，U_C 为连续相速度，t 为时间，$\Gamma_{m,CD}$ 为由连续相至离散相的质量源项，F_{CD} 为连续相至离散相的受力，g 为重力常数，p 为动力压强，τ 为黏性应力张量，u_j、u_i 表示平均速度分量。对于牛顿流体，τ 可由式(5-28)计算得到。

$$\tau=\mu_{eff}[\nabla u_i+\nabla u_j^T] \tag{5-28}$$

式中，μ_{eff} 为有效黏度，可通过式(5-29)求得。式(5-29)中 μ 为黏度，μ_t 为涡动黏性。

$$\mu_{eff}=\mu+\mu_t \tag{5-29}$$

在雷诺 Navier-Stokes 方法中需要通过湍流建模来封闭对流加速度的非线性项。参考不同湍流模型的研究结果，选用 Shear-Stress Transport(SST) k-ω 两方程涡动黏性数值模拟模型来模拟整个 Navier-Stokes 方程中固有的波动。Shear-Stress Transport (SST) k-ω 模型由 Menter 提出，该模型在边界层附近可直接计算到黏性底层，且无需额外的阻尼公式，同时该模型可有效避免入口自由来流湍流过于敏感的问题。具体计算过程如下所示。基于 SST k-ω 模型改写动量守恒方程如式(5-30)所示。

$$\frac{\partial \rho U_i}{\partial t}+\frac{\partial \rho U_i U_j}{\partial x_j}=-\frac{\partial p}{\partial x_i}+\frac{\partial}{\partial x_{ij}}\left[(\mu+\mu_t)\left(\frac{\partial U_i}{\partial x_j}+\frac{\partial U_j}{\partial x_i}\right)\right] \tag{5-30}$$

式中，U_i 为第 i 个速度分量；U_j 为第 j 个速度分量；x_i、x_j、x_{ij} 为笛卡尔坐标；ρ 为流体密度；涡动黏性由 k-omega SST 模型计算得到。该模型中的 k 方程和 ω 方程分别如下：

$$\frac{\partial \rho k}{\partial t}+\frac{\partial \rho U_j k}{\partial x_j}-\frac{\partial}{\partial x_j}\left[(\mu+\sigma_k\mu_t)\frac{\partial k}{\partial x_j}\right]=\tau_{ij}\frac{\partial U_i}{\partial x_i}-\beta^*\rho k\omega \tag{5-31}$$

$$\begin{aligned}&\frac{\partial \rho\omega}{\partial t}+\frac{\partial \rho U_j\omega}{\partial x_j}-\frac{\partial}{\partial x_j}\left[(\mu+\sigma_\omega\mu_t)\frac{\partial \omega}{\partial x_j}\right]\\&=\frac{\gamma}{v_t}\tau_{ij}\frac{\partial U_i}{\partial x_i}-\beta^*\omega^2+2\rho(1-F_2)\frac{\sigma_{\omega 2}}{\omega}\cdot\frac{\partial k}{\partial x_j}\cdot\frac{\partial \omega}{\partial x_j}\end{aligned} \tag{5-32}$$

式中，k 为湍流动能；ω 为湍流动能的特定消散；τ_{ij} 为雷诺应力，它们分别定义为：

$$k=\frac{1}{2}u_iu_j \tag{5-33}$$

$$\omega=\frac{\varepsilon}{k\beta^*} \tag{5-34}$$

$$\tau_{ij}=\mu_t\left(\frac{\partial U_i}{\partial x_j}+\frac{\partial U_j}{\partial x_i}\right)-\frac{2}{3}\rho\delta_{ij} \tag{5-35}$$

式中，ε 为湍流动能消散率，可由式(5-36)求得；δ_{ij} 为克罗内克函数，$v_t=\mu_t/\rho$ 为动力涡黏性，其中 μ_t 可通过涡流黏度公式(5-37)得到：

$$\varepsilon=v_t\frac{\partial u_i}{\partial x_k}\cdot\frac{\partial u_i}{\partial x_k} \tag{5-36}$$

$$\mu_t=\frac{\rho k}{\omega}\cdot\frac{1}{\max\left(\frac{1}{\alpha^*},\frac{SF_2}{\alpha_{1\omega}}\right)} \tag{5-37}$$

式中，x_k 表示笛卡尔坐标，S 表示应变率大小；α^* 表示湍流阻尼黏度系数；F_2 为混合函数，由式(5-38)求得：

$$F_2 = \tanh(\Phi_2^2) \tag{5-38}$$

$$\Phi_2 = \max\left(2 \cdot \frac{\sqrt{k}}{0.09\omega y}, \frac{500\mu}{\rho y^2 \omega}\right) \tag{5-39}$$

式中，y 是节点到最近壁面的距离；Φ_2 是关于节点到最近壁面距离 y 的函数。σ_k、σ_ω、γ、$\sigma_{\omega 2}$、β^* 为模型系数。

(二) 离散相方程

在离散相模型中，粒子的运动行为是由力平衡方程计算的。根据牛顿第二定律，建立单颗粒运动方程如式(5-40)所示。

$$\frac{dU_D}{dt} = F_{CD}^{drag}(U_C - U_D) + g\left(\frac{\rho_D - \rho_C}{\rho_D}\right) \tag{5-40}$$

式中，F_{CD}^{drag} 为单颗粒曳力函数，用于确定离散相和连续相的相互作用关系，该值可由式(5-41)求得，U_C 和 U_D 分别为连续相和离散相速度。

$$F_{CD}^{drag} = \sum \frac{3C_{drag}\rho_C}{4\rho_D \phi_D}(U_C - U_D)^2 \dot{m}_D \Delta t \tag{5-41}$$

式中，C_{drag} 作为阻力系数，可由阻力系数定律确定，$\dot{m}_D$ 为离散相质量流量。

$$C_{drag} = a_1 + \frac{a_2}{Re} + \frac{a_3}{Re^2} \tag{5-42}$$

式中，a_1、a_2、a_3 为常数，与粒子雷诺数相关；Re 为离散相雷诺数，计算公示如式(5-43)所示，式中 d_D 为离散相粒子直径。

$$Re = \frac{\rho_C(U_D - U_C)d_D}{\mu_C} \tag{5-43}$$

三、金银花提取液干燥颗粒物性参数测定与设备得粉率测定

金银花提取液干燥颗粒的粒径分布由 Mastersizer-3000 激光散射仪(英国 Malvern Instruments 有限公司)测定得到，颗粒的粒径分布范围在 1.88～35.30 μm 之间，且各粒径的颗粒占比在总干燥颗粒中存在较大差异，其中 6.72 μm 的颗粒占比最多(图 5-10)。金银花提取液干燥颗粒的密度使用 DH-300 固体密度仪(北京仪特诺电子科技有限公司)测定得到，该值为 1.55×10^3 kg/m^3。实际试验中，由于旋风分离器与喷雾干燥设备相连接，故使用喷雾干燥设备物料的出口条件作为旋风分离器物料的入口初始条件，得到旋风分离器的入口固体颗粒质量流量为 9.42×10^{-5} kg/s。

为了试验测定设备的得粉率，在长径比 $H:D$ 为 3:1 的旋风分离器设备的排灰口底部加装集尘袋，记录干燥颗粒初始质量。通过前期研究建立的喷雾干燥塔的机理模型，得到注入旋风分离器的颗粒初始量。由式(5-44)计算得到该条件下旋风分离器的得粉率。

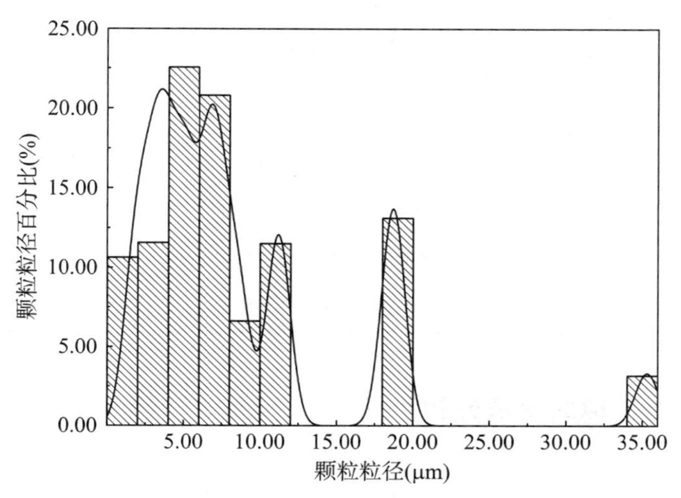

图 5-10　金银花颗粒粒径分布

$$\omega = \frac{m_s}{m_0} \times 100\% \qquad (5-44)$$

式中，ω 为设备得粉率，m_s 为集尘袋中颗粒质量(kg)，m_0 为注入设备的颗粒质量(kg)。

(一) 模型边界条件的设定

在模型的计算过程中，连续相选用 20 ℃下的空气，密度为 1.23 kg/m³，黏度为 1.79×10^{-5} kg/(m・s)，空气入口速度为 7.73 m/s。研究为了确定最佳的颗粒质量流量设置，基于试验测定值分别增大 15.00%、30.00%的进料质量流量，减小 15.00%、30.00%的进料质量流量。

在旋风分离器的进气入口处，除了颗粒的质量流量这一重要参数外，入口进气雷诺数也是影响设备得粉率的重要工艺参数。设备的入口进气雷诺数可由式(5-45)计算得到。

$$Re = \frac{\rho_v V_v d}{\mu} \qquad (5-45)$$

式中，Re 表示入口进气雷诺数，ρ_v 表示空气密度(kg/m³)，V_v 表示空气进气速度(m/s)，d 表示进气管道的直径，μ 为空气黏度[kg/(m・s)]。

结合前期喷雾干燥塔的数值模拟计算得到入口进气雷诺数为 2.49×10^4，为了进一步明确进气雷诺数对旋风分离器得粉率的影响，基于试验值分别增大 15.00%的入口进气雷诺数，增大 30.0%的入口进气雷诺数，减小 15.0%的入口进气雷诺数，减小 30.0%的入口进气雷诺数。入口湍流强度为 10.0%，水力直径为 47.0 mm。

(二) 正交试验筛选分离工艺的方法

采用 $L_{25}(5^3)$正交试验设计方法，选择入口进气雷诺数，设备长径比，颗粒进料质量流量 3 个因素。以金银花颗粒分离试验测得数据为基础指标，扩大参数范围进行最佳工艺筛选，因素水平见表 5-4。

表 5-4 正交试验因素水平

水平	设备长径比	入口进气雷诺数	颗粒进料质量流量
1	1∶3	1.74×10^4	颗粒质量流量减小 30%
2	1∶4	2.11×10^4	颗粒质量流量减小 15%
3	1∶5	2.49×10^4	试验得到的颗粒质量流量
4	1∶6	2.86×10^4	颗粒质量流量增大 15%
5	1∶7	3.23×10^4	颗粒质量流量增大 30%

四、流场数值模拟结果及分析

(一) 模型验证

在旋风分离器运行使用过程中，设备得粉率是一个最常用的评价指标，为了验证数学模型的准确可靠性，研究对比了设备长径比 $H:D$ 为 3∶1，入口进气雷诺数为 2.49×10^4，颗粒质量流量为 9.42×10^{-5} kg/s 时，得粉率的模拟结果和试验结果。试验结果得到设备的平均得粉率为 87.86%，与对应条件下模拟仿真得到的设备得粉率 89.92%相比，相对偏差为 2.34%。结果表明模拟所采用的模型可准确反映实际设备生产情况，所以运用该模型可以对不同长径比、不同进气雷诺数和不同进料质量流量下旋风分离器的得粉率情况进行模拟研究。

(二) 气相流场计算结果

图 5-11 的 a、b、c、d 和 e 分别给出了由模型计算得到的分离器内的旋转速度矢量图。由于同一长径比下的旋风分离器内部旋转速度矢量图差异很小，所以在图 5-11 中仅展示了正交试验组 1(长径比 $H:D=3:1$)、正交实验组 6(长径比 $H:D=4:1$)、正交实验组 11(长径比 $H:D=5:1$)、正交实验组 16(长径比 $H:D=6:1$)、正交实验组 21(长径比 $H:D=7:1$) 的速度矢量图。随着设备长径比的变化，为了更直观的分析设备内部气流情况，取排气管底部与分离器罐体相切平面 $Z=-162$ mm 作为断面，取分离器罐体锥部高度的 1/2 处位置作为断面(与长径比分别对应为：$Z=-395$ mm、$Z=-505$ mm、$Z=-615$ mm、$Z=-725$ mm、$Z=-835$ mm)，取 $Y=0$ mm 断面作为断面进行气流情况对比。由图 5-11 可以清楚看出分离器内部气体流动的不对称性，且设备长径比 $H:D$ 取值越小，气体流动越剧烈，流动形成的旋涡越贴近设备轴。此外随着设备长径比 $H:D$ 取值的增大，设备不断加长，排气管底部与分离器罐体交界处气体流速不断加快，气体流动的复杂程度不断加剧。

图 5-12 和图 5-13 分别给出了正交试验组在 $Z=-162$ 断面和 $Z=-$(分离器罐体锥部高度的 1/2) 断面的切向速度比较情况。图中的流速曲线清楚地表征了涡的结构：处于设备轴附近的强制涡和外层的自由涡，在两种涡的交界处，切向速度突变，出现速度峰。图 5-13 结果表明该断面位置的强制涡消失，不再出现速度突变，气体流动速度趋于平缓，且湍流脉动开始向壁面靠近。此外，随着入口处进气雷诺数的增大，设备内部各处的气流速度都出现了相应增大。

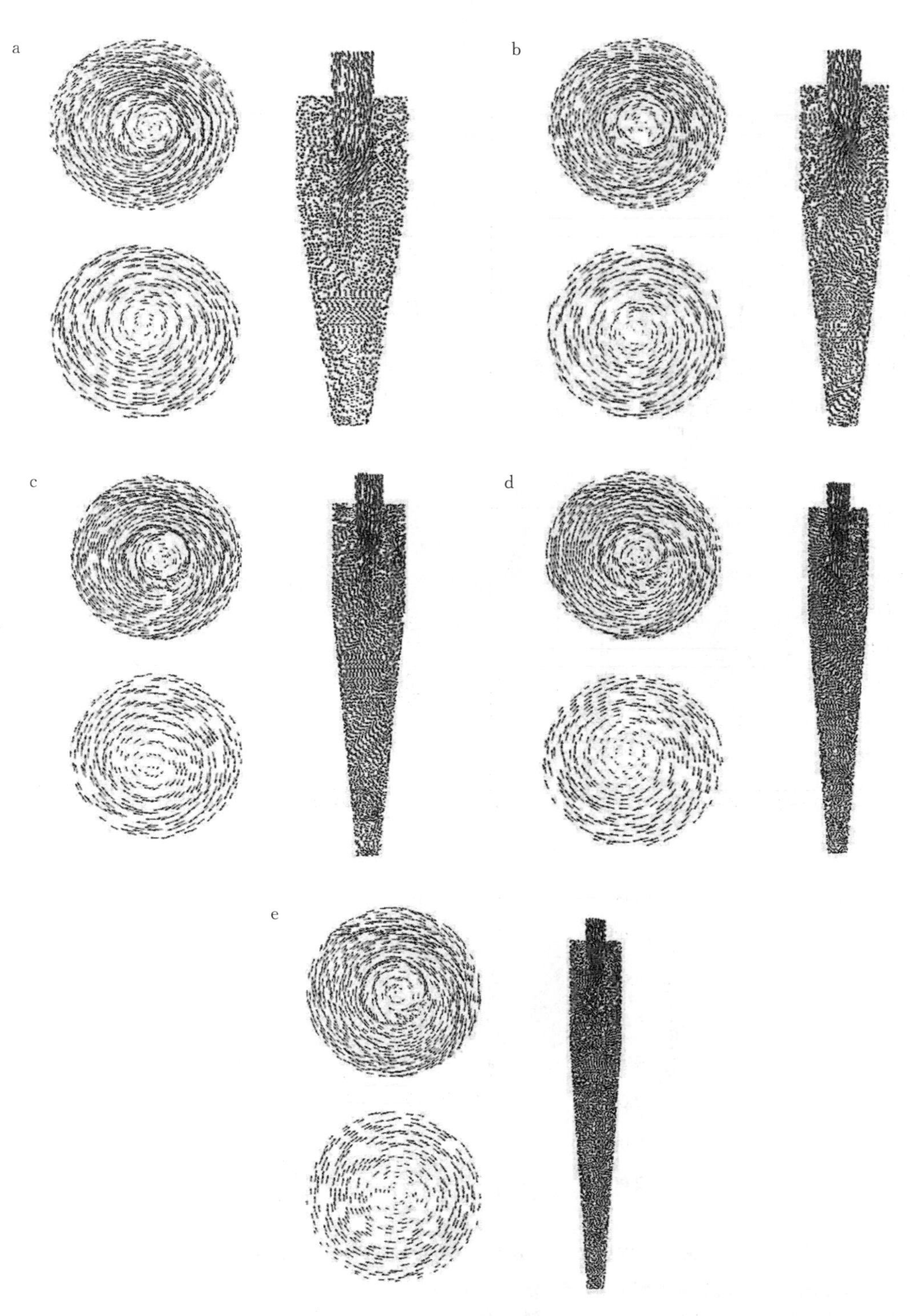

图 5-11　分离器内部速度矢量

a：设备长径比 $H:D=3:1$ 的分离器内部速度矢量图；b：设备长径比 $H:D=4:1$ 的分离器速度矢量图；c：设备长径比 $H:D=5:1$ 的分离器速度矢量图；d：设备长径比 $H:D=6:1$ 的分离器速度矢量图；e：设备长径比 $H:D=7:1$ 的分离器速度矢量图

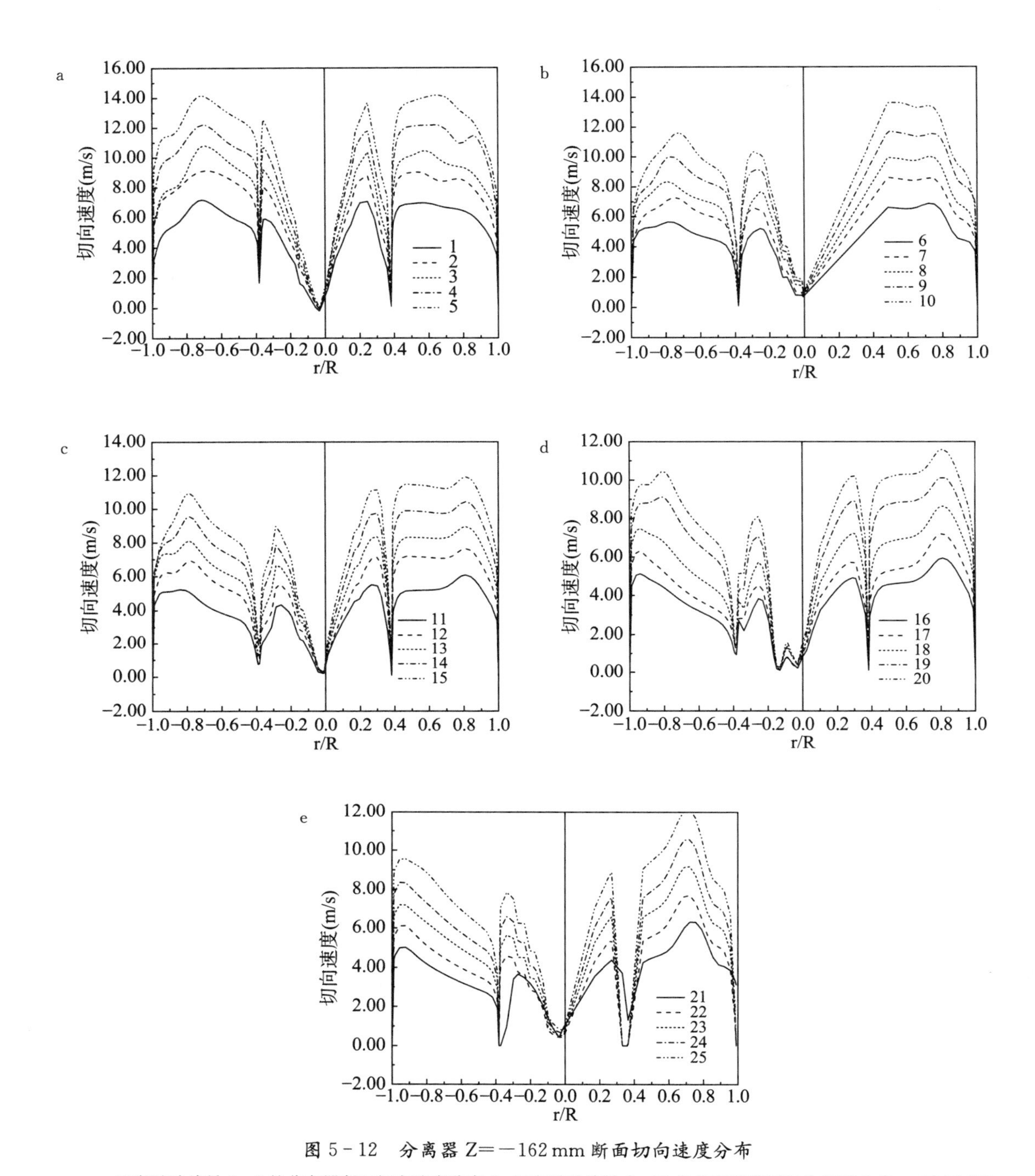

图 5-12　分离器 Z=-162 mm 断面切向速度分布

a：正交试验编号 1～5 的分离器断面切向速度分布；b：正交试验编号 6～10 的分离器断面切向速度分布；c：正交试验编号 11～15 的分离器断面切向速度分布；d：正交试验编号 16～20 的分离器断面切向速度分布；e：正交试验编号 21～25 的分离器断面切向速度分布

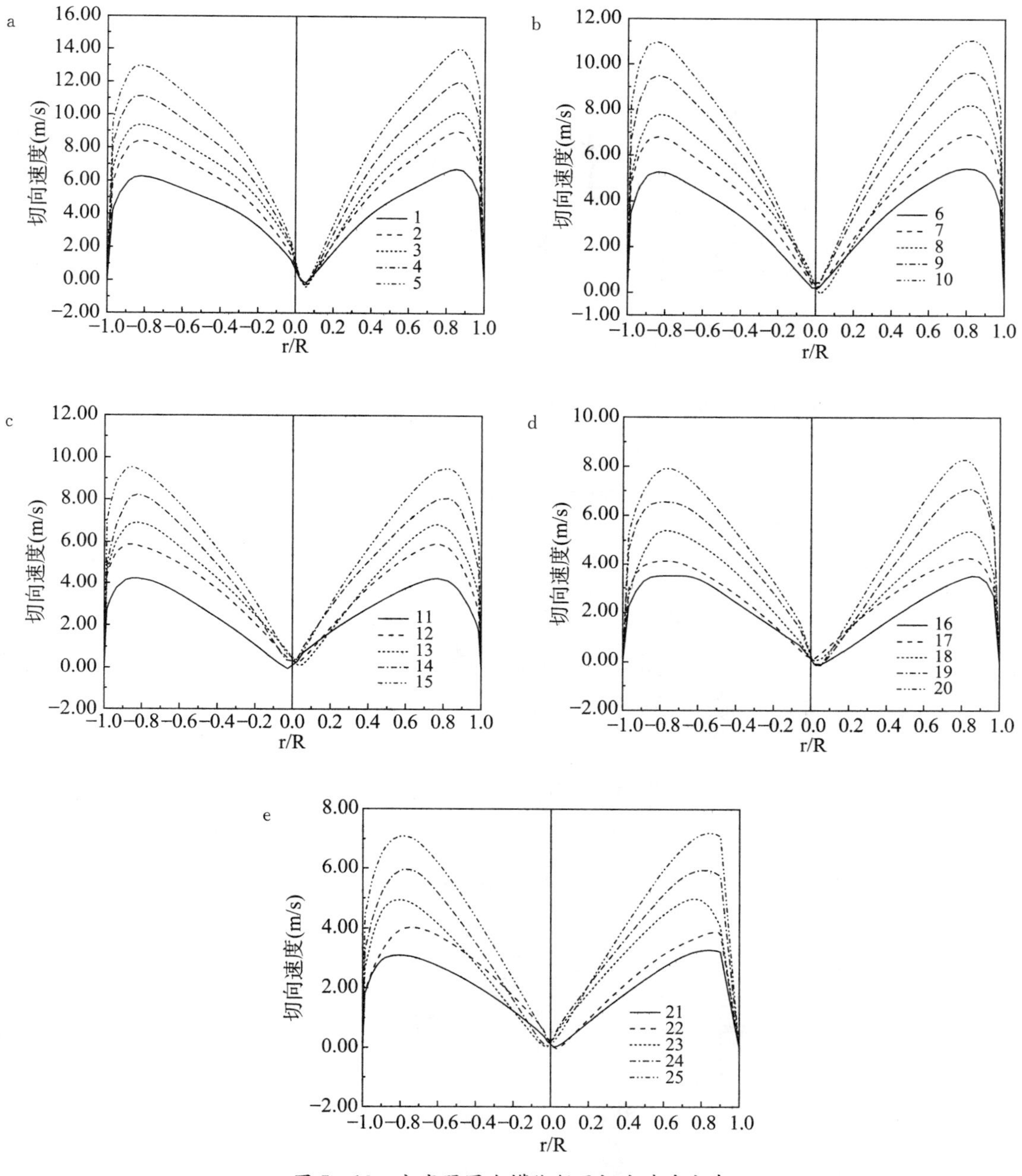

图 5-13　分离器圆台罐体断面切向速度分布

a:正交试验编号 1～5 的分离器 Z=－395 mm 断面切向速度分布;b:正交试验编号 6～10 的分离器 Z=－505 mm 断面切向速度分布;c:正交试验编号 11～15 的分离器 Z=－615 mm 断面切向速度分布;d:正交试验编号 16～20 的分离器 Z=－725 mm 断面切向速度分布;e:正交试验编号 21～25 的分离器 Z=－835 mm 断面切向速度分布

图 5-14 和图 5-15 分别给出了正交试验组在 Z=－162 断面和 Z=－(分离器罐体锥部高度的 1/2) 断面的轴向速度比较情况。在图中同样能清楚看出处于设备轴附近的强制涡和外层的自由涡,涡交界处出现轴向速度突变,且强制涡轴向速度显著高于外层的自由涡轴

向速度。由图 5-15 可知，在分离器罐体锥部高度的 1/2 处断面位置的强制涡消失，气体流动轴向速度趋于平缓。

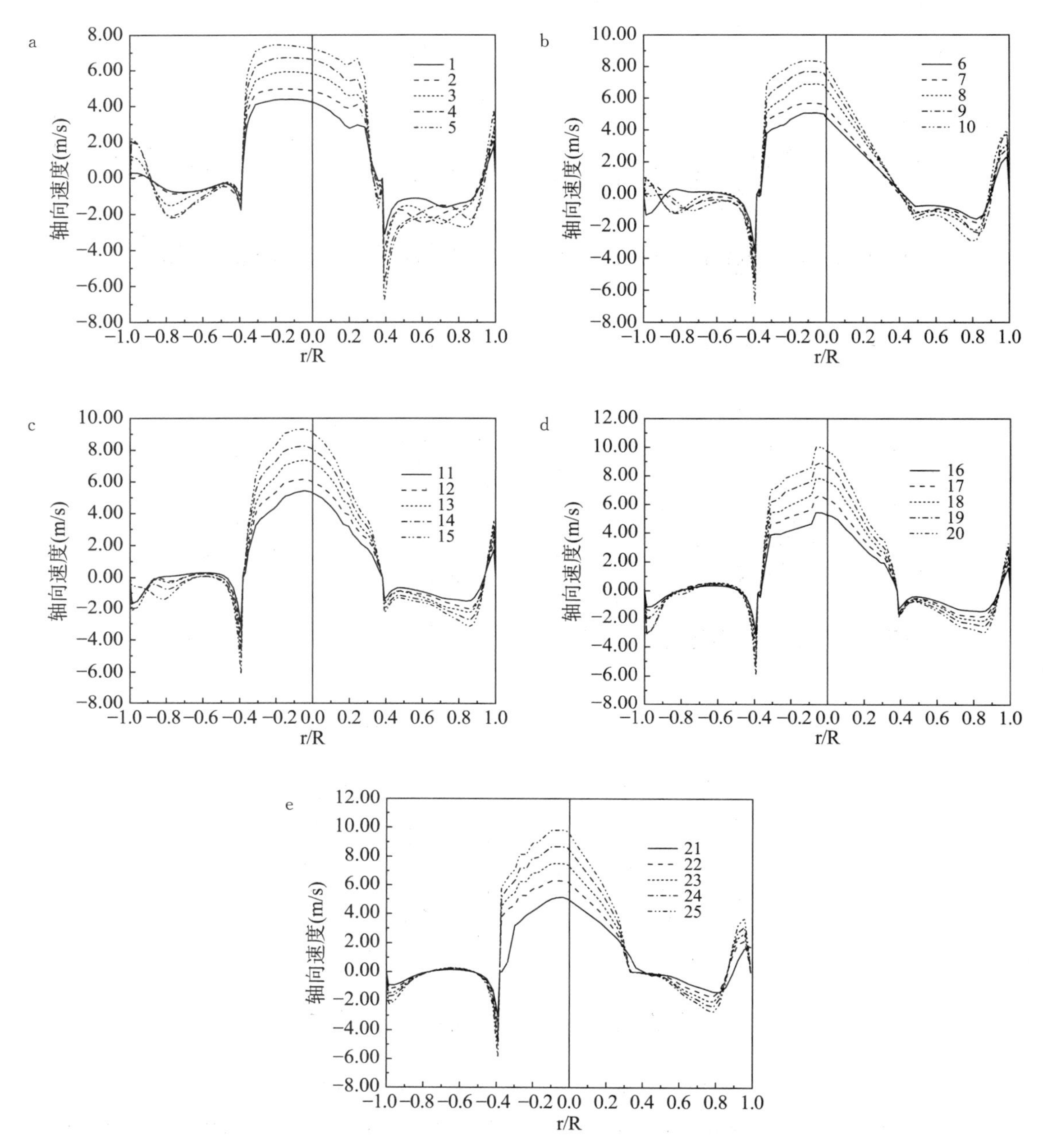

图 5-14　分离器 Z=－162 mm 断面轴向速度分布

a：正交试验编号 1～5 的分离器断面轴向速度分布；b：正交试验编号 6～10 的分离器断面轴向速度分布；c：正交试验编号 11～15 的分离器断面轴向速度分布；d：正交试验编号 16～20 的分离器断面轴向速度分布；e：正交试验编号 21～25 的分离器断面轴向速度分布

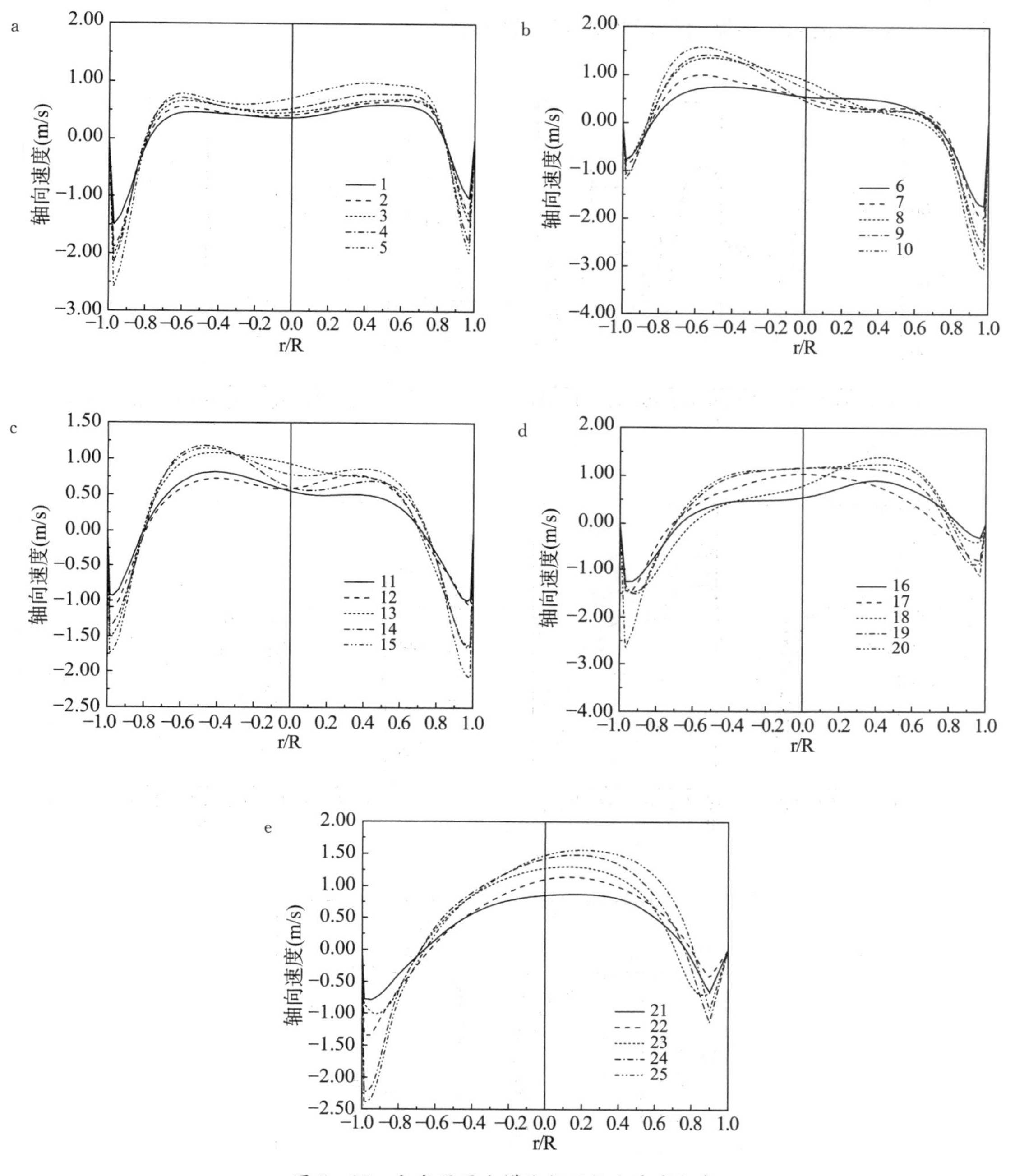

图 5-15　分离器圆台罐体断面轴向速度分布

a：正交试验编号 1～5 的分离器 Z=－395 mm 断面轴向速度分布；b：正交试验编号 6～10 的分离器 Z=－505 mm 断面轴向速度分布；c：正交试验编号 11～15 的分离器 Z=－615 mm 断面轴向速度分布；d：正交试验编号 16～20 的分离器 Z=－725 mm 断面轴向速度分布；e：正交试验编号 21～25 的分离器 Z=－835 mm 断面轴向速度分布

图 5-16 和图 5-17 分别给出了正交试验组在 Z=－162 断面和 Z=－(分离器罐体锥部高度的 1/2) 断面的径向速度比较情况。在图中速度为负表示气流向设备轴运动。由图可

知径向速度比切向速度以及轴向速度小，且随着断面分布的不同，利用模型计算得到的径向速度差异明显，说明分离器内部存在沿径向的输运情况。

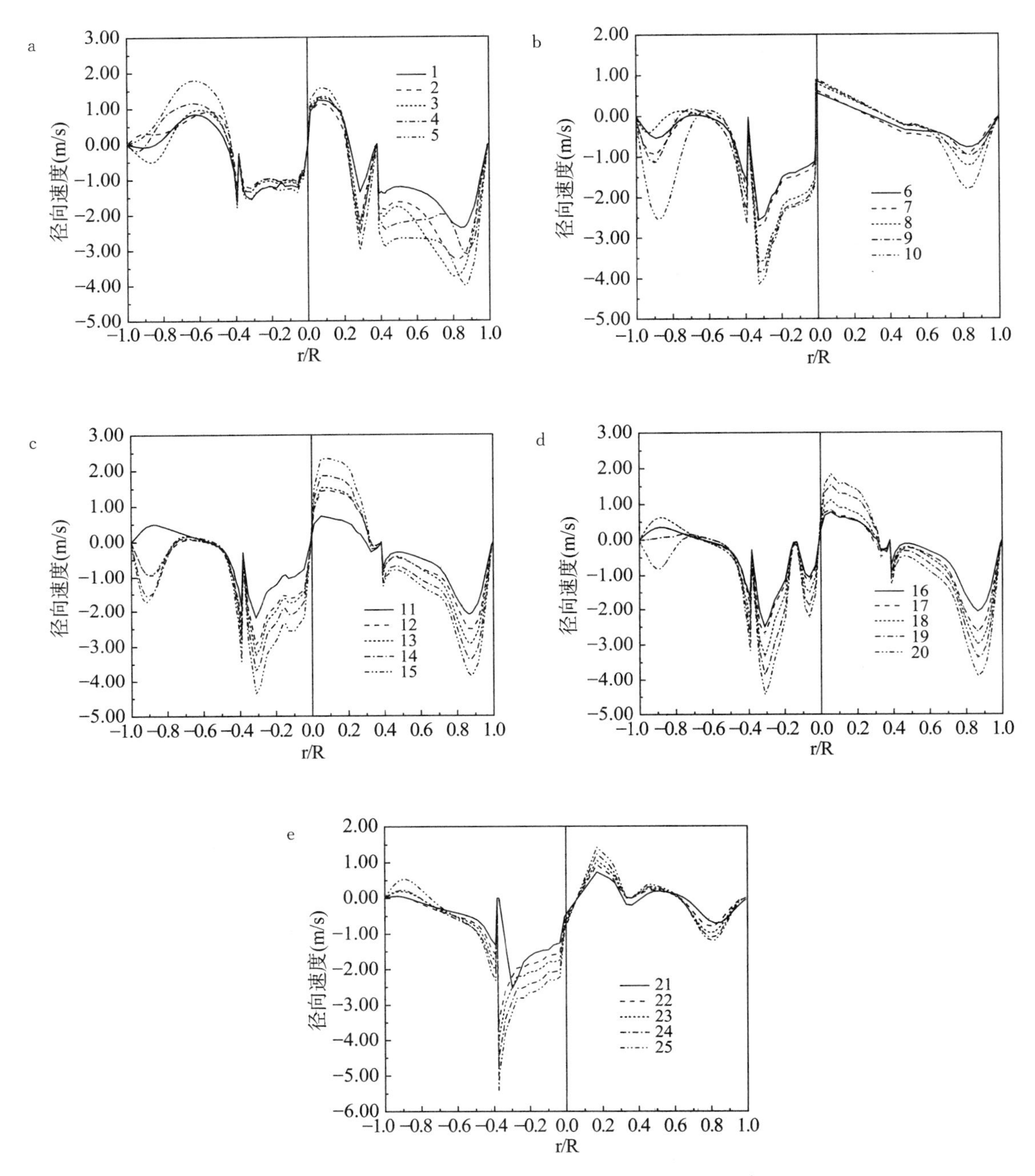

图 5-16　分离器 Z=-162 mm 断面径向速度分布

a：正交试验编号 1～5 的分离器断面径向速度分布；b：正交试验编号 6～10 的分离器断面径向速度分布；c：正交试验编号 11～15 的分离器断面径向速度分布；d：正交试验编号 16～20 的分离器断面径向速度分布；e：正交试验编号 21～25 的分离器断面径向速度分布

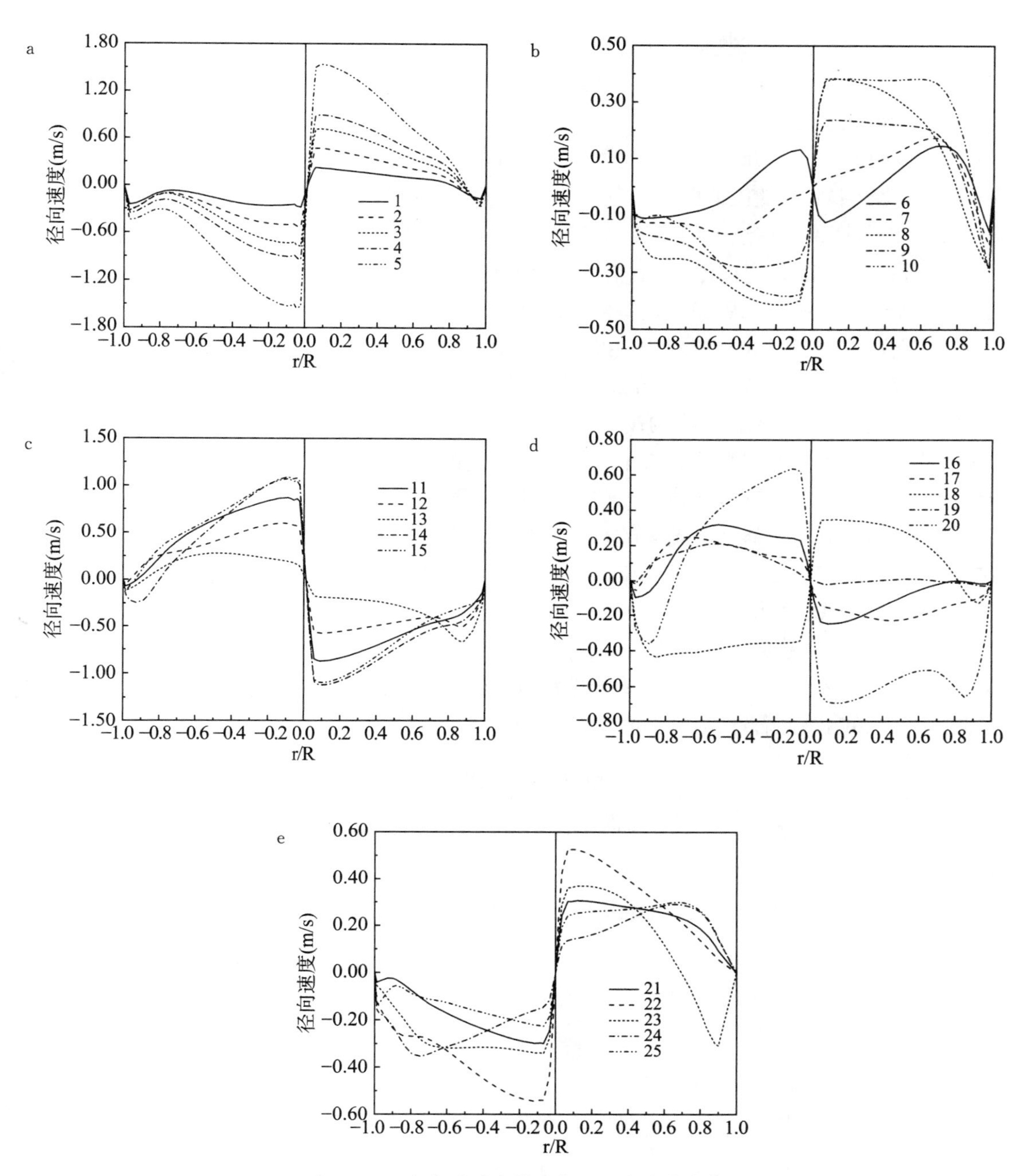

图 5-17　分离器圆台罐体断面径向速度分布

a：正交试验编号 1～5 的分离器 Z＝－395 mm 断面径向速度分布；b：正交试验编号 6～10 的分离器 Z＝－505 mm 断面径向速度分布；c：正交试验编号 11～15 的分离器 Z＝－615 mm 断面径向速度分布；d：正交试验编号 16～20 的分离器 Z＝－725 mm 断面径向速度分布；e：正交试验编号 21～25 的分离器 Z＝－835 mm 断面径向速度分布

综上，在旋风分离器内部的气流存在强制涡和自由涡，涡流带动颗粒在设备内部螺旋运动。随着涡流沿设备轴向运动，气流产生的强制涡逐渐消失，自由涡强度也不断下降，最终让随气流运动的颗粒逐渐沉降，实现颗粒的分离。在实际生产的过程中，由于设备处理的颗粒大小不一，因此有部分颗粒受气流作用明显，将会从排气口逸出设备，从而导致设备的生产效率降低。

（三）颗粒运动模拟

颗粒粒径为 1.88 μm、3.12 μm 和 4.03 μm 的颗粒随气流旋转向下螺旋运动，其中部分颗粒在到达锥部后又随内部的上升气流螺旋向上运动，进入排气管，逸出设备；部分颗粒在没有到达设备底部时就进入内旋流，通过旋流进入排气管。对于粒径稍大的颗粒，由于受到较大的离心力作用，被甩向壁面，沿壁面螺旋下滑，到达分离器底部，完成分离。颗粒粒径大小为 7.64～35.30 μm 的颗粒在设备内部出现了“上灰环”效应，即颗粒大部分聚集在分离罐体圆柱部分与排气管之间，该现象在设备长径比 $H:D=3:1$ 和 $4:1$ 的情况下尤为明显，随着设备长径比的增大，该现象逐渐减弱，颗粒随气流向分离器底部螺旋运动。考虑出现该现象是因为在长径比 $H:D$ 较小的设备内部，气流运行的轴向距离较短，气体的螺旋涡流作用更强（轨迹涡环更加紧密），尤其是排气管附近气流扰动最为剧烈，导致上述粒径范围内的颗粒大量地被束缚在气流中，形成了“上灰环”，随着设备长径比 $H:D$ 的增大，气流运行的涡流作用逐渐减弱（轨迹涡环逐渐稀疏），颗粒被离心力甩向设备壁面后，气流无法再牢牢束缚颗粒，此时颗粒借自由涡流沿壁螺旋运动到达设备排灰口，“上灰环”现象减弱。

（四）正交试验结果分析

根据正交试验数据处理方法，对表 5－5 所示数据分别进行极差分析与方差分析，以获得设备长径比、入口进气雷诺数和颗粒进料质量流量三个因素的影响主次关系，并对各因素的测量结果影响的显著性做出评价。

表 5－5　中药颗粒得粉率正交试验结果

试验编号	设备长径比	入口进气雷诺数	颗粒进料质量流量	中药颗粒得粉率（%）
1	1∶3	1.74×10^4	颗粒质量流量减小 30%	82.44
2	1∶3	2.11×10^4	颗粒质量流量减小 15%	88.78
3	1∶3	2.49×10^4	试验得到的颗粒质量流量	89.92
4	1∶3	2.86×10^4	颗粒质量流量增大 15%	89.24
5	1∶3	3.23×10^4	颗粒质量流量增大 30%	89.83
6	1∶4	1.74×10^4	颗粒质量流量减小 15%	78.39
7	1∶4	2.11×10^4	试验得到的颗粒质量流量	88.51
8	1∶4	2.49×10^4	颗粒质量流量增大 15%	87.23
9	1∶4	2.86×10^4	颗粒质量流量增大 30%	94.13
10	1∶4	3.23×10^4	颗粒质量流量减小 30%	94.71
11	1∶5	1.74×10^4	试验得到的颗粒质量流量	79.57
12	1∶5	2.11×10^4	颗粒质量流量增大 15%	83.00
13	1∶5	2.49×10^4	颗粒质量流量增大 30%	84.91
14	1∶5	2.86×10^4	颗粒质量流量减小 30%	89.00

续　表

试验编号	设备长径比	入口进气雷诺数	颗粒进料质量流量	中药颗粒得粉率(%)
15	1∶5	3.23×10^4	颗粒质量流量减小15%	96.30
16	1∶6	1.74×10^4	颗粒质量流量增大15%	77.80
17	1∶6	2.11×10^4	颗粒质量流量增大30%	71.99
18	1∶6	2.49×10^4	颗粒质量流量减小30%	79.50
19	1∶6	2.86×10^4	颗粒质量流量减小15%	90.37
20	1∶6	3.23×10^4	试验得到的颗粒质量流量	90.79
21	1∶7	1.74×10^4	颗粒质量流量增大30%	78.10
22	1∶7	2.11×10^4	颗粒质量流量减小30%	79.37
23	1∶7	2.49×10^4	颗粒质量流量减小15%	81.86
24	1∶7	2.86×10^4	试验得到的颗粒质量流量	82.70
25	1∶7	3.23×10^4	颗粒质量流量增大15%	90.00

使用极差分析法对正交试验结果进行分析，该方法中极差 R 等于每种试验因素同一水平平均值中的最大值和最小值之差，中药颗粒得粉率极差分析数值表 5-7 所示。分析表 5-6 数据可知，旋风分离器各因素对中药颗粒得粉率的影响敏感度排序为：入口进气雷诺数>设备长径比>颗粒进料质量流量，说明对中药颗粒得粉率影响起主导作用的试验因素为入口进气雷诺数，且随着入口进气雷诺数的增大，中药颗粒得粉率增加，呈正相关，其中颗粒进料质量流量对中药颗粒得粉率影响最小。

表 5-6　中药颗粒得粉率极差分析

水平数对应得粉率均值	设备长径比	入口进气雷诺数	颗粒进料质量流量
1	88.04%	79.26%	85.00%
2	88.60%	82.33%	87.14%
3	86.56%	84.68%	86.30%
4	82.09%	89.09%	85.46%
5	82.41%	92.33%	83.79%
极差 R	6.50%	13.07%	3.35%

为了进一步明确中药颗粒得粉率和各个试验因素之间的相关关系，对试验结果进行方差分析，如表 5-7 所示。由表 5-7 可知，设备长径比、入口进气雷诺数、进料颗粒质量流量的因子显著性分别为 0.04、0.00、0.66，其中 0.04 和 0.00 均小于 0.05，表明不同的设备长径比和不同的进气雷诺数对得粉率影响的差异显著，而不同颗粒进料质量流量对得粉率的影响无显著差异（$p=0.66>0.05$）。

综上，在设计旋风分离器过程中为了保证设备生产效率，应重点考察设备入口进气雷诺数，再考虑设备的长径比，而颗粒进料质量流量对生产效率的影响作用较弱，可最后参考调节。本研究通过正交试验设计计算出的最佳工艺为：设备长径比 5∶1，入口进气雷诺数 3.23×10^4，颗粒质量流量减小 15%（8.01×10^{-5} kg/s），得到的中药颗粒得粉率为 96.30%。

表 5-7　方差分析

方差来源	方差	自由度	平均偏差平方和	F 值	显著性 p
设备长径比	0.02	4.00	0.01	3.63	0.04
入口进气雷诺数	0.06	4.00	0.01	10.33	0.00
进料颗粒质量流量	0.00	4.00	0.00	0.61	0.66
误差	0.02	12.00	0.00	—	—
总和	18.39	25.00	—	—	—

以设备得粉率为评价指标，采用 Shear-Stress Transport（SST）k-ω 数值模拟模型，对粉体在设备内部的运动行为过程进行了模拟分析。结果表明，粒径范围在 1.88～4.03 μm 内的颗粒容易随气体涡流到达设备锥部之后又借由上升螺旋气流逸出设备；对于颗粒粒径稍大的颗粒，由于受到较大的离心力作用，被甩向壁面，沿壁面螺旋下滑，到达分离器底部，完成分离；7.64～35.30 μm 粒径范围内的颗粒在旋风分离器内部易出现“上灰环”现象，该现象随着设备长径比 H∶D 的增大会逐渐减弱。

在流场计算的基础上，模拟了受不同设备长径比、入口进气雷诺数、颗粒质量流量三个因素影响的中药颗粒在分离器内的运动规律，计算得到了模拟条件下的设备得粉率，研究推荐最佳工艺为：设备长径比 5∶1，入口进气雷诺数 3.23×10^4，颗粒质量流量 8.01×10^{-5} kg/s，得到的中药颗粒得粉率为 96.30%。入口进气雷诺数与得粉率呈正相关，这是由于粒子受到的离心力越大，尘粒越容易被捕集。随着设备长径比的增大，得粉率先增大后减小，这是可能是长径比过小时器壁与排气管太近，造成粒子逃逸。颗粒的运动受空气运动轨迹控制，因此得粉率受质量流量的影响较小。颗粒质量流量对得粉率的影响较小。通过对金银花颗粒在旋风分离器中的运动的模拟，可以充分理解颗粒与空气的相互作用和运动轨迹，为其他中药颗粒在旋风分离器中的工艺优化和设备改进提供了参考。

通过结果可以看出，仿真模拟可以提供原有的实验研究所不能提供的精细数据支撑，通过仿真模拟，研究人员可以更为高效地对现有工程技术设备进行优化设计，以实际工程应用为准绳，提供科学的优化设计方案。

第五节　制药过程建模与模拟仿真的技术趋势和技术壁垒

制药过程建模与模拟仿真是一个复杂的领域，需要结合多个学科的知识，如化学、生物学、数学和计算机科学等。近年来，随着计算机技术和数据分析技术的不断发展，制药过程建模与模拟仿真技术也取得了许多进展，例如多物理场仿真技术：这种技术可以将多个物理场，如传质、热传导和流体力学等，结合起来进行仿真，可以更准确地模拟制药过程中的各种现象；人工智能和机器学习技术：这些技术可以用于数据挖掘和分析，以识别制药过程中的关键因素和参数，并帮助改进模型的准确性和可靠性；分布式计算技术：这种技术可以将大规模仿真任务分散到多个计算节点上，并通过高效的通信和数据管理方式，实现快速的模拟和分析。

除了技术趋势，制药过程建模与模拟仿真还存在一些技术壁垒：数据质量和可用性：制药过程中产生的数据量很大，但往往不够准确或不够全面，这使得建模和仿真的结果不够可靠；模型复杂度：制药过程是一个高度复杂的系统，其建模和仿真需要考虑多个因素和变量，模型复杂度高，需要更多的计算资源和专业知识；缺乏标准化和共享数据：制药过程建模和仿真缺乏标准化的方法和共享的数据，这使得不同团队之间的交流和合作受到限制。

因此，在未来发展中，数字孪生技术必然需要更为科学的仿真技术的支撑，相关仿真技术必然要具备以下几个特点。

1. 通用性　各个仿真平台的数据必须要互通，打破现有的数据壁垒，实现数据的跨平台流通，数据集必须要有统一的数据通信协议。

2. 时效性　更为高效的仿真计算能力，能够在短时间内提供真实可靠的数据支撑，避免现有的大规模，高投入，高耗时的仿真计算。

3. 交互性　模拟仿真的数据输入必须要方便，快捷且自动化，无需人为的影响，数据即可智能从传感器输入仿真计算模块，保证了数据采集的可靠性。

随着仿真技术的发展，数字孪生技术必然能在工程应用领域发挥出全部的技术支撑能力，帮助中药制药领域高质量发展。

小　结

本章以机理模型在中药制药过程中的具体应用为切入点，分为自行开发的计算模型和商用计算平台两个方面，重点讨论了中药制药过程仿真建模的具体应用。在工业应用领域，市场上缺乏对于中药制药领域专用的成熟的商用仿真模拟软件，目前通用的商用计算平台由于过于强调其适用范围，缺乏对于专用工业领域特异性适应，这制约了中药制药模拟仿真系统的应用，因此有必要结合中药制药具体的工业应用开发专用性的模拟仿真系统，这已经成为迫切解决的重要技术制约因素。

第六章

基于数字孪生技术的智能控制系统

智能控制是数字孪生技术针对物理世界所发生的现象进行反馈调节的技术手段，通过数据采集和数据分析，科学判断形成处理方案，指导相关系统对具体情况进行科学有序的合理应对，满足生产过程的稳定性要求，降低生产风险，提高产品质量。

目前，中药制药过程的控制系统仍然较为粗糙，部分控制单元还需要依靠工人的主观判断，缺乏数据支撑的精准调控，不符合现代工业生产过程的要求，因此需要针对中药制药工艺特点进行相对应的控制模型研发，推动数字孪生技术在中药制药中的工业应用。

第一节　传统控制系统与智能控制系统

一、传统控制系统

（一）传统控制系统简介

控制系统是指由控制主体、控制客体和控制媒体组成的具有自身目标和功能的管理系统。通过控制系统可以按照所希望的方式保持和改变机器、机构或其他设备内任何感兴趣或可变的量，由此使被控制对象达到预定的理想状态或趋于某种需要的稳定状态。

（二）传统控制系统分类

（1）按照有无反馈分为：无反馈即开环控制系统，这种系统的输入直接供给控制器，并通过控制器对受控对象产生控制作用。其主要优点是结构简单、价格便宜、容易维修，缺点是精度低，容易受环境变化（例如电源波动、温度变化等）的干扰；有反馈即闭环控制系统，输入与反馈信号比较后的差值（即偏差信号）加给控制器，再调节受控对象的输出，从而形成闭环控制回路。故闭环系统又称为反馈控制系统，这种反馈称为负反馈。与开环系统相比，闭环系统具有突出的优点，包括精度高、动态性能好、抗干扰能力强等。它的缺点是结构比较复杂，价格比较贵，对维修人员要求较高。

（2）根据采用的信号处理技术不同分为：模拟控制系统，采用模拟技术处理信号的控制系统称为模拟控制系统；数字控制系统，采用数字技术处理信号的控制系统称为数字控制系统。

（3）根据输入量是否恒定分为：输入量是恒定的，称之为恒值控制系统，如恒速电机、恒温热炉等；输出量随着输入量的变化而变化，这种控制系统称为随动系统，如导弹自动瞄准系统等。

(三) 传统控制系统的应用

1. 工业领域　控制系统已被广泛应用于人类社会的各个领域。在工业方面，对于冶金、化工、机械制造等生产过程中遇到的各种物理量，包括温度、流量、压力、厚度、张力、速度、位置、频率、相位等，都有相应的控制系统。在此基础上通过数字计算机还建立起了控制性能更好和自动化程度更高的数字控制系统，以及具有控制与管理双重功能的过程控制系统。在农业方面的应用包括水位自动控制系统、农业机械的自动操作系统等。

2. 军事技术　自动控制的应用实例有各种类型的伺服系统、火力控制系统、制导与控制系统等。在航天、航空和航海方面，除了各种形式的控制系统外，应用的领域还包括导航系统、遥控系统和各种仿真器。

二、智能控制

(一) 智能控制系统

智能控制是一种基于人工智能技术的控制方法，它通过模拟人类智能行为和思维过程，实现对系统的自主学习、自主决策和自主控制。智能控制技术可以应用于各种领域，如工业控制、交通控制、医疗设备控制等，能够提高控制系统的效率、稳定性和可靠性，实现人机协同和自主控制。智能控制技术包括神经网络控制、模糊控制、遗传算法控制、人工免疫控制等多种方法，具有广泛的应用前景和研究价值。

(二) 智能控制的发展历程

智能控制技术的发展可以追溯到 20 世纪 60 年代，当时人们开始尝试运用人工智能技术来解决控制问题。然而，由于当时计算机技术和人工智能技术的限制，智能控制技术的应用受到了很大的限制。

随着计算机技术和人工智能技术的飞速发展，智能控制技术也得到了迅速的发展。在 20 世纪 80 年代和 90 年代，模糊控制和神经网络控制成为了智能控制技术的主流。这些技术在控制系统中的应用得到了广泛的认可和应用。

近年来，随着深度学习等新一代人工智能技术的发展，智能控制技术也得到了进一步的提升。人们开始尝试将深度学习等技术应用于控制领域，实现更加精确、高效的控制。同时，智能控制技术也开始涉及更多的领域，如智能家居、自动驾驶等。

总的来说，智能控制技术的发展是一个不断演化的过程，随着技术的进步和应用领域的拓展，智能控制技术的应用前景将会更加广阔。

(三) 智能控制的研究方法

智能控制的研究方法主要包括以下几种。

1. 神经网络控制　神经网络控制是利用神经网络模拟人脑神经系统的结构和功能，实现对控制系统的学习和自适应控制。神经网络控制器可以通过训练学习系统的输入输出数据，自适应调整网络的权重和偏置，实现对控制系统的优化和自适应控制。

2. 模糊控制　模糊控制是将模糊数学理论引入控制领域，通过建立模糊控制规则库，实现对复杂系统的控制。模糊控制器可以将输入量和输出量映射到模糊集合上，通过模糊推理实现对控制系统的控制。

3. 遗传算法控制　遗传算法控制是利用遗传算法对控制系统参数进行优化，实现对控制系统的优化和自适应控制。遗传算法控制器可以通过遗传算法对控制器参数进行优化，实现对控制系统的优化和自适应控制。

4. 人工免疫控制　人工免疫控制是利用免疫系统的学习和记忆机制，实现对控制系统的学习和自适应控制。人工免疫控制器可以通过模拟免疫系统的自适应性和记忆性，实现对控制系统的学习和自适应控制。

5. 智能优化控制　智能优化控制是结合多种智能算法和控制方法，实现对控制系统的优化和自适应控制。智能优化控制器可以通过结合多种智能算法，如遗传算法、粒子群算法、蚁群算法等，实现对控制系统的优化和自适应控制。

6. 智能 PID 控制　智能 PID 控制是结合 PID 控制器和智能算法，实现对 PID 参数的自适应调整，提高控制系统的稳定性和响应速度。智能 PID 控制器可以通过结合神经网络、模糊控制等智能算法，实现对 PID 参数的自适应调整。

7. 自适应控制　自适应控制是利用控制系统的反馈信息，实现对控制器参数的自适应调整，提高控制系统的性能和鲁棒性。自适应控制器可以通过实时调整控制器参数，适应系统的变化和不确定性，提高控制系统的性能和鲁棒性。

8. 模型预测控制　模型预测控制是建立系统的数学模型，利用模型进行预测和控制，适用于多变量、非线性系统控制。模型预测控制器可以通过建立系统的数学模型，实时预测系统的状态和输出，实现对控制系统的控制。

9. 协同控制　协同控制是将多个控制器进行协同，实现对复杂系统的控制。协同控制器可以通过多个控制器之间的信息交互和协作，实现对复杂系统的控制。

10. 机器学习控制　机器学习控制是利用机器学习算法对控制系统进行学习和优化，实现对非线性、复杂系统的控制。机器学习控制器可以通过训练学习系统的输入输出数据，自适应地调整机器学习模型的参数，实现对控制系统的学习和自适应控制。

三、预测性控制

（一）预测性控制的基本定义

预测控制是一种基于模型的先进控制技术，它是一种根据预测的过程模型的控制算法，它根据过程的历史信息判断将来的输入和输出，同时它不是某一种统一理论的产物，而是源于工业实践，最大限度地结合了工业实际地要求，并且在实际中取得了许多成功应用的一类计算机控制算法。预测控制注重模型函数，对于如状态方程、传递函数、阶跃响应等都可作为预测模型。由于它采用的是多步测试、滚动优化和反馈校正等控制策略，因而控制效果好，适用于控制不易建立精确数字模型且比较复杂的工业生产过程，所以一出现就受到国内外工程界的重视，并已在石油、化工、电力、冶金、机械等工业部门的控制系统中得到了成功的应用。

（二）预测性控制的发展历程

20 世纪 70 年代，人们除了加强对生产过程的建模、系统辨识、自适应控制等方面的研究外，开始打破传统的控制思想的观念，试图面向工业开发出一种对各种模型要求低、在线计算方便、控制综合效果好的新型算法。在这样的背景下，预测控制中的模型算法控制首先在法国的工业控制中得到应用。同时，计算机技术的发展也为算法的实现提供了物质基础。

现在比较经典的算法包括有模型算法控制、动态矩阵控制、广义预测控制、广义预测极点控制、内模控制、推理控制等等。

70 年代以来，人们从工业过程的特点出发，寻找对模型精度要求不高，而同样能实现高质量控制性能的方法，以克服理论与应用之间的不协调。预测控制就是在这种背景下发展起来的一种控制算法。它最初由 Richalet 和 Cutler 等人提出了建立在脉冲响应基础上的模型预测启发控制，或称模型算法控制；Cutler 等人提出了建立在阶跃响应基础上的动态矩阵控制(dynamic matrix control, DMC)，是以被控系统的输出时域响应(单位阶跃响应或单位冲激响应)为模型，控制律基于系统输出预测，控制系统性能有较强的鲁棒性，并且方法原理直观简单、易于计算机实现。它的产生并不是理论发展的需要，而是在工业实践过程中独立发展起来，即实践超前于理论。一经问世就在石油、电力和航空等领域中得到十分成功的应用。之后，又延伸到网络、冶金、轻工、机械等领域。

80 年代初期，人们为了增强自适应控制系统的鲁棒性，在广义最小方差控制的基础上，吸取预测控制中的多步预测、滚动优化思想，以扩大反映过程未来变化趋势的动态信息量，提高自适应控制系统的实用性。这样就出现了便于辨识过程参数模型、带自校正机制、在线修改模型参数的预测控制算法，主要有 Clarke 等提出的广义预测控制，Do Keyser 的扩展时域预测自适应控制和广义预测极点配置控制。Brosilow 于 1978 年提出推理机制，Garcia. Norari 于 1982 年提出内部模型控制，从模型结构的角度对预测控制作了更深入的研究，分析出预测控制具有内模控制的结构。应用内模控制结构来分析预测控制系统，有利于理解预测控制的运行机理，分析预测控制系统的闭环动静态特性、稳定性和鲁棒性，找出各类预测控制算法的内在联系，导出统一格式，有力推动了预测控制在算法研究、稳定性鲁棒性的理论分析和应用研究上的发展。但实际上，预测控制的理论还是落后于其实际应用的，因此在理论和应用方面，仍需得到进一步的研究和发展。

(三) 预测性控制的研究方法

研究预测控制算法之间的内在关系以及它们的等价变换是深入了解算法本质机理、进一步研究算法的性质和对算法扩展的重要途径。到目前为止已有许多种类不同的预测控制方法。典型的预测控制算法有模型预测启发控制，广义预测控制、动态矩阵控制以及扩展预测自适应控制等。被控对象的脉冲响应或阶跃响应一般称为非参数模型。这两类响应容易从现场检测到，且不需要事先知道过程模型的结构和参数等先验知识，也不必通过使用复杂的系统辨识技术便可设计控制系统，即所谓的滚动优化取代了传统的最优控制。由于在优化过程中利用测量信息不断进行反馈校正，所以这在一定程度上克服了不确定的影响，增强了控制系统的鲁棒性。此外，这些控制算法的在线计算比较简单。与传统的 PID 算法相比较，预测控制的优点是显而易见的。

1. 广义预测控制　广义预测控制是在自适应控制的研究中发展起来的另一类预测控制算法，是对对象输出做多步预测，这种算法是建立在将来时刻的控制量上，同时确定一个控制范围，并假设在这个范围外的控制量增量为零。目标函数为预测输出与设定值的误差和控制增量的二次函数。适用于不确定结构系统和复杂系统，如非最小相位系统就开环不稳和时滞变化的系统，对于模型失配也能获得稳定控制。在自校正控制系统中，由于组分灵敏，如果估计不准或是时变的，控制精度就会大大降低；而有些算法对系统的阶次十分灵敏，一旦估计不准，算法就不能使用。换句话说算法在滞后时对系统的依赖性比较强。在此背景下，克拉克等在保持最小方差自校正控制的模型预测、最小方差控制、在线辨识等原理的基础上提出了广义预测控制。作为一种自校正控制算法，广义预测控制是针对随机离散系统提出的。它的模型形式和反馈校正测量同动态矩阵控制都有一定的差别。

2. *动态矩阵控制*　动态矩阵控制是预测控制中应用比较广的算法之一，用被控对象的阶跃响应特征性来描述系统动态模型的预测控制算法。具有算法简单、计算量小、鲁棒性较强等特点。适用于渐进稳定的线性对象。对于弱非线性对象，可在工作点处首先线性化；对于不稳定对象，可先用常规 PID 控制使其稳定，再使用动态矩阵控制算法。动态矩阵控制控制包括模型预测、滚动优化和反馈校正三部分。

(1) 模型预测。它的功能是根据对象的历史信息和选定的未来输入预测其未来输出值，这里只强调模型的功能而不强调其结构形式。从方法角度讲，只要是具有预测功能的信息集合，无论它有什么样的表现方式，均可作为预测模型。因此，状态方程，传递函数这类传统的模型都可以作为预测模型。在动态矩阵控制中，首先需要测定对象单位阶跃响应的采样值 ($i=1, 2, \cdots$)，这样对象的动态信息就可以近似用有限集合$\{a_1, a_2, \cdots a_N\}$ 的集合表示了。这个集合就构成了模型向量 $a=\{a_1, a_2, \cdots a_N\}$。同时还需确定一个我们预测范围的建模时域 N。

(2) 滚动优化。DMC 是一种以优化确定控制策略的算法。在每一个时刻，要确定从该时刻起的 M 个控制增量 $\Delta u(k), \cdots, \Delta u(k+M-1)$，使被控对象在其作用下的未来 $P(N \geqslant P \geqslant M)$ 个时刻的输出预测值 $\tilde{y}_M(k+1 \mid k), \cdots, \tilde{y}_M(k+P \mid k)$ 尽可能接近给定的期望值 $\omega(k+1), \cdots, \omega(k+P)$。$P$ 和 M 分别称为优化时域长度和控制时域长度。

(3) 反馈校正。动态控制是一个闭环控制算法，在通过优化确定了一系列未来的控制作用后，为了防止模型失配或环境干扰引起控制对理想状态的偏离，若不及时利用实时信息进行反馈校正，进一步的优化就会建立在虚假的基础上。为此，在下一个采样时刻首先要检测对象的实际输出，并把它与以上时刻的模型预测输出进行比较，构成输出误差，再根据误差权矩阵对其进行修正。

动态矩阵控制的主要特征为预测模型采用阶跃响应特征建模；设计过程中固定格式是用二次型目标函数决定控制增量最优值序列，但没有考虑各种约束条件；用改变二次型目标函数中的权系数矩阵来实现参数调整。

动态矩阵控制算法的优点有：直接在控制算法中考虑预测变量和控制变量的约束条件，满足约束条件的范围来求出最优预测值；把控制变量与预测变量的权系数矩阵作为设计参数，在设计过程中通过仿真来调节鲁棒性好的参数值；预测变量和控制变量较多的场合，或者控制变量的设定在给出的目标值范围内，预测变量的定常状态值被认为是有无数种组合的；从受控对象动特性设定到最后做仿真来确定控制性能为止，这一系列设计规范已相当成熟。动态矩阵控制算法以直接作为控制量，在控制中包含了数字积分环节，因此，即使在失配的情况下，也能得到无静差控制。

显然，动态矩阵控制在工业实际应用中之所以受到欢迎，并得到成功应用，除了算法简单、响应容易获得外，主要是因为它具有的预测模型、滚动优化和反馈校正三大特点。此外，由于它采用了多步预测的方式，扩大了反映过程未来变化趋势的信息量，因而能克服各种不确定性和复杂变化的影响，使动态矩阵控制能在各种复杂生产过程控制中获得很好的应用效果，并具有较高的鲁棒性。这些都是动态矩阵控制能得到成功应用的根本原因。

3．模型算法控制　模型算法控制，最初称为模型预测启发式控制。1978 年，Richalet 和 Mehra 描述了模型预测启发式控制的成功应用。它使用的也是脉冲响应模型，与动态矩阵控制非常相似，但也存在以下区别：

（1）模型算法控制使用了包含输入 u 的脉冲响应模型，而不是包含误差 Δu 的阶跃响应模型，这本质上导致了比例性质的控制。如果输入 u 在二次目标中被惩罚，则控制器不移除偏移量。如果输入 u 不受惩罚，那么处理非最小相位系统就需要极其棘手的程序。

（2）多变量被控过程用其脉冲响应（构成内部模型）在线表示进行预测。内部模型通过识别使用平台运行数据保持更新。模型算法控制引入一个参考轨迹作为一阶系统，根据一个确定的时间常数从实际输出到设定点。闭环系统的行为由参考轨迹决定。如果参考轨迹比实际运行过程快得多，则模型算法控制将不再适用。因此，在该算法中参考轨迹时间常数为主要参数。

在模型算法控制中，脉冲响应可以增强对识别误差的鲁棒性，并且与状态向量技术相比，建模误差的参数扰动效应较小。综上，模型算法控制适用于开环稳定进程（渐近稳定的线性对象），如发电厂、玻璃炉、蒸汽发生器、炼油厂精馏塔和 PVC 成套设备等。

4．预测函数控制　预测函数控制的原理建立于 1968 年，第一次应用发生在 70 年代早期。80 年代后期，在 ADERSA 公司 Richalet 将它应用在了快速工艺领域。预测函数控制算法可以使用任何模型，但由于该算法鲁棒性较强的特点，大部分时间都更倾向于采用状态空间模型，并允许非线性和不稳定的线性内部模型。然而，在目前的研究中，状态空间模型的应用已不能满足实际控制问题的要求，想要获得精确的数学模型是非常困难的，特别是对非线性“不确定”时滞时变过程。预测函数控制算法很好地解决了快速跟踪控制问题，为快速过程提供了一种有效的控制方法。在预测函数控制中可以采用二次性能指标。符合点和基函数的存在是预测函数控制的两个显著特点。采用符合点的方法，只考虑预测视界内点的子集，做到期望值和预测的未来输出预测视界的点子集重合，而不需要在整个预测视界重合，从而很大程度上简化计算。而基函数的选择取决于过程的特性和期望的设定点。

考虑状态空间模型：

$$x(t)=Ax(t-1)+Bu(t-1) \tag{6-1}$$

$$y(t)=Cx(t) \tag{6-2}$$

通过加入自补偿项，得到预测结果：

$$\hat{y}\left(t+\frac{j}{t}\right)=y(t+j)+\hat{e}\left(t+\frac{j}{t}\right) \tag{6-3}$$

未来控制信号的结构是基函数的线性组合：

$$u(t+j)=\sum_{i=1}^{N_B}\mu_i(t)B_i(j) \tag{6-4}$$

最小化的代价函数为：

$$J=\sum_{i=1}^{N_H}[\hat{y}(t+h_i)-w(t+h_i)]^2 \tag{6-5}$$

h_i=重合点的总数(此术语仅限PFC算法)：

$$w(t+j)=r(t+j)-\alpha^j[r(t)-y(t)] \tag{6-6}$$

为了得到一个平滑的控制信号,可以在代价函数中加入 $\lambda[\Delta u(j)]^2$ 形式的二次因子。

预测函数控制的预测模型输出包括自由输出和强制输出两部分。自由输出依赖于过去的输入和输出,但不依赖于当前和未来的输入。强制输出是当前时间对输入的响应。预测模型的输出为：

$$y(t+j)=CA^j x(t)+\sum_{i=1}^{N_B} y_{B_i}(j)\mu_i(t) \tag{6-7}$$

未来的控制动作可以通过最小化在重合点的预测输出和参考轨迹之间的平方和来获得：

$$J=\sum_{i=1}^{N_H}[y_B(h_i)\mu-d(t+h_i)]^2 \tag{6-8}$$

控制信号由：

$$u(t)=\sum_{i=1}^{N_B}\mu_i(t)B_i(0) \tag{6-9}$$

只执行控制信号序列的第一个值。该算法只能用于稳定模型。

预测函数控制采用参考轨迹的时间常数作为主要调谐参数。更小的时间常数要求更积极的控制,而更大的时间常数导致更不积极的行动。预测函数控制提高了闭环系统的相对稳定性,意味着控制器能够容忍模型失配,这是纯设定点所不能容忍的。预测函数控制算法通过在稳态目标函数中允许线性项和二次项,提供了额外的灵活性。该算法对建模误差、参数化误差和参数化误差具有很强的鲁棒性,克服了其他智能预测控制输入律不清晰的问题。简单的调优和易于维护是PFC的优点,它适用于钢铁、铝业、国防、汽车等行业中小型机器人、火箭、物体跟踪、反应堆和加热器、机械伺服的控制等。

5. *扩展时域预测自适应控制*　De Keyser 和 Van Cauwenberghe 于1985年开发了扩展时域预测自适应控制算法,它使用离散(z-变换)传递函数来模拟过程,并提出了从当前时刻开始的恒定控制信号,同时使用次优预测器而不是求解 Diophantine 方程。

该预测控制过程的建模如下：

$$A(z^{-1})y(t)=B(z^{-1})u(t-d)+x(t) \tag{6-10}$$

$$x(t)=C(z^{-1})e(t) \tag{6-11}$$

参数向量由递归(扩展)最小二乘法估计：

$$\Delta y(t)=\varnothing^{T}(t)\hat{\theta}(t)+\eta(t) \tag{6-12}$$

那么第一步之前的预测值为：

$$\Delta\hat{y}\left(t+\frac{1}{t}\right)=\hat{y}\left(t+\frac{1}{t}\right)-y(t) \tag{6-13}$$

对于 j 步提前预测($j=2,\ 3,\ \cdots,\ N$)，通过预测器预测多步(无扰动)过程输出：

$$A(Z^{-1})\left[\hat{y}\left(t+\frac{j}{t}\right)-\hat{y}\left(t+j-\frac{1}{t}\right)\right]=B(z^{-1})\Delta u(t+j-d) \tag{6-14}$$

在计算控制动作时，实际情况是预测值依赖于假定的未来控制策略。考虑：

$$\Delta u(t+j)=0(j>0) \tag{6-15}$$

得到控制信号值，使代价函数最小：

$$J=\sum_{j=d}^{N}\delta(j)\left[w(t+j)-P(z^{-1})\hat{y}\left(t+\frac{j}{t}\right)\right]^{2} \tag{6-16}$$

其中，$P(z^{-1})$ 是单位静态增益的设计多项式。

使成本最小化的控制律是：

$$u(t)=\frac{\sum_{j=d}^{N}h_{j}\delta(j)\left[w(t+j)-P(z^{-1})\hat{y}\left(t+\frac{j}{t}\right)\right]}{\sum_{j=d}^{N}\delta(j)h_{j}^{2}} \tag{6-17}$$

这表明控制律结构非常简单，计算简化为求解 $u(t)$。

可能的调谐参数是预测层、加权因子和滤波多项式。然而，预测层的在线调整会影响预测器的多步预测结构和控制结构。由于过程零点未被取消，该远程预测控制策略可以处理非最小相位过程。

(四) 预测控制的应用

在中药提取领域，有一种基于广义预测控制的中药提取工段多目标优化控制策略，该策略在预测控制的基础上增加了经济优化层，其中预测控制层实现提取过程温度与压力的区域控制，经济优化层实现提取过程经济性能指标的优化。研究通过仿真结果证明了该策略能够有效保证中药提取过程温度、压力的动态特性，且有效降低提取过程的蒸汽消耗。研究者对中药提取工艺过程和提取能耗分析的基础上，提出了一种针对中药提取过程的基于广义预测控制的 2 层优化控制策略。仿真结果表明，与传统的 PID 控制策略相比较，该控制策略既能有效减少系统达到预设平衡状态的时间与调节次数，还能降低系统的耦合度和稳态误差，有效地避免药液过沸和烧料情况的出现，同时还能有效改善提取过程经济性能指标。

在航空航天领域，有一种部分分布式架构的涡喷发动机模型预测控制方法，并进行了鲁棒性分析：首先，采用改进的组合线性模型求解方法，在保证精度的前提下大幅缩短求解时间，解决了发动机多变量线性状态空间模型求解问题；其次，设计了基于线性模型预测控制的涡喷发动机控制器，解决了含有约束条件下发动机动态性能优化问题；再次，考虑到分布式控制系统具有总线网络通信特性，建立了以网络工具箱模拟总线网络的分布式控制系统仿真平台，解决了存在总线网络丢包情况下的分布式控制系统鲁棒性分析问题；最后，采用多节点模块化设计方法，设计并搭建了分布式控制系统硬件在环仿真平台并采用嵌入式矩阵运算优化方法，解决了模型预测控制算法在嵌入式平台上应用问题。试验表明模型预测控制的效果优于传统 PID 控制效果，有效地提高了发动机动态响应；同时，在存在网络丢包情况下，设计的基于模型预测控制的分布式控制系统依然具有稳定的控制效果和鲁棒性。

在工业应用中对模型预测控制算法时效性的要求比较高，针对二次规划问题 Hessian 矩阵的不变性，有公司提出了一种基于奇异值分解的快速多变量预测控制算法。通过使用奇异值分解的快速算法加快优化问题求解，从而减小在线计算负担，保障工业设备安全。首先采用基于状态空间模型获得的输出预测值构建输入输出问题，观察发现，当权重系数不变时，该输入输出问题的 Hessian 矩阵在计算过程中保持不变。随后通过对 Hessian 矩阵进行奇异值分解提取信息特征，进而对无约束最优解信息进行选择性保留以获得满足约束的次优解。最后使用该次优解第一个时刻的控制量输入被控系统以结束本次计算。由于 SVDF 算法不需要在每个采样时刻计算带有约束的输入输出问题，因此缩短了计算时间。通过 MATLAB 仿真，对比奇异值分解方法与内点法对同一系统的参考轨迹的跟踪结果，验证了所提算法的有效性与快速性。奇异值分解算法还对双输入双输出的水箱系统进行控制，结果显示出其应用的有效性。

预测控制算法还被用于机器人制造领域。仿人机器人由于其结构复杂、自由度高以及本身不稳定和易受扰动等特点，对快速稳定的行走控制带来了极大挑战。在仿人机器人运动控制研究中，快速运动所带来的系统非线性问题显得尤为突出，对机器人建模及控制算法提出了更高的要求，因此运动速度成为了衡量仿人机器人性能的重要指标之一。针对仿人机器人的快速动态步行运动开展研究，设计了基于模型预测控制的仿人机器人动态步行控制算法，在此基础上对仿人机器人的速度提升方法进行了研究，并在仿人机器人“悟空-Ⅲ”及仿真平台上开展了实验验证。主要研究内容介绍了“悟空-Ⅲ”仿人机器人平台并建立简化运动模型。介绍了仿人机器人的硬件性能、电气结构与相应的仿真环境；根据仿人机器人实物结构建立了简化多连杆模型；针对仿人机器人的单腿支撑相进行了简化动力学建模与分析。设计了基于力控制的仿人机器人动态步行运动控制算法。设计步态生成器生成相应的步行状态机，并规划出质心参考轨迹；设计状态估计器，通过运动学方法与卡尔曼滤波算法估计出可靠的机器人状态信息；设计运动控制器通过 PD 控制器跟随规划的摆动腿末端位置实现摆动腿控制，通过力控制器规划出期望的地面接触力与接触力矩完成支撑腿控制。针对力控制方法中力的规划问题，提出了一种基于动量的模型预测控制算法，实现规划出优化的地面接触力与接触力矩。针对仿人机器人提升前进速度的问题，提出了加空中相与可变步频两种提升前进速度的动态步行方法。最终在 Rai Sim 仿真环境中实现了最高 3 m/s 的行走速度。

在算法模型高速发展的当下，系统的计算能力已经实现了巨大的提高，但是距离形成即插即用的 MPC 过程控制模块还存在较远的距离，同时从工业需求角度讲，我们需要提高现有技术的可用性，而不是提出新的 MPC 算法。目前，融入了数据驱动建模的 MPC 系统优化研究已经逐渐成熟，近似显式 MPC 的解空间方法也得到了不断的推广，甚至利用多智能体来学习分布式 MPC 的轨迹，提高数据获取和决策探索在过程控制中的贡献，增强学习的可能性，并将学习问题定义为以“避碰”为约束条件的二次优化问题的相关研究也在不断完善。

我们相信随着电气化的发展以及对高效率电子元件需求的日益增长，全球脱碳的大趋势将进一步推动 MPC 在电子领域的应用，同时基于模型的预测控制也将进一步提高许多领域的效率，对应的 MPC 应用程序数量与将呈指数级增长，为下一个制造水平播种。

中药提取工艺作为中药制药的起始工艺，其工艺稳定程度直接决定了后续工艺的可靠性，因此本节以中药提取工艺的预测控制为例，重点讨论了仿真模拟技术与预测性控制相结合的方式，并实现了物理空间的数据采集，仿真模拟的数据处理，以及物理空间的数据反馈，一整套闭环逻辑，通过此案例具体讨论了数字孪生技术与物理空间的数据交互融合方式。

第二节　中药提取过程智能优化控制

中药提取过程中的优化控制是解决传统中药制药行业节约能耗、提升效率、实现精确提取的重要手段。然而，由于中药来源广泛导致不同批次理化性质不统一、中药制药设备的测控方面国内企业的发展水平相对不高、中药制药生产过程普遍使用的以 PID 为主的工业控制技术还依赖于工艺工程师的经验，严重阻碍了传统优化方法在实际中药提取过程的优化。因此，本节将以中药甘草的提取过程优化为例，探讨中药生产过程智能控制的问题。

一、传统 PID 控制提取过程

传统工业控制过程优化是指通过各种手段，如控制算法的改进、传感器和执行器的升级、控制系统参数的调整等，来提高工业过程的效率和质量。这种优化通常是针对传统工业领域，如制造业、化工、电力等领域中的生产线、生产工艺和设备控制等方面进行的。

传统工业控制过程优化的方法有：PID 控制算法优化，在传统的工业控制中，PID 控制算法被广泛应用。对 PID 控制算法的优化可以通过改变控制参数和增加滤波器来实现；模糊控制算法优化，模糊控制是一种针对非线性系统的控制算法，通过使用模糊逻辑和模糊推理来进行控制。在传统工业控制中，模糊控制算法被广泛应用于汽车控制、电机控制等领域；控制系统参数优化，通过调整控制系统的参数来优化控制过程，包括比例增益、积分时间和微分时间等参数；传感器和执行器的升级，通过使用更先进的传感器和执行器来提高控制系统的精度和反应速度。

中药制药生产过程普遍采用以 PID 为主的工业控制技术实现回路控制，尽管对于 PID 参数已经有了相对成熟的整定方法，并且也在实际应用中积累了丰富的整定经验，但是对于生产过程的运行指标范围的决策还是依赖于工艺工程师的经验。因此制药过程难以实现与其他工序控制系统的协同优化，难以实现综合生产指标的优化，难以决策出优化运行指标目标值，难以及时准确地预测、判断与处理异常工况。尤其是在提取过程中，由于 PID 控制的纯滞后、大时延情况，极易发生严重的热冲现象，导致控制系统失衡，大量加热热源损失，影响设备寿命。此外，在中药制药设备的测控设计方面，目前国内企业的发展水平相对不高，具体表现在制药生产企业在中药生产过程中对影响产品质量的关键因素指标把握不清，在设备内部设计检测设备的过程中存在严重的“利用单一检测位点的变化表征制药生产单元变化”的现象,导致在生产实际中出现“假沸腾”“假干燥”等一系列产品质量不合格的情况,阻碍了企业高效能生产的步伐。同时大量生产过程模型的缺失也使得中药制药的发展受限严重。

为了解决上述问题同时满足中药制药生产工艺过程的精益控制和智能优化的要求,我们引入数字孪生的概念,以基于数字孪生的中药提取过程动态预测控制系统为模,以中药提取单元化操作过程为例,充分利用技术在实现“数字空间和信息空间双向沟通”方面的理论优势,仿真和刻画了中药提取过程的沸腾状态行为,并利用预测控制的手段实现了对沸腾状态的控制。

在实际生产过程中,由于工艺、技术或设备的限制,存在着一定数量的无法在线检测的关键质量指标和过程参数。对于这类指标和参数,往往采用离线分析的方法获得数据,这直接导致了利用数据参数实现过程控制的滞后性,降低了数据的价值。此外,出于对经济效益的考量,国内大多数的中药制药生产企业在其生产设备内部设置的检测位点单一,导致工艺工程师们只能利用单一检测位点得到的参数值来控制生产调节。因此极易造成对生产过程把控困难的问题,进一步影响中药产品质量。为解决关键质量指标无法在线测量的问题,软测量技术应运而生;为了克服单一检测位点无法全面反应设备内部变化情况的问题,数值模拟技术得以广泛应用;为了提高关键参数指导过程控制的实时性,提高数据价值,降维计算技术不断更新。综合上述三种技术算法,即可全面、准确、高效的表征制药设备内部变化过程,使得生产控制更加高效、稳定、准确和安全。

二、提取设备流场数值模拟

(一) 加热器几何模型的建立

聚焦本研究设计的中药提取设备,在设备内部发生剧烈传热传质变化的部件无外乎加热器及加热器内部盛放提取液的圆底烧瓶(以下合称“加热器”),因此研究将加热器进行独立建模,对应的几何模型如图 6-1 所示。在图中 A 为圆底烧瓶直径 230 mm,B 为加热器高度 210 mm,C 为加热器外径 380 mm,D 为加热器内部的发热电阻成环外径 320 mm,E 为发热电阻与加热器底部的距离 10 mm,F 为发热电阻纵截面直径 10 mm,G 为加热器壁厚 10 mm。

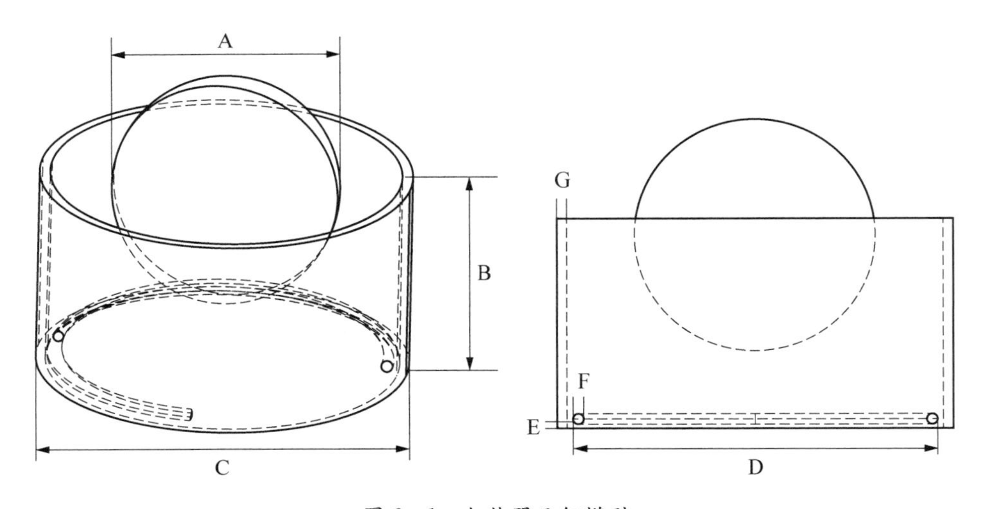

图 6-1 加热器几何模型

(二) 外流场域几何模型构建

为了考察加热器运行过程中的传质传热变化过程，在加热器建模完成后，还需要建立设备外流场域，丰富提取过程的场域变化，更好的分析能量传递过程。外流场域范围通过场域测量实验确定。在加热器内部注入 3 L 导热介质，向圆底烧瓶内注入水液，使得水液液面与导热介质液面相齐，此时导热介质在加热器内的高度为 189.6 mm。分别设置导热介质温度为 110℃、120℃、130℃、140℃，利用第一部分的 PID 控制程序对设备系统进行加热，待提取液沸腾后，分别测量距加热器内导热介质 5、10、15、20、25、30、35、40、45、50、55 cm 高度的温度值，并与环境温度 6.5℃比较，确定垂直高度上，加热器运行过程中对环境的作用范围为 0～45 cm 之间。同理由于加热器外围包覆有保温材料，因此水平高度的作用范围区间应该小于垂直高度的范围区间，因此实验在与导热介质水平高度上，设置了在距加热器外壁分别为 2、4、6、8、10、12、14 cm 的位置测量对应的环境温度值。最终确定水平高度上，加热器运行过程中对环境的作用范围在 0～12 cm 之间。结合实验结果，在加热器几何模型的基础上划定了外流场域范围，如图 6-2 所示。在图 6-2 中，H 表示外流场域高度 644 mm，I 表示外流场域直径 620 mm，在后续的数值模拟中，将利用该模型进行提取过程的仿真实验。

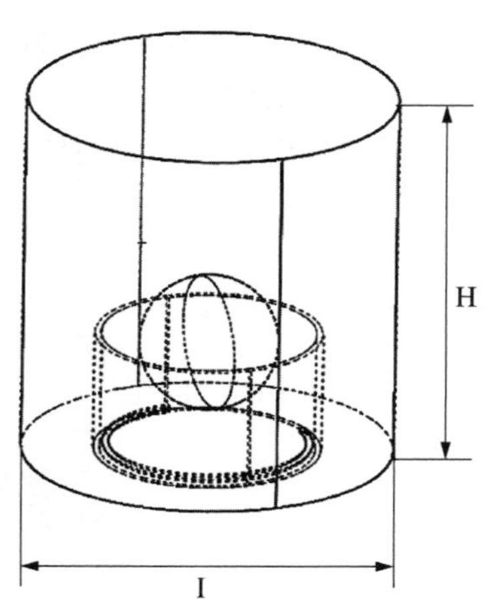

图 6-2　加热器外流场域几何模型

(三) 中药提取过程能量衡算

在本研究中，中药提取过程能量守恒计算总体分为两个阶段：阶段一为加热器内部的加热电阻不发热，系统处于冷却阶段；阶段二为加热器内部的加热电阻恒功率 2000 W 发热，系统处于加热升温阶段。

分阶段建立的能量守恒方程如下所示。

1. 冷却过程

$$Q_{oil(k+1)} = Q_{oil(k)} - Q_{oil\text{-}water} - Q_{loss} \qquad (6-18)$$

式中，$Q_{oil(k+1)}$ 表示第 $k+1$ 步采样时间周期下的导热介质能量(kJ)，$Q_{oil(k)}$ 表示第 k 步采样时间周期下的导热介质能量(kJ)，$Q_{oil\text{-}water}$ 表示导热介质传给烧瓶内水液的能量(kJ)，Q_{loss} 表示损失在空气里的能量(kJ)。

进一步整理如式(6-19)所示：

$$c_{oil(k+1)} m_{oil} T_{k+1} = c_{oil(k)} m_{oil} T_k - P_{w(k)} t_k - P_{g(k)} t_k \qquad (6-19)$$

式中，$c_{oil(k+1)}$ 表示第 $k+1$ 步采样时间周期下导热介质的比热容[kJ/(kg・℃)]，m_{oil} 表示导热介质质量(kg)，T_{k+1} 为第 $k+1$ 步采样时间周期下的导热介质温度(℃)，$c_{oil(k)}$ 表示第 k 步采样时间周期下导热介质的比热容[kJ/(kg・℃)]，T_k 为第 k 步采样时间周期下的导热介质温度(℃)，$P_{w(k)}$ 为第 k 步采样时间周期下导热介质透过烧瓶壁面传递给水液的传热功率(W)，t_k 为第 k 步采样时间周期(s)，$P_{g(k)}$ 为第 k 步采样时间周期下系统损失在空气中的传热功率(W)。

将每一步的时间采样条件下的能量加和得到式(6-20)。

$$[c_{oil(k+1)}-c_{oil1}]m_{oil}(T_{k+1}-T_1)+[P_{w1}+P_{w2}+\cdots+P_{w(k)}](t_1+t_2+\cdots+t_k)+[P_{g1}+P_{g2}+\cdots+P_{g(k)}](t_1+t_2+\cdots+t_k)=0 \quad (6-20)$$

式中，T_1 为第1步采样时间周期下的油浴温度(℃)，c_{oil1} 表示第1步采样时间周期下的导热介质比热容[kJ/(kg·℃)]，t_1、t_2、…、t_k 分别表示第1、2、…、k 步采样时间周期(s)，P_{w1}、P_{w2}、…、$P_{w(k)}$ 分别表示第1、2、…、k 步采样时间周期下导热介质透过烧瓶壁面传递给水液的传热功率(W)，P_{g1}、P_{g2}、…、$P_{g(k)}$ 分别表示第1、2、…、k 步采样时间周期下系统损失在空气中的传热功率(W)。其中：

$$\Delta T_{cool}=T_{k+1}-T_1 \quad (6-21)$$

$$\Delta c_{cool\text{-}oil}=c_{oil(k+1)}-c_{oil1} \quad (6-22)$$

$$\Delta t_{cool}=\sum_{i=1}^{k}t_i=t_1+t_2+\cdots+t_k \quad (6-23)$$

$$\Delta P_{cool\text{-}w}=\sum_{i=1}^{k}P_{w(i)}=P_{w1}+P_{w2}+\cdots+P_{w(k)} \quad (6-24)$$

$$\Delta P_{cool\text{-}g}=\sum_{i=1}^{k}P_{g(i)}=P_{g1}+P_{g2}+\cdots+P_{g(k)} \quad (6-25)$$

式中，ΔT_{cool} 为冷却过程中的温度变化(℃)，$\Delta c_{cool\text{-}oil}$ 为冷却过程导热介质的比热容变化[kJ/(kg·℃)]，Δt_{cool} 为冷却过程所用的总时间(s)，$\Delta P_{cool\text{-}w}$ 为冷却过程导热介质传递给水液的总功率(W)，$\Delta P_{cool\text{-}g}$ 为冷却过程损失在空气中的热量总功率(W)。

将式(6-20)化简得到：

$$\Delta c_{cool\text{-}oil}m_{oil}\Delta T_{cool}+(\Delta P_{cool\text{-}w}+\Delta P_{cool\text{-}g})\Delta t_{cool}=0 \quad (6-26)$$

2. 加热升温过程

$$Q_{oil(k+1)}=Q_{oil(k)}+Q_{heat}-Q_{oil\text{-}water}-Q_{loss} \quad (6-27)$$

进一步整理如式(6-28)所示：

$$c_{oil(k+1)}m_{oil}T_{k+1}=c_{oil(k)}m_{oil}T_k+P_{heat}t_k-P_{w(k)}t_k-P_{g(k)}t_k \quad (6-28)$$

式中，Q_{heat} 表示加热电阻传入导热介质中的能量(kJ)，P_{heat} 为加热电阻的发热功率，恒定为2000 W。由第1步采样时间到第 k 步采样时间加和得到总能量守恒方程如式(6-29)所示。

$$[c_{oil(k+1)}-c_{oil1}]m_{oil}(T_{k+1}-T_1)-P_{heat}(t_1+t_2+\cdots+t_k)+[P_{w1}+P_{w2}+\cdots+P_{w(k)}](t_1+t_2+\cdots+t_k)+[P_{g1}+P_{g2}+\cdots+P_{g(k)}](t_1+t_2+\cdots+t_k)=0 \quad (6-29)$$

$$\Delta T_{heat}=T_{k+1}-T_1 \quad (6-30)$$

$$\Delta t_{heat}=\sum_{i=1}^{k}t_i=t_1+t_2+\cdots+t_k \quad (6-31)$$

$$\Delta c_{heat\text{-}oil}=c_{oil(k+1)}-c_{oil1} \tag{6-32}$$

$$\Delta P_{heat\text{-}w}=\sum_{i=1}^{k}P_{w(i)}=P_{w1}+P_{w2}+\cdots+P_{w(k)} \tag{6-33}$$

$$\Delta P_{heat\text{-}g}=\sum_{i=1}^{k}P_{g(i)}=P_{g1}+P_{g2}+\cdots+P_{g(k)} \tag{6-34}$$

式中，ΔT_{heat} 为加热过程中的温度变化(℃)，Δt_{heat} 为加热过程所用的总时间(s)，$\Delta c_{heat\text{-}oil}$ 为加热过程导热介质的比热容变化[kJ/(kg·℃)]，$\Delta P_{heat\text{-}w}$ 为加热过程导热介质传递给水液的总功率(W)，$\Delta P_{heat\text{-}g}$ 为加热过程损失在空气中的热量总功率(W)。将式(6-29)化简得到式(6-35)。

$$\Delta c_{heat\text{-}oil}m_{oil}\Delta T_{heat}+(\Delta P_{heat\text{-}w}+\Delta P_{heat\text{-}g}-P_{heat})\Delta t_{heat}=0 \tag{6-35}$$

在分阶段建立起来的能量守恒方程之后，还需要对方程中的参数进行具体的计算，计算参数如下所示：

$$P_w=\int\frac{h_{oil}h_w}{h_{oil}+h_w}\cdot(T_k-373.15)dS_{heat}=\sum\frac{h_{oil}h_w}{h_{oil}+h_w}\cdot(T_k-373.15)\left|S_{heat(i)}\right| \tag{6-36}$$

$$v_{vapor(k)}=\frac{P_w}{h_{fg}} \tag{6-37}$$

式中，h_{oil} 表示导热介质在圆底烧瓶外壁面处的对流传热系数[W/(K·m²)]，h_w 表示水液在圆底烧瓶内的对流传热系数[W/(K·m²)]，S_{heat} 为水液与导热介质之间相对于圆底烧瓶壁面的交互传热面积(m²)，$S_{heat}(i)$ 为积分后的单元面交互面积(m²)，h_{fg} 表示常压下水液的汽化潜热(kJ/kg)，$v_{vapor(k)}$ 表示在第 k 步采样时间内的上升蒸汽速度(g/s)。

对于能量守恒式中系统损失在空气中的传热功率 P_g 通过模拟数据拟合曲线求解，计算式如式(6-36)和(6-37)所示，分别对应冷却过程和加热过程。

$$P_{cool\text{-}g(k+1)}=\frac{(c_{oil(k+1)}-c_{oil(k)})m_{oil}(T_k-T_{k+1})}{t_k}-P_{w(k+1)} \tag{6-38}$$

$$P_{heat\text{-}g(k+1)}=-\frac{(c_{oil(k+1)}-c_{oil(k)})m_{oil}(T_{k+1}-T_k)}{t_k}+P_{heat}-P_{w(k+1)} \tag{6-39}$$

P_w、$P_{cool\text{-}g(k+1)}$、$P_{heat\text{-}g(k+1)}$ 由建立的 ROMs 快速计算得到。

(四) 数值模拟计算模型构建

基于有限体积方法，将流体域划分成为若干个控制体单元，在每个控制体单元内使用离散化方法求解瞬时 Navier-Stokes 方程(N-S 方程)，即质量、能量和动量守恒方程。三个守恒方程分别如式(6-40)(6-41)(6-42)。数值模拟的是中药提取过程，该过程为自然对流散热过程，采用 Boussinesq 假设求解。

质量守恒方程为：

$$\frac{\partial \rho}{\partial t} + \nabla \cdot (\rho u) = 0 \tag{6-40}$$

动量守恒方程为：

$$\frac{\partial (\rho u)}{\partial t} + \nabla \cdot (\rho u \otimes u) = \nabla \cdot \bar{\tau} - \nabla p + \rho g \tag{6-41}$$

能量守恒方程为：

$$\frac{\partial \rho U}{\partial t} + \nabla (\rho U U) = -\nabla p + \nabla \cdot \{\mu[(\nabla U) + (\nabla U)^T]\} - \frac{2}{3}\mu(\nabla U)I + \rho g \tag{6-42}$$

由式(6-42)可知，该方程是高度非线性方程，方程内部需要求解的变量较多，包括速度场参数、压力场参数以及密度场参数，计算所需内存较大，且极易造成求解不稳定，因此在Boussinesq假设中，将气体密度 ρ 写成参考密度项 ρ_0 与由于温度引起的密度变化项 $\Delta\rho$ 之和。

$$\rho = \rho_0 + \Delta\rho \tag{6-43}$$

将式(6-43)代入式(6-40)和(6-41)得到如下方程：

$$\frac{\partial (\rho_0 + \Delta\rho)}{\partial t} + \nabla[(\rho_0 + \Delta\rho)U] = 0 \tag{6-44}$$

$$\begin{aligned} &\frac{\partial (\rho_0 + \Delta\rho)U}{\partial t} + \nabla[(\rho_0 + \Delta\rho)UU] \\ &= -\nabla p + \nabla\{\mu[(\nabla U) + (\nabla U)^T]\} - \frac{2}{3}\mu(\nabla U)I + (\rho_0 + \Delta\rho)g \end{aligned} \tag{6-45}$$

在自然对流中，浮力是驱动力，因此式(6-45)中的浮力项占主导作用，且密度变化 $\Delta\rho$ 远小于参考密度 ρ_0，因此对于瞬态项、和对流项可以忽略 $\Delta\rho$，最终化简为：

$$\nabla U = 0 \tag{6-46}$$

$$\frac{\partial U}{\partial t} + \nabla (UU) = -\nabla p_k + v\nabla^2 U + \frac{\rho g}{\rho_0} \tag{6-47}$$

为了用温度替代浮力项密度，引入热膨胀系数 β，得到式(6-47)，之后将 β 做线性化，整理得到式(6-48)：

$$\beta = -\frac{1}{\rho_0}\left(\frac{\partial \rho}{\partial T}\right)_p \approx -\frac{1}{\rho_0}\frac{\rho - \rho_0}{T - T_0} \tag{6-48}$$

$$\rho \approx \rho_0[1 - \beta(T - T_0)] \tag{6-49}$$

把密度和温度的关系带入浮力项中，最终得到Boussinesq假设下的自然对流求解方程。

$$\nabla U = 0 \tag{6-50}$$

$$\frac{\partial U}{\partial t} + \nabla (UU) = -\nabla p_k + v\nabla^2 U + [1 - \beta(T - T_0)]g \tag{6-51}$$

其中 T_0 为参考温度，通常取室温或环境温度。

（五）方法与参数设定

基于商用模拟仿真软件平台，在加热器及外流场域模型中均采用 standard k-e 湍流模型，并激活 standard wall Fn. 选项，开启 volume of fluid 和 implicit body force。压力插值项为 Body Force Weighted，体积分率为 Compressive，瞬态方程为 First order Implicit，干空气介质密度模型为 Boussinesq，余下部分均采用 Second Order Upwind 求解器开展计算。

1. 导热介质物理参数设置　在仿真模型中，加热器内部盛装有导热介质（油项），加热器其余部分存在空气相中，根据所用导热介质的差异，需要对油相的物理参数进行单独设置，结果如表 6－1 所示。

表 6－1　导热介质物性参数

物性数据	数值	物性数据	数值
密度（kg/m^3）	968	分子量（kg/kmol）	162.378
比热容[J/(kg・℃)]	1 470	参考温度（℃）	25
导热[W/(m・K)]	0.154 882	热膨胀系数（1/k）	0.000 945
黏度[kg/(m・s)]	0.096 8		

2. 模型边界条件设置　在模型中设置外流场域顶部为压力出口，对应的湍流强度为 1%，水力直径 600 mm，热-回流温度为 15 ℃；加热电阻设置热通量为 16 690.2 W/m^2，加热锅和流场域之间进行 interior 配对贴合，开启重力选项，设定重力常数－9.81，完成边界条件的设定。之后在开展数值模拟的过程中需要根据实验条件导热介质存在的区域，更改全域初始温度（即环境温度）以及导热介质初始温度。

（六）流场数值模拟结果分析与讨论

1. 提取模型升温实验验证

（1）温度数值验证。在完成边界条件设置之后，为了验证模型的准确性，优先设置导热介质温度为 120 ℃、130 ℃、140 ℃的模拟算例（外流场初始温度同环境温度，提取液液面和导热介质液面相平），得到对应的仿真结果。如图 6－3 所示位置，在仿真结果的温度场图中分别提取距离加热器正中心 11.5 cm，垂直高度上和导热介质液面相距 5、10、15、20、25、30、35、40、45 cm 处的温度值（每种条件下 9 个数据），并与同条件下经实验测得的对应位置的温度值进行比较，得到对应数据。由表数据可知，数值模拟得到的对应高度上的温度值与实际实验测得的对应高度的

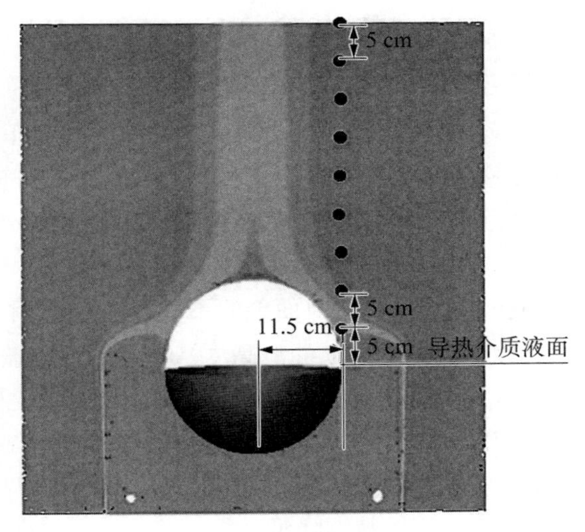

图 6－3　数值模拟算例温度取样示意

温度值的相对偏差处于−4.82%～6.03%的范围内，该偏差范围满足工程实践要求。

(2) 上升蒸汽功率数值验证。基于上述得到的各个导热介质设定温度下的提取过程冷凝液体积数据，可由式(6－30)计算转化为对应提取过程的上升蒸汽功率值，在数值模拟仿真算例中，提取导热介质传给圆底烧瓶底部热量，由式(6－29)计算上升蒸汽功率。式中，h_{oil} 表示导热介质在圆底烧瓶外壁面处的对流传热系数[W/(K·m^2)]，该值可通过式(6－52)计算得到。

$$h_{oil}=\frac{\rho c_p u^*}{T_c^*}-\frac{D/(T_w-T_p)}{T_c^*} \tag{6-52}$$

式中，ρ 表示近壁面液体密度，c_p 表示比热，u^* 表示近壁面湍流速度尺度，D 表示加热黏度(适用于可变密度流)，T_c^* 为标准壁面函数定义的无量纲壁面定律温度，T_w 是壁面温度，T_p 表示近壁面单元质心处的温度。其中，h_{oil} 可由仿真程序自动给出。

不同导热介质设定温度下实验测定与数值模拟得到的提取液上升蒸汽速率比较情况如表6－2所示。由表可知实验值与数值模拟值的相对偏差位于−5.92%～5.18%的范围内，该偏差范围满足工程实践要求。两次验证实验均证明了可以用所建立的数值仿真模型表征实际的中药提取过程。

表6－2　不同导热介质设定温度下提取液上升蒸汽速率比较情况

导热介质温度(℃)	实际计算得到的上升蒸汽功率(W)	模拟得到的上升蒸汽功率(W)	相对偏差(%)
120	25.69	26.33	−2.51
125	42.35	44.85	−5.92
130	75.28	76.45	−1.56
135	108.22	102.61	5.18
140	152.44	157.77	−3.50
145	174.09	183.16	−5.21

2. *流场计算结果*　在确定了模型的可靠性之后，为了进一步保证所构建的模型数据具备足够的外延性，在加热介质温度设定值条件下补充了110℃、115℃、150℃以及155℃的温度点，有效保证了模拟数据的完整性。此外，考虑到不同环境温度对提取过程的影响，所以从0～30℃，每5℃设置一个温度条件，共7个环境温度条件。另外根据圆底烧瓶内提取液液面与导热介质液面差的不同，将提取过程分为了三种情况(提取液高度低于油浴高度、等于油浴高度、高于油浴高度)，分别对应烧瓶内提取液体积2L、3L和4L。根据上述实验条件，共建立了210个模拟方案，完成了对提取过程的数值模拟。完成数值模拟之后，以模型纵剖面为基准，提取每一个算例中的剖面温度数据和对应的上升蒸汽功率数据(计算公式已经写入仿真程序)，为后续数据的降维计算提供支持。

(七) 流场数据降维计算

本征正交分解(proper orthogonal decomposition, POD)是一种高效缩减模型的分析方法，常用于线性或非线性结构中。在近几年的流体力学相关研究中，POD被研究者们广泛应用于解决模型的快速计算问题。在本节中将利用该方法进行数据降维，构建快速计算ROMs模块。

1. 降维模型原理　本征正交分解是在全阶模型仿真数据或者测试数据的基础上，通过对一系列的快照(Snap-shots)数据所组成的快照矩阵进行本征正交分解，产生一组能够充分反映全阶系统动力学特性的正交基。选取不同加热介质设定温度下得到的流场模拟结果对应的全阶系统剖面温度与上升蒸汽功率作为瞬态快照参数，通过对瞬态快照数据的排列组合生成快照矩阵U：

$$U_{xT}=\begin{bmatrix} u(x_1,\ T_1) & \cdots & u(x_1,\ T_m) \\ \vdots & \ddots & \vdots \\ u(x_N,\ T_1) & \cdots & u(x_N,\ T_m) \end{bmatrix} \tag{6-53}$$

该矩阵储存了降维用到的位置信息(x)以及剖面的温度信息或上升蒸汽功率信息(T)，信号的位置信息为N个离散点，提取温度值(上升蒸汽功率值)为m个离散点。二维矩阵具有N行m列。

建立协方差矩阵R：

$$R=1/N\cdot(\boldsymbol{U}'_{\boldsymbol{xT}}\cdot\boldsymbol{U}_{\boldsymbol{xT}}) \tag{6-54}$$

之后进行特征值和特征向量分解，V是特征向量，D是特征根：

$$R\cdot V=D\cdot V \tag{6-55}$$

特征向量就是POD模态，特征根对应的每个模态的能量值，一般把最大的特征根对应的模态称为第一模态。

$$V=[\phi_1\phi_2\cdots\phi_m] \tag{6-56}$$

模态的幅值和大小可以用A表示：

$$A=U\cdot V \tag{6-57}$$

每一个模态对应的信号变化为：

$$Ai=U\cdot\phi_i \tag{6-58}$$

这样就成功地将一个位置信号和剖面温度信号拆分成两个独立的位置信号和剖面温度信号的乘积，每一个i代表一个模态。

$$U(x,\ T)=\sum_{i=1}^{m}A_i(x)\cdot\phi_i(T) \tag{6-59}$$

一般前几个模态的能量(特征根)往往远大于后面的能量，因此模态只需要分析前几个就可以概括整个信号特点了。

2. 降维模型验证　基于上述降维原理，利用python编写了降维模块程序，模块以不同的环境温度以及提取液液面和导热介质液面差值情况划分出不同的数据集部分，分别将数据集输入降维模块程序,提取数据集的特征值,并计算对应的能量占比。数据降维完成之后需要建立相应的快速计算 ROMs 模块,利用实时采样值还原流场变化情况。

该模块计算过程中提取了原始场域数据 99.78%的特征,还原前后关键流场信息基本能够完整反应。为了进一步量化还原前后数据差异,选择温度数值验证的数值模拟结果与还原后的流场对应位置结果进行比较,得到如表 6-3、6-4、6-5 所示结果。由结果可知降维还原后得到的流场数据与数值模拟得到的数据相对偏差≤5.28%,表明利用降维程序还原的数据能够反应数值模拟得到的流场变化过程,并且能够与实际中药提取过程相对应。在后续的研究中可利用本程序快速计算得到提取过程中,加热器内部的温度场变化情况。

表 6-3　120℃的导热介质温度设定条件下不同位置得到的温度值对比

距离导热介质液面的垂直高度(cm)	数值模拟得到的对应位置温度(℃)	降维还原后得到的流场对应位置温度(℃)	相对偏差(%)
5	100.31	98.89	1.42
10	79.25	80.15	−1.14
15	56.03	55.32	1.27
20	31.35	32.13	−2.49
25	22.39	21.99	1.79
30	18.56	18.23	1.78
35	15.37	15.21	1.04
40	15.26	15.13	0.85
45	15.02	15.10	−0.53

表 6-4　130℃的导热介质温度设定条件下不同位置得到的温度值对比

距离导热介质液面的垂直高度(cm)	数值模拟得到的对应位置温度(℃)	降维还原后得到的流场对应位置温度(℃)	相对偏差(%)
5	110.15	109.75	0.36
10	60.21	58.25	3.26
15	43.25	41.32	4.46
20	28.98	27.45	5.28
25	23.66	23.57	0.38
30	19.12	20.02	4.71
35	15.12	15.75	4.19
40	15.03	15.23	1.32
45	15.01	15.22	1.42

表 6-5　140℃的导热介质温度设定条件下不同位置得到的温度值对比

距离导热介质液面的垂直高度(cm)	数值模拟得到的对应位置温度(℃)	降维还原后得到的流场对应位置温度(℃)	相对偏差(%)
5	100.31	98.89	1.42
10	79.25	80.15	1.14
15	56.03	55.32	1.27
20	31.35	32.13	2.49
25	22.39	21.99	1.79
30	18.56	18.23	1.78
35	15.37	15.21	1.04
40	15.26	15.13	0.85
45	15.02	15.10	0.53

利用数值模拟技术，对加热器以及圆底烧瓶进行建模计算，仿真提取过程中，随导热介质温度变化，整个提取系统内部发生的变化，并利用提取液上升蒸汽功率这一参数值取代导热介质温度值来表征提取液的沸腾状态，经实验数据与仿真数据的比较发现：实验得到的系统温度与数值模拟得到的系统温度之间的相对偏差处于−4.82%～6.03%的范围内，实验计算得到的上升蒸汽功率与数值模拟得到的上升蒸汽功率之间的相对偏差处于−4.82%～6.03%的范围内，结果表明研究建立的数值模拟模型可近似表征实际提取过程。之后为了能实时让用户掌握提取过程的变化情况，研究利用本征正交分解算法，建立了快速计算ROMs模型，利用数值模拟数据建立样本集，提取样本特征，实现数据降维和流场重构。研究结果表明，计算得到重构的流场提取了数值模拟流场99.78%的特征，得到的重构流场系统温度与数值模拟得到的系统温度之间的相对偏差处于−2.49%～5.28%的范围内，可利用重构出的流场变化情况表征实际提取过程。

三、DMC 预测算法

（一）预测模型

在 DMC 算法中，首先需要测定对象单位阶跃响应的采样值 $a_i = a(iT)$，$i = 1, 2, \cdots$。其中，T 为采样周期。对于渐进稳定的对象，阶跃响应在某一时刻(即 $t_N = NT$) 后将趋于平稳，以至于 $a_i(i > N)$ 与 a_N 的误差和量化误差及测量误差有相同的数量级，所以可以认为 a_N 已近似等于阶跃响应的稳态值 $a_S = a(\infty)$。这样，对象的动态信息就可以近似用有限集合 $\{a_1, a_2, \cdots, a_N\}$ 加以描述。这个集合的参数构成了 DMC 的模型参数，向量 $a = \{a_1, a_2, \cdots, a_N\}$ 称为模型向量，N 称为模型时域长度。

虽然阶跃响应是一种非参数模型，但由于线性系统具有比例和叠加性质，故利用这组模型参数 $\{a_i\}$ 已足以预测在任意输入作用下系统在未来时刻的输出值。

在 $t = kT$ 时刻，假如控制量不再变化时系统在未来 N 个时刻的输出值为 $\tilde{y}_0(k+1|k)$，$\tilde{y}_0(k+2 \mid k)$，$\cdots$，$\tilde{y}_0(k+N \mid k)$，那么，在控制增量 $\Delta u(k)$ 作用后系统的输出为：

$$\tilde{y}_{N1}(k)=\tilde{y}_{N0}(k)+a\Delta u(k) \tag{6-60}$$

式中，$\tilde{y}_{N0}(k)=\begin{bmatrix}\tilde{y}_0(k+1 \mid k)\\ \vdots \\ \tilde{y}_0(k+N \mid k)\end{bmatrix}$ 表示在 $t=kT$ 时刻预测的尚无 $\Delta u(k)$ 作用时未来 N 个时刻的系统输出。$\tilde{y}_{N1}(k)=\begin{bmatrix}\tilde{y}_1(k+1 \mid k)\\ \vdots \\ \tilde{y}_1(k+N \mid k)\end{bmatrix}$ 表示在 $t=kT$ 时刻预测的有控制增量 $\Delta u(k)$ 作用时未来 N 个时刻的系统输出。$a=\begin{bmatrix}a_1\\ \vdots \\ a_N\end{bmatrix}$ 为阶跃响应模型向量，其元素为描述系统动态特性的 N 个阶跃响应系数。其中，上标～表示预测，$k+i \mid k$ 表示在 $t=kT$ 时刻预测 $t=(k+i)T$ 时刻。

同样，如果考虑到现在和未来 M 个时刻控制增量的变化，在 $t=kT$ 时刻预测在控制增量 $\Delta u(k)$，…，$\Delta u(k+M-1)$ 作用下系统在未来 P 个时刻的输出为：

$$\tilde{y}_{PM}(k)=\tilde{y}_{P0}(k)+A\Delta u_M(k) \tag{6-61}$$

式中，$\tilde{y}_{P0}(k)=\begin{bmatrix}\tilde{y}_0(k+1 \mid k)\\ \vdots \\ \tilde{y}_0(k+N \mid k)\end{bmatrix}$ 为 $t=kT$ 时刻预测的无控制增量时未来 P 个时刻的系统输出。$\tilde{y}_{PM}(k)=\begin{bmatrix}\tilde{y}_M(k+1 \mid k)\\ \vdots \\ \tilde{y}_M(k+P \mid k)\end{bmatrix}$ 为 $t=kT$ 时刻预测的有 M 个控制增量 $\Delta u(k)$，…，$\Delta u(k+M-1)$ 时未来 P 个时刻的系统输出。$\Delta u_M(k)=\begin{bmatrix}\Delta u(k)\\ \vdots \\ \Delta u(k+M-1)\end{bmatrix}$ 为从现在起 M 个时刻的控制增量。$A=\begin{bmatrix}a_1 & 0 & \cdots & 0\\ a_2 & a_1 & \cdots & 0\\ \vdots & \vdots & \cdots & \vdots \\ a_p & a_{p-1} & \cdots & a_{p-M+1}\end{bmatrix}$ 称为动态矩阵，其元素为描述系统动态特性的阶跃响应系数。

（二）滚动优化

DMC 是一种以优化确定控制策略的算法。在采样时刻 $t=kT$ 的优化性能指标可取为：

$$\min J(k)=\sum_{i=1}^{P} q_i[\omega(k+i)-\tilde{y}_M(k+i \mid k)]^2+\sum_{j=1}^{M} r_j \Delta u^2(k+j-1) \tag{6-62}$$

即通过选择该时刻起 M 个时刻的控制增量 $\Delta u(k)$，…，$\Delta u(k+M-1)$，使系统在未来 $P(N \geqslant P \geqslant M)$ 个时刻的输出值 $\tilde{y}_M(k+1 \mid k)$，…，$\tilde{y}_M(k+P \mid k)$ 尽可能接近其期望值

$\omega(k+1)$, …, $\omega(k+P)$。性能指标中的第二项是对控制增量的约束,即不允许控制量的变化过于剧烈。式中,q_i、r_j 为权系数,P 和 M 分别称为优化时域长度和控制时域长度。

显然,在不同时刻,优化性能指标是不同的,但其相对形式却是一致的,都具有类似于(6-62)的形式,所谓"滚动优化",就是指优化时域随时间不断地向前推移。

引入向量和矩阵记号:

$$\omega_p(k)=\begin{bmatrix}\omega(k+1)\\ \vdots \\ \omega(k+P)\end{bmatrix},\ \mathrm{Q}=\mathrm{diag}(q_1,\ \cdots,\ q_P),\ \mathrm{R}=\mathrm{diag}(r_1,\ \cdots,\ r_M)$$

则优化性能指标式(6-62)可改写为:

$$\min J(k)=\|\omega_p(k)-\tilde{y}_{PM}(k)\|_Q^2+\|\Delta u_M(k)\|_R^2 \tag{6-63}$$

式中,Q、R 分别称为误差权矩阵和控制权矩阵。

在不考虑输入输出约束的情况下,在 $t=kT$ 时刻,$\omega_p(k)$, $y_{p0}(k)$ 均为已知,使 $J(k)$ 取最小的 $\Delta u_M(k)$ 可通过极值必要条件 $\dfrac{dJ(k)}{d\Delta u_M(k)}$ 求得:

$$\Delta u_M(k)=(A^TQA+R)^{-1}A^TQ[\omega_p(k)-\tilde{y}_{p0}(k)] \tag{6-64}$$

这就是 $t=kT$ 时刻解得的最优控制增量序列。由于这一最优解完全是基于预测模型求得的因而是开环最优解。

(三) 反馈校正

由于模型误差、弱非线性特性及其他在实际过程中存在的不确定因素,按预测模型式(6-63)得到的开环最优控制规律式(6-64)不一定能导致系统输出紧密地跟随期望值,也不能顾及对象受到的扰动。为了纠正模型预测与实际的不一致,必须及时地利用过程的误差信息对输出预测值进行修正,而不应等到这 M 个控制增量都实施后再作校正。为此,在 $t=kT$ 时刻首先实施 $\Delta u_M(k)$ 中的第一个控制作用:

$$\Delta u(k)=c^T\Delta u_M(k)=c^T(A^TQA+R)^{-1}A^TQ[\omega_P(k)-\tilde{y}_{P0}(k)]=d^T[\omega_p(k)-\tilde{y}_{P0}(k)] \tag{6-65}$$

$$u(k)=u(k-1)+\Delta u(k) \tag{6-66}$$

式中,$c^T=(1,\ 0,\ \cdots,\ 0)$,

$$d^T=c^T(A^TQA+R)^{-1}A^TQ=(d_1,\ d_2,\ \cdots,\ d_P) \tag{6-67}$$

由于 $\Delta u(k)$ 已作用于对象,对系统未来输出的预测便要叠加上 $\Delta u(k)$ 产生的影响,即由式(6-63)算出 $\tilde{y}_{N1}(k)$。到下一个采样时刻 $t=(k+1)T$,不是继续实施最优解 $\Delta u_M(k)$ 中的第二个分量 $\Delta u(k+1)$,而是检测系统的实际输出 $y(k+1)$,并与按模型预测算得的该时刻输出,即 $\tilde{y}_{N1}(k)$ 中的第一个分量 $\tilde{y}_1(k+1\mid k)$ 进行比较,构成预测误差。

$$e(k+1)=y(k+1)-\tilde{y}_1(k+1\mid k) \tag{6-68}$$

这一误差反映了模型中未包含的各种不确定因素，如模型失配、干扰等。由于预测误差的存在，以后各时刻输出值的预测也应在模型预测的基础上加以校正，这些未来误差的预测，可通过对现时误差 $e(k+1)$ 加权系数 $h_i h$，$(i=1, 2, \cdots, N)$ 得到：

$$\tilde{y}_{cor}(k+1)=\tilde{y}_{N1}(k)+he(k+1) \tag{6-69}$$

式中，$\tilde{y}_{cor}(k+1)=\begin{bmatrix}\tilde{y}_{cor}(k+1 \mid k+1)\\ \vdots \\ \tilde{y}_{cor}(k+N \mid k+1)\end{bmatrix}$ 为 $t=(k+1)T$ 时刻经误差校正后所预测的系统在 $t=(k+i)T(i=1, \cdots, N)$ 时刻的输出。$h=\begin{bmatrix}h_1\\ \vdots \\ h_N\end{bmatrix}$ 为误差校正向量，其中 $h_1=1$。

经校正后的 $\tilde{y}_{cor}(k+1)$ 的各分量中。除第一项外，其余各项分别是 $t=(k+1)T$ 时刻在尚无 $\Delta u(k+1)$ 等未来控制增量作用时对输出在 $t=(k+2)T, \cdots, (k+N)T$ 时刻的预测值，它们可作为 $t=(k+1)T$ 时刻 $\tilde{y}_{N0}(k+1)$ 的前 $N-1$ 个分量，即：

$$\tilde{y}_0(k+1+i \mid k+1)=\tilde{y}_{cor}(k+1+i \mid k+1),\ i=1, \cdots, N-1 \tag{6-70}$$

而 $\tilde{y}_{N0}(k+1)$ 中的最后一个分量。即 $t=(k+1)T$ 时刻对 $i=(k+1+N)T$ 输出的预测，可由 $\tilde{y}_0(k+N \mid k+1)$ 来近似，即 $\tilde{y}_0(k+N \mid k+1)=\tilde{y}_{cor}(k+N \mid k+1)$，上述关系可用向量形式表示：

$$\tilde{y}_{N0}(k+1)=S \cdot \tilde{y}_{cor}(k+1) \tag{6-71}$$

式中，$S=\begin{bmatrix}0 & 1 & 0 & \cdots & \cdots & 0\\ 0 & 0 & \ddots & \ddots & \vdots & \\ \vdots & \vdots & \ddots & \ddots & 1 & \vdots \\ 0 & 0 & \cdots & \cdots & \cdots & 1\end{bmatrix}$ 为移位矩阵。

当 $t=(k+1)T$ 时，得到 $\tilde{y}_{N0}(k+1)$，继续如上所述的 $t=kT$ 时刻那样完成新的预测优化。整个 DMC 的控制就是如此进行推移滚动的。

为了实现该计算模型的程序编写，研究用到了基于 LabView 和 Matlab 的混合编程方法。

四、基于 DMC 算法的中药提取微沸状态控制实验

(一) 材料与方法

利用 Labview 和 Matlab 混合编程手段，建立了 DMC 预测控制程序，以水液为提取液，不再加入被提取药材，旨在更好的观察 DMC 预测控制程序作用下的烧瓶内提取液的沸腾状态。

在 While 循环中，DMC 程序的数据采集卡将采集到的输入模拟量经采样助手以电信号的形式输入，通过模数转换程序转换成数字信号，即加热介质温度值，对于升温阶段来说，该温度值将直接输入到 Matlab Script Node；而保温阶段则需先将温度值输入快速计算 ROMs 模块，由该程序模块计算输出对应的上升蒸汽功率，再将该功率值输入到 Matlab Script

Node 中。控制算法通过 Matlab Script Node 模块控制系统加热开关的开合。具体做法是在将 Matlab 中编写好的算法导入到该模块中，通过添加输入输出完成与外界 While 循环的通信。该程序框图以动态矩阵控制为控制算法，节点输入变量为实时采集到的模型向量矩阵。该节点模块的输出量为动态矩阵的当前控制作用 U，在线整定动态矩阵的参数，观察前面板上变量的输出曲线，直至调节至其能达到的最佳效果，并利用该程序如实验方法所述完成提取过程动态预测控制实验的数据采集。

（二）实验结果分析与讨论

利用 DMC 程序进行提取过程动态预测控制分两个阶段，提取的升温阶段（提取液温度达到沸点之前）和提取的保温阶段（提取液温度达到沸点之后）。为保证系统稳定运行，调定 DMC 程序升温阶段的采样时间为 1 s，保温阶段的采样时间为 5 s，两个阶段的预测步长、控制步长、截断步长均分别设置为 10 步、1 步、10 步。根据 PID 控制实验的结果可知，如果既要维持系统安全运行，又要保证圆底烧瓶内部液体能尽快达到沸腾状态，那么在升温阶段最高导热介质温度值应设定在 140 ℃。因此在 DMC 控制程序中，升温阶段对应的系统变化如图 6－4 所示；同样的升温阶段加热介质设定温度为 140 ℃的提取过程 PID 控制程序的系统变化如图 6－5 所示。由以下两张图片可知在相同导热介质设定温度 140 ℃的条件下，升温过程 DMC 控制程序的系统超调量为 1.83%，PID 控制程序的系统超调量为 6.94%，DMC 控制模型在提取系统中的超调量更低，结果表明 DMC 控制模型在温度设定点上的系统热冲更小，系统更为稳健，温度控制更加准确。

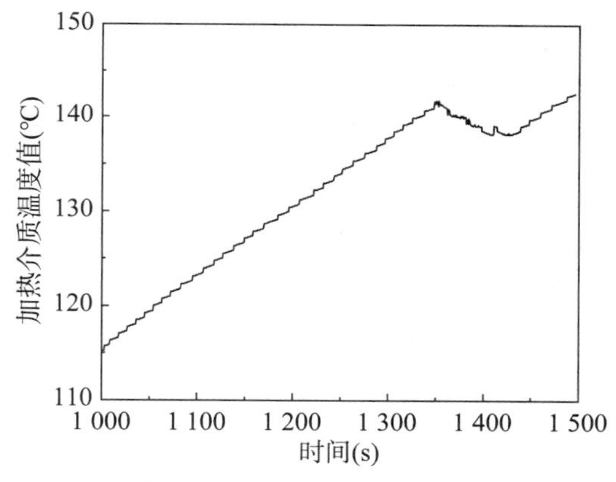

图 6－4　升温阶段加热介质设定温度为 140 ℃的 DMC 控制程序数据采集

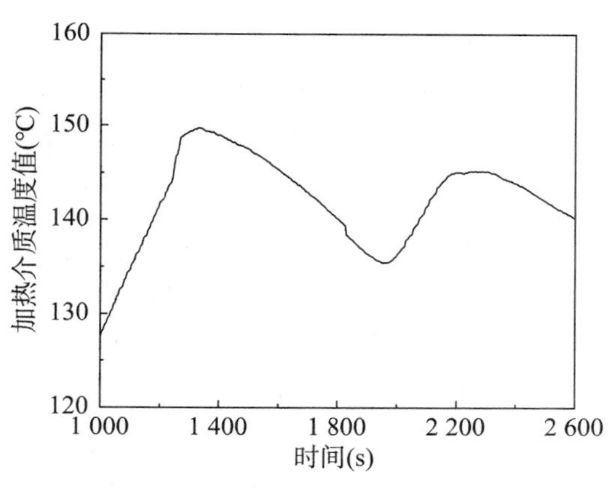

图 6－5　升温阶段加热介质设定温度为 140 ℃的 PID 控制曲线

在圆底烧瓶内部的液体沸腾之后，为了维持液体的微沸状态，DMC 程序进入保温阶段，被控变量由加热介质的温度值转变为上升蒸汽功率（上升蒸汽功率值由快速计算 ROMs 模块实时给出），保温阶段的系统变化如图 6－6 所示。在 DMC 系统被控变量转移完毕即图 6－5 中系统时间到达 300 s 之后，DMC 控制系统进入稳定的波动阶段，系统最大振幅为 3.62 W。同比 PID 控制系统，在 135 ℃的最佳微沸状态的系统保温阶段，系统变化如图 6－7 所示，此条件下，PID 控制系统的系统最大振幅为 8.64 ℃。结果表明在保温阶段，DMC 控制系统的系统波动小于 PID 控制系统，DMC 控制系统的控制效果明显优于 PID 控制系统。

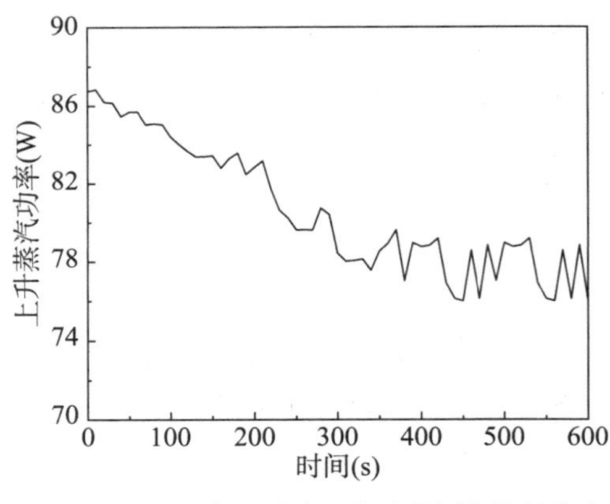

图 6-6　保温阶段微沸状态的 DMC 控制曲线

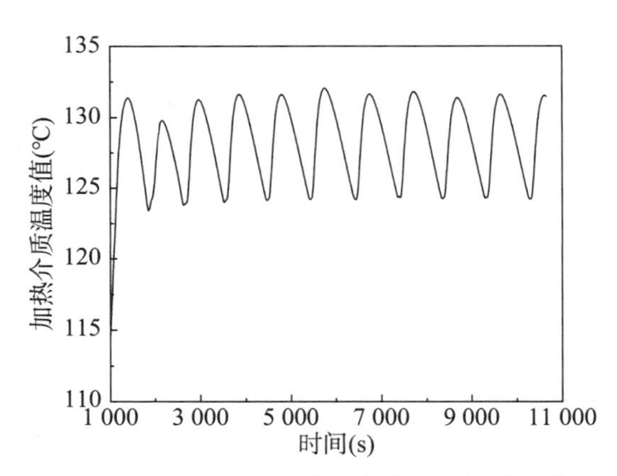

图 6-7　保温阶段微沸状态的 PID 控制曲线

综上，DMC 控制系统对比传统的 PID 控制系统，有效降低了系统超调量和系统振幅，使得提取过程热冲降低，保证了系统稳定运行，提高了系统的稳定性，故用 DMC 控制系统来完成中药提取过程微沸状态的控制效果更好。

五、基于数字孪生技术的预测控制研究

(一) 基于数字孪生技术的中药提取过程动态预测控制程序构建

在上述研究结果的指导下，进一步将 DMC 控制系统进行完善，把利用 python 编写完成的降维计算程序模块封装到 LabView 程序平台上，形成了完整的基于数字孪生的中药提取过程动态预测控制程序。该程序分两个板块，分别为升温阶段控制面板以及保温阶段控制面板，对应了提取液从开始加热至沸腾过程以及沸腾后的微沸状态控制过程。在升温阶段的程序面板中，由于提取液尚未沸腾，因此系统中没有形成上升蒸汽，故该阶段还是采用导热介质的温度控制模式，设定导热介质最高加热温度至 140 ℃，以实现提取液的快速沸腾。在此过程中，系统实时监测提取液温度，一旦该值达到沸腾温度，系统将自动进入保温阶段程序面板。在两个面板中都设置了环境温度和提取液体积数值输入框，用以提醒用户这两个参数值的重要性，同时也是为了保证系统能够根据输入数值快速选择 ROMs 模块。

当提取液温度到达沸腾温度后，系统自动进入保温阶段，程序跳转至保温阶段面板，此时用户应根据需要设定上升蒸汽功率值。由于控制程序设计了 DMC 预测控制模块，因此程序可以根据历史数据以及当前数据预测 5 秒后的系统输出值，对于保温阶段而言，预测输出值为 5 秒后的上升蒸汽功率，所还原的流场也为 5 秒后的预测流场。

(二) 结果与讨论

基于前两部分的研究结果，可以确认提取过程微沸状态控制的上升蒸汽功率在 75～105 W 的范围内，运用基于数字孪生的中药提取过程动态预测控制程序进行甘草提取实验得到的甘草酸溶出曲线如图 6-8 和 6-9 所示，在图中还对比了微沸状态 PID 控制的最佳导热介质设定温度下的甘草酸溶出情况。结果表明基于数字孪生的中药提取过程动态预测控制程序的微沸状态控制效果更好，甘草酸溶出量更多，更符合中药制药过程“提质增效”要求。

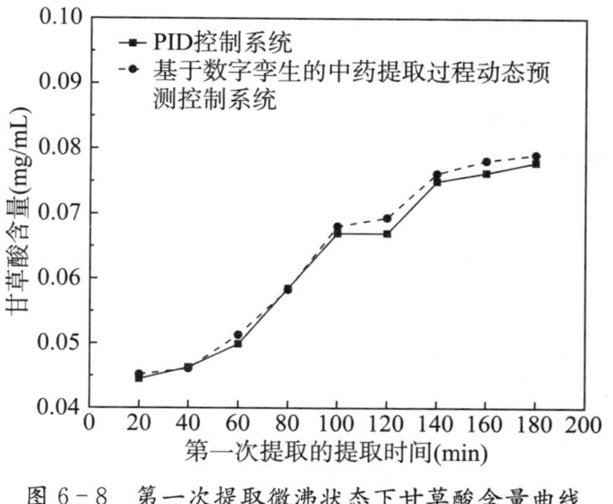

图 6-8　第一次提取微沸状态下甘草酸含量曲线对比

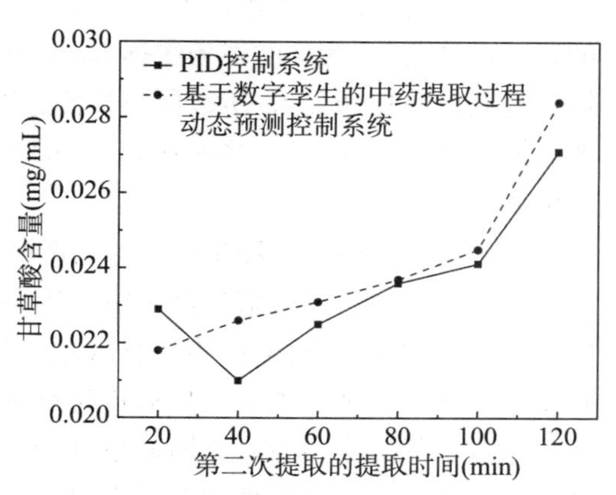

图 6-9　第二次提取微沸状态下甘草酸含量曲线对比

在基于 Labview 的程序平台上对中药提取系统进行了 DMC 和 PID 两种算法的实时控制，通过实验结果进一步证实了 DMC 控制算法在保证了系统动态特性的同时，有效降低了系统超调和系统振幅，对于中药提取过程的微沸状态控制具有突出作用。之后将 DMC 控制算法，快速计算 ROMs 进行结合，形成了基于数字孪生的中药提取过程动态预测控制系统，并利用甘草进行提取实验考察完善后的系统程序在实际中药提取过程微沸状态控制中的效果。实验结果表明动态预测控制系统在微沸状态的控制方面更稳定，并且利用该系统完成第一次甘草提取的提取液中甘草酸含量为 0.078 4 mg/ml，高于最佳的微沸状态 PID 控制过程的甘草酸含量，这进一步证明了基于数字孪生的中药提取过程动态预测控制系统的有效性。

第三节　中药浓缩过程优化控制

一、中药浓缩过程的基本原理和发展现状

中药制药工业化生产一般分为中药前处理、中药浸膏生产、中药制剂与包装三个阶段，其中中药浸膏生产阶段包含提取、浓缩、干燥等工段，是中药工业化生产的核心过程。中药浓缩是将药材中的有效成分通过浸泡、加热、蒸发等操作，使其浓缩至目标浓度的过程。中药浓缩可以使药材中的有效成分更加方便地使用和储存，同时还可以减少药材使用量，降低成本，提高中药的效果。中药浓缩是中药制药领域中不可或缺的一个环节。

随着新工艺新方法的不断出现，以及规范在中药制药过程生产管理中的实施，传统的控制方法和中药制药企业落后的基础自动化网络已不能满足中药制药工业发展的需求。

中药生产浓缩过程是一个非常复杂的工业工艺过程，在浓缩过程中必须保证液位、压力、温度及药液浓度等按既定要求稳定变化或者维持恒定，而蒸汽和真空的突然变化又会给整个系统带来极大的扰动，如何维持整个系统的稳定，保证药液浓度的一致性，这都需要我们根据浓缩工艺的特殊要求，综合运用先进的控制理论和控制方法来解决。浓缩工段需要

检测的和控制的工艺参数很多，主要有压力、温度、液位、流量、料液浓度等，要实现浓缩生产的自动控制，获得精确的现场数据，就必须大量使用各种先进传感技术。同时作为医药用仪器还有其行业特殊要求，所以研究各传感器的工作机理，选定合适的传感器对整个系统有重要意义。另外，系统中有些参数如沸腾度等不能直接测量出，需要引入先进的软测量技术予以解决。

在国内大型中药制药生产厂家的产品生产流程中，浓缩工艺是一个很重要的生产环节，其中单效浓缩器或双效浓缩器是整个浓缩流程中最重要的浓缩设备。蒸发器和加热器是一般浓缩器的重要组成部分，为了有效地避免药液及资源浪费，通常来讲，后续多效加热器的热量是通过一效蒸发器里加热物料药液而产生的药液蒸汽来进行加热的。由于国内外的控制理论方面的专家很少对浓缩器控制理论做出科研成果，作为被控对象浓缩器在传统的药液生产中又具有非常典型的滞后性，加上制药的主要设备在制药生产流程中具有一定的特殊性，所以到目前没有一种具有整体性的、全自控的控制算法的单效或多效浓缩器，来满足基本以操作员现场进行人工操作为主的中药生产中的浓缩器的控制。纵观整个浓缩工艺过程，在目前国内大多数重要生产厂家的生产流水线中，能使多效浓缩期更加智能化的科研成果非常少，温度并没有成为浓缩系统全自动控制的控制参量而仅仅被作为在线监测的参考数据，现场操作人员为改变根据现场温度测量仪表指示的温度值，只会单一的开关蒸汽进汽阀门，或调节蒸汽调节阀的开度，很少去改变向夹套压力、罐内真空程度等参量。在这种单一的操作模式下，系统进行自动控制时会出现很多弊端，例如在中药制药过程中有人工参与会带来相当大的药品污染风险，这是不符合制药卫生标准的，对传统中药的出口会有很大影响；当设备内部药液达到沸腾或微沸状态时，液面上下浮动明显，靠人工观察会出现很大误差，同理对于压力、温度、pH 值等模拟量的测量也很难达到精度要求；在现场进行人工观测需要耗费相当大的人力资源，操作人员过度疲劳；对于蒸汽调节阀的操作，需要经验丰富的操作人员来控制，而不同的现场操作人员对调节阀开度的掌握很难达到一致，导致浓缩器出液时的浓缩液的浓度质量无法得到保证；靠人工来控制抽真空管路，无法保证两个蒸发室抽真空阀门的开关速率，会引起两个蒸发室分别工作时的相互干扰，直接导致药液质量的严重下降；现场设备的历史运行记录在人工操作的情况下无法得到记录，对药品浓缩经验总结，以及事故责任无法做出准确显示。

中药生产过程中浓缩器在非自动的条件下，无法有效的保证药液的浓缩质量，对最终的出厂成药的药效有着严重的影响。对于中药制药生产流程中的浓缩环节的数学模型的建立，也引起了国外相关学者的关注，但实践结果表明大多数的模型在中药生产的浓缩环节中效果很不明显。

中药浓缩涉及混合、传热、传质、相变等多个过程，因此其优化和控制非常复杂。以下是中药浓缩过程优化控制的几个方面。

1. *控制浓缩温度*　中药浓缩过程中，温度控制是十分重要的一环。过高的温度会破坏中药有效成分，过低的温度则会使浓缩时间过长，降低浓缩效率。因此，合适的浓缩温度是优化中药浓缩过程的关键。

2. *控制浓缩时间*　浓缩时间是影响中药浓缩效果的重要因素之一。合适的浓缩时间能够使中药提取液得到充分浓缩，但过长的浓缩时间则会损失中药有效成分。因此，控制浓缩时间是优化中药浓缩过程的关键之一。

3. 实时监测中药浓缩过程　中药浓缩过程由多个过程步骤组成，难以通过人工操作进行精准掌控。因此，借助现代化学分析技术和控制技术，实时监测中药浓缩过程中各个关键指标，提高浓缩效率和质量。

二、智能控制技术在中药浓缩过程中的应用

随着中药制药行业的发展，智能控制技术在中药浓缩过程中的应用越来越广泛，以提高生产效率、降低成本、提高产品质量和安全性。智能控制系统可以实现自动化、精准化的过程控制，提高中药浓缩的效率和质量，减少能耗和人工成本。智能化控制是中药浓缩过程中的关键技术之一。关键技术包括多变量控制、模型预测控制、人工智能算法等，可以实现对浓缩过程的实时控制和优化。同时，还需要高精度的传感器和监测设备，以确保浓缩过程的稳定和安全。中药浓缩是中药制药的重要环节之一，智能化控制技术的应用将极大地促进中药浓缩工艺的高效化、智能化和自动化。

目前，中药浓缩过程的智能控制技术主要包括以下几个方面。

1. 智能化控制系统　采用先进的控制算法和现代化的控制器，实现中药浓缩过程的自动化控制和智能化管理。

2. 传感器和监测设备　采用各种传感器和监测设备，对中药浓缩过程中的关键参数进行实时监测，包括温度、压力、液位、浓度等，这些参数的实时监测可以保证中药浓缩的效率和质量。

3. 数据采集和处理系统　采用数据采集和处理系统，对中药浓缩过程中的数据进行实时采集和处理，实现过程控制和质量监测。

4. 智能化调节装置　采用智能化调节装置，对中药浓缩过程中的关键参数进行实时调节，保证浓缩效率和产品质量。

三、基于动态矩阵控制算法控制浓缩过程

(一) MVR 装置工艺情况

浓缩过程的原料即提取液经换热器预热后进入蒸发器中，与蒸发器内强制循环的药液一起流经降膜蒸发器管程，与壳程内二次蒸汽换热并沸腾。蒸发器内药液自然流动到分离器内分离气相。气相进入蒸汽压缩机，蒸汽压缩机使二次蒸汽的温度、压力、热焓值得到大幅度的提升，得到的高品位二次蒸汽进入蒸发器壳程，换热并冷凝后排出系统。为了降低药液沸点，装置配有真空泵使蒸发器处于负压。当蒸发器内药液密度达到要求后，打开出液阀门一次性出料。

(二) 过程控制现状与改进思路

装置已配备有变频电机、调节阀用于过程参数的自动控制，但尚未完全发挥其作用。一些过程参数无法长期稳定控制在工艺要求参数的范围内。

1. 药液温度控制　药液温度指蒸发器管程液相温度。药液温度过低会导致蒸发量大幅下降，而药液温度过高则影响产品质量和设备能耗。装置设计有基于 PID 算法的自动控制回路自动调节生蒸汽阀门开度控制药液温度在设定值，但回路的投用效果并不理想，多数

时候药液温度波动较大。原药液温度控制回路存在的问题是由于药液温度回路存在滞后大的特点，即生蒸汽阀门开度变化后，需要较长时间才能影响到药液温度开始变化。通常认为这种回路采用常规 PID 控制算法难以取得理想的控制效果，需要使用一些更先进的控制算法。

本文尝试将先进控制算法中应用较为成熟的动态矩阵控制算法用于药液温度控制回路。

2. *二次蒸汽温度控制*　二次蒸汽温度指蒸发器内壳程气相温度。二次蒸汽温度与药液温度相同，同时影响着产品产量、质量和设备能耗。装置没有设计二次蒸汽温度自动控制回路，当二次蒸汽温度过高时需要手动调节压缩机频率或药液温度控制回路的设定值使二次蒸汽温度降至工艺要求范围内。这样一来会增加操作员工作负荷，二来无法避免二次蒸汽温度超限的问题。二次蒸汽温度无需精确控制在设定值，但要求不高于设定值。所以设计控制器，当预测二次蒸汽温度将高于设定值时，降低压缩机频率使二次蒸汽温度降至设定值以下，其他情况则不根据二次蒸汽温度调节压缩机频率。为了方便实施，控制算法也选用 DMC 算法控制。

3. *蒸发量控制*　蒸发量即二次蒸汽在蒸发器壳程中换热后产生的冷凝水量。MVR 装置需要有足够的蒸发量才能正常运行，蒸发量过低可能导致装置停车。当上下游的生产负荷较大时，蒸发量通常越大越好，而生产负荷不大时，则要尽量使蒸发量处在装置的设计值，这样有利于节约电耗。装置配备了变频压缩机但并没有设计自动控制回路，操作员很少改变压缩机频率。蒸发量控制回路同样存在纯滞后时间偏大的特点，也选用 DMC 算法进行控制。

（三）动态矩阵控制对中药浓缩过程的预测控制

DMC 预测模型仍然采用式(6－60)和式(6－61)的主要形式，但是其他模型需要根据中药浓缩工艺的特点进行优化建模。

1. *滚动优化*　设系统预测长度为 M(预测 M 个周期后的药液温度值，根据预测温度值与设定值的偏差计算生蒸汽阀门的动作)，控制有效长度为 L(根据预测模型有如果生蒸汽阀门执行了这 L 次动作后不再动作)，且 $L \leqslant M \leqslant N$。对于参考轨迹为 $Y_d(k)=[y_d(k+1), y_d(k+2), \cdots, y_d(k+M)]^T$(即理想的控制效果下药液温度的变化轨迹)和模型预测输出(根据预测模型和 L 个周期生蒸汽动作计算得到的预测药液温度变化轨迹) $Y_p(k)=[y_p(k+1), y_p(k+1), \cdots, y_p(k+M)]^T$ 的系统二次型滚动优化目标(以药液温度参考轨迹与预测轨迹的偏差最小、生蒸汽阀门动作尽量少为综合目标，作为计算 L 个周期内最佳的生蒸汽阀门动作的依据)为：

$$\min J(k)=\|Y_d(k)-Y_p(k)\|_Q^2+\|\Delta U_L(k)\|_R^2 \tag{6-72}$$

式中，

$$Q=diag(q_1, q_2, \cdots, q_M) \tag{6-73}$$

$$R=diag(r_1, r_2, \cdots, r_L) \tag{6-74}$$

$$\Delta U_L(k)=[\Delta u(k), \Delta u(k+1), \cdots \Delta u, (k+L-1)]^T \tag{6-75}$$

其中，Q 和 R 为权值矩阵，用于调节优化目标中两项所占比重，通常需要在回路投用后凭经验修改以获得较好的控制效果。

根据 Diophantine 方程求得控制增量序列：

$$\Delta U_L^*(k)=G[Y_d(k)-Y_0(k)] \tag{6-76}$$

式中，动态控制矩阵 $G\in R^{L\times M}$，$G=(A_{ML}^T QA_{ML}+R)^{-1}AT_{ML}Q$，且

$$A=\begin{bmatrix} a_1 & 0 & 0 & 0 & 0 & 0 \\ a_2 & a_1 & 0 & 0 & 0 & 0 \\ a_3 & a_2 & a_1 & 0 & 0 & 0 \\ \vdots & a_3 & a_2 & a_1 & 0 & 0 \\ a_L & a_{L-1} & a_{L-2} & \cdots & a_1 & 0 \\ a_{L+1} & a_L & a_{L-3} & \cdots & a_2 & 0 \\ \vdots & \vdots & \vdots & \ddots & \vdots & \vdots \\ a_M & a_{M-1} & a_{M-2} & \cdots & a_{M-L+1} & \cdots \end{bmatrix}=\begin{bmatrix} A_L \\ A_{M-L} \end{bmatrix} \tag{6-77}$$

这时的模型预测值为 $Y_P(k)=Y_0(k)+A_{ML}\Delta U_L(k)$，初始值 $Y_0(k)=[y_0(k+1),y_0(k+2),\cdots,y_0(k+M)]^T$，实际控制矢量最优值为 $U_L^*(k)=U_L^*(k-1)+\Delta U_L^*(k)$。从上式分析可知，每次预测值计算可以得到未来 L 个依次离散时刻的最优控制量（即计算的最优生蒸汽阀门动作）为 $U_L^*(k)=[u^*(k\mid k),u^*(k+1\mid k),\cdots,u^*(k+L-1\mid k)]^T$。

2. *反馈校正*　取有效长度 L 为 1，即在 k 时刻，把一个值为 $\Delta u(k)$ 的控制阶跃加于受控对象，而此后 $\Delta u(k+1)$，$\Delta u(k+2)$，$\cdots$，$\Delta u(k+L-1)$ 均为 0。由于随机干扰和存在建模误差等原因，预测值和系统实际输出 $y(k+1)$ 间必然有误差，设 $k+1$ 时刻的输出误差为：

$$e(k+1)=y(k+1)-y_{pl}(k+1\mid k) \tag{6-78}$$

为了消除诸多因素引起对预测值的误差，利用 $e(k+1)$ 取 N 维的校正矢量 $C=[c1,c2,\cdots,cN]^T$ 对 $Y_{p1}(k)$ 进行修正得：

$$Y_{pc}(K+1)=Y_{pl}(K)+Ce(k+1) \tag{6-79}$$

这里修正后的预测矢量 $Y_{Pc}(K+1)=[y_{pc}(k+1\mid k+1),y_{pc}(k+2\mid k+1),\cdots,y_{pc}(k+N\mid k+1)]^T$，修正后的 $y_{pc}(k+1\mid k+1)$ 值将作为初始预测值 $y_{01}(k+1\mid k+1)$，$y_{pc}(k+3\mid k+1)$ 值将作为 $y_{01}(k+2\mid k+1)$，$\cdots$，$y_{pc}(k+N-1\mid k+1)$ 作为 $y_{01}(k+N-1\mid k+1)$ 与 $y_{01}(k+N\mid k+1)$，据此，设位移矩阵 V，有：

$$Y_{01}(K+1)=VY_{pc}(K+1) \tag{6-80}$$

且：

$$V=\begin{bmatrix} 0 & 1 & 0 & \cdots & 0 \\ 0 & 0 & 1 & \cdots & 0 \\ \vdots & \vdots & \vdots & \ddots & \cdots \\ 0 & 0 & 0 & \cdots & 1 \\ 0 & 0 & 0 & \cdots & 1 \end{bmatrix},(V\in R^{N\times N}) \tag{6-81}$$

(四) 方法的实施步骤

1. 数据采集网络架构搭建　装置由西门子 S7－300PLC 控制，为收集数据、实现在线求解，需在原控制系统网络中增加一台服务器，网络架构设计见图 6－10。服务器通过 S7 驱动与各 PLC 进行通信。服务器上安装有浙江中控 VisualField 软件和 InPlantPCO 软件。VisualField 软件负责记录 PLC 中变量的历史数值、提供改进控制器的人机交互界面。InPlantPCO 软件在后台运行，通过内部协议与 VisualField 软件通信，负责运行动态矩阵控制算法。

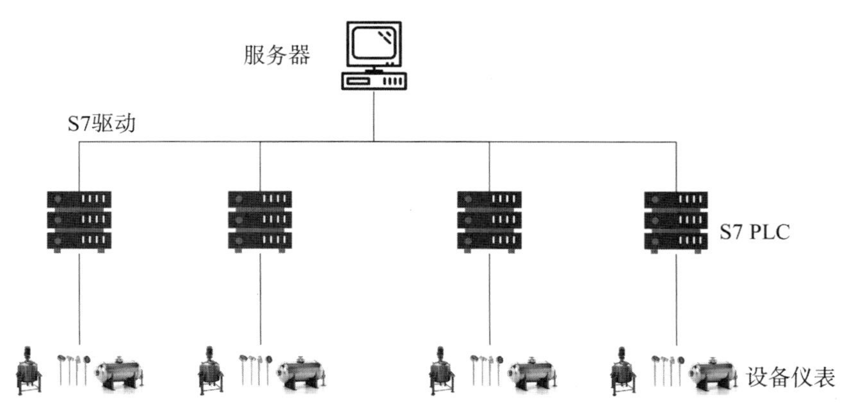

图 6－10　网络架构设计

2. 保护逻辑　根据 DMC 控制器应用的经验，设计有以下保护逻辑：①通信实时校验。如发生通信故障，自动切除优化作用，由 PLC 控制。②改进控制方案投用和切除操作。正常生产时，由操作人员点击确认切换至改进方案，此时服务器读取 PLC 的输入信号，经过 InPlantPCO 软件运算得到控制信号，传输至 PLC；改进控制方案与原控制方案之间实现无扰切换，当某个系统处于控制状态时，另一方案将实时跟踪。③操纵变量的上下限保护、速率限幅保护。④工况异常、设备故障、负荷大幅变化等紧急情况时，自动切除改进控制方案；所有异常、故障、切换动作在操作面板中报警或提示。

3. 获取预测模型　式 $Y_P(k)=Y_0(k)+A\Delta U(k)$ 中的动态系数矩阵需要由预测模型参数即增益 K、时间常数 T、纯滞后时间 τ 计算得到，由系统网络架构图可以采集各回路操作的历史数据，根据人工对历史数据的观察计算，估计获得各被控变量的预测模型参数见表 6－6。

表 6－6　预测模型参数

模型参数	压缩机频率			生蒸汽阀门			药液温度		
	K	T	τ	K	T	τ	K	T	τ
蒸发量(t/h)	0.025	120	60	—	—	—	—	—	—
二次蒸汽温度(℃)	0.02	180	60	—	—	—	0.5	180	60
药液温度(℃)	—	—	—	0.01	120	90	—	—	—

注：一为无数据

4. 投用调试　将控制器投入使用，投用前后的情况：随着蒸发器内药液密度的上升(即累积处理量的增大)蒸发量持续下降，操作员并没有对压缩机频率进行调节，导致浓缩中后期处理量较低；药液温度和二次蒸汽温度的波动较大；生蒸汽阀门动作幅度很大，原控制方案见图6-11。除了浓缩后期压缩机频率已达上限使蒸发量不可控之外，其他时间药液温度

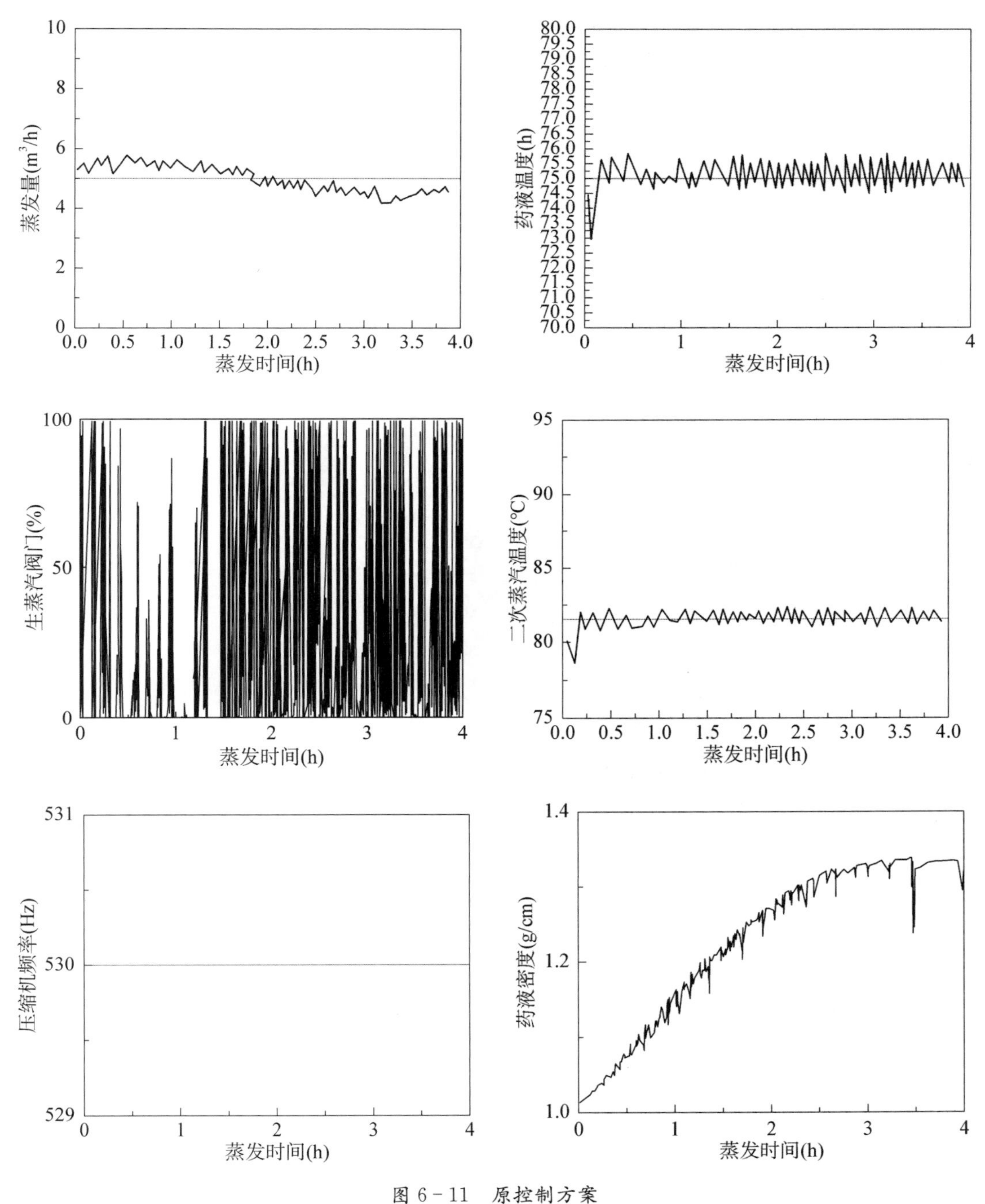

图6-11　原控制方案

和蒸发量都较好地控制在设定值，二次蒸汽温度几乎不超设定值，改进控制方案见图 6－12。投用前后参数波动情况统计见生产过程性能指标比较表，见表 6－7。

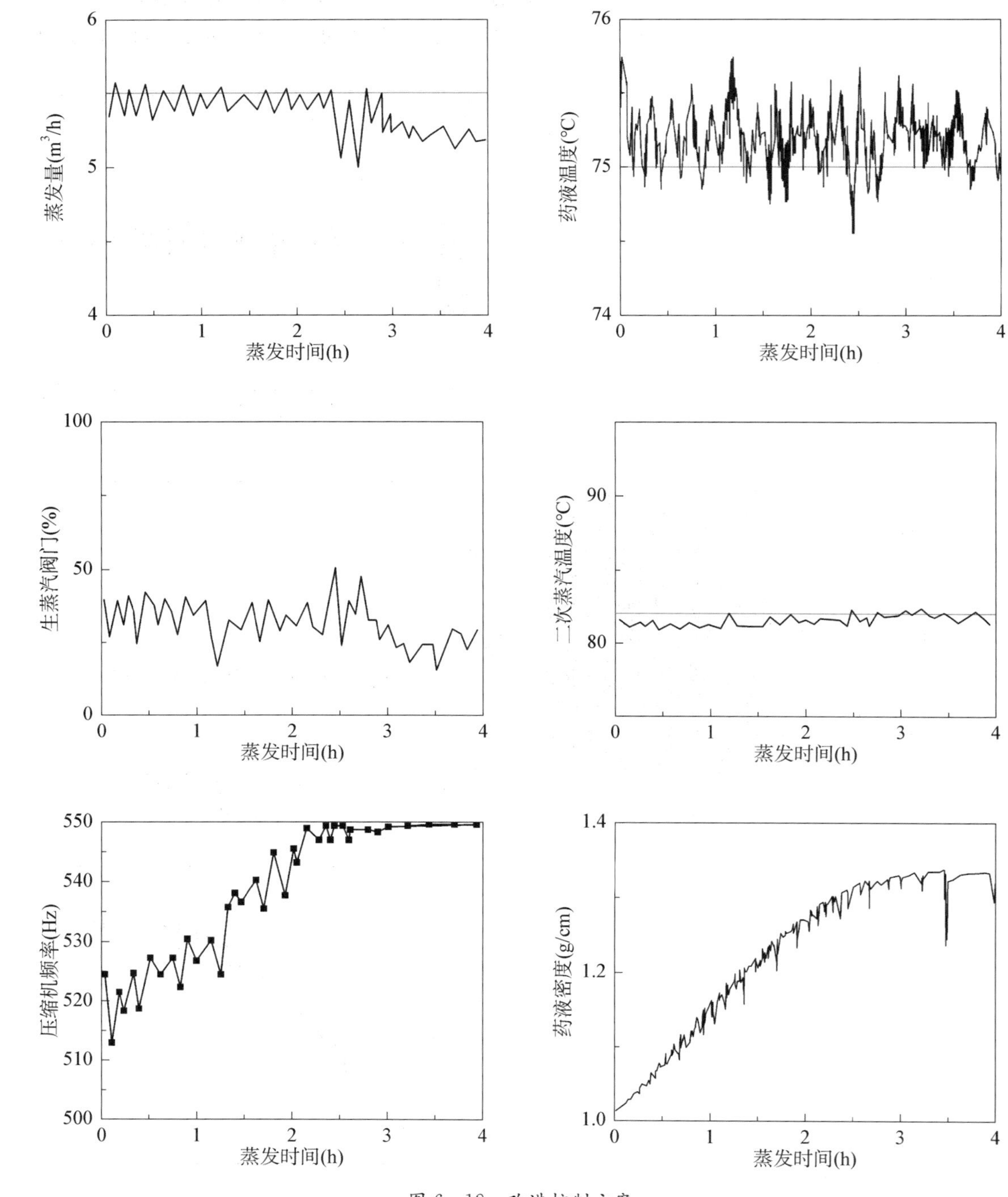

图 6－12　改进控制方案

表 6-7　投用前后生产过程性能指标比较

性能指标	投用前	投用后
蒸发量平均值(t/h)	5.06	5.38
蒸发量标准差(t/h)	0.47	0.13
二次蒸汽温度平均值(℃)	81.62	81.40
二次蒸汽温度标准差(℃)	0.56	0.34
药液温度平均值(℃)	75.18	75.20
药液温度标准差(℃)	0.43	0.18
生产电耗(kW/t)	34.11	33.80

四、支持向量机在中药浓缩浓度的软测量

针对中药浓缩过程中药液浓度难以在线测量的问题，提出了基于支持向量回归的浓度软测量方法。该方法利用支持向量机适用于小样本学习，具有学习速度快、全局最优和泛化性好的优点，采用基于数据驱动建模的思想，充分利用中药浓缩工段历史数据，选取六个辅助变量，用支持向量回归的方法建立软测量模型，并利用过程数据进行参数寻优和校验。利用优化后的模型对中药浓缩过程浓度进行了预测，验证了模型的学习性能和泛化性能。结果表明软测量模型实现了对中药浓度较为精确的预测，有效解决了中药浓缩过程中难以实现的中药浓度在线测量问题，具有较高的实用价值。

软测量是把生产过程知识有机地结合起来，应用计算机技术对难以测量或者暂时不能测量的重要变量，选择另外一些容易测量的变量，通过构成某种数学关系来推断或者估计，以软件来替代硬件的功能。应用软测量技术实现元素组分含量的在线检测不但经济可靠，且动态响应迅速、可连续给出萃取过程中元素组分含量，易于达到对产品质量的控制。

软测量技术是解决过程工业中普遍存在的一类难以在线测量变量估计的有效方法，它克服了人工分析滞后和使用在线分析仪表难以实现和价格高昂的缺点，是实现在线质量控制和先进过程控制的重要保证。学习是一切智能系统最根本的特征，机器学习是人工智能最具智能特征、最前沿的研究领域之一。基于样本的机器学习问题是现代智能算法技术的一个重要分支，它模拟了人类从实例中学习归纳的能力，主要研究如何从一些样本中挖掘出目前尚不能通过原理分析得到的规律，并利用这些规律去分析客观对象，对未知数据或无法观测的新现象进行预测和判断。目前基于神经网络的软测量建模是研究较多的一种方法，并在软测量领域取得了一些应用，但此方法主要依靠经验风险最小化原则，存在易陷入局部最小和泛化性不够的缺点。支持向量机(support vector machines, SVM)是由 Vapnik 在统计学习理论的基础上发展起来的新一代机器学习算法，该方法基于结构风险最小化原则，适用于小样本学习，具有学习速度快、全局最优和泛化性好的优点。

在中药浓缩过程中，浓度检测既是对生产结果的初步检验又是生产操作控制的主要依据，目前浓缩过程中对浓度的测量缺乏有效的传感器和检测手段，对浓度的判断一般采用人工观察和离线检测，造成不同批次的药液浓度一致性较差，对后续工段的生产也造成一定影

响。随着计算机控制技术的发展,分布式工业控制系统、各种智能化仪表和控制设备在中药制药过程中的应用,大量的过程数据被采集并存储下来,为采用基于数据驱动的软测量建模提供了可能。针对中药提取过程药液浓度难以在线测量的问题,利用某中药企业浓缩工段的过程历史数据,应用支持向量机理论,建立了基于支持向量回归的中药浓缩工段浓度软测量模型。测试结果表明所提出的建模方法具有较高的预测精度和较强的泛化性,能够满足中药浓缩过程浓度估计的要求。

(一) 中药浓缩过程浓度软测量建模

1. *问题描述* 浓缩工段对中药提取液进行浓缩,是中药生产的一个重要环节。蒸发浓缩既能保持中医药的特色,又适用于大多数品种中药提取液的浓缩,在中药制药中应用最早也最广泛。由于中药含有对温度较为敏感的热敏成分和出于节能的考虑,双效真空降膜浓缩设备在中药生产企业中得到了广泛的应用。但是其自动控制发展缓慢使得药液的浓缩效果因人员技术水平差异产生偏差,进而影响中药浸膏产品质量和后续工段的生产。究其原因,主要是浓缩过程具有复杂的非线性与时变性,控制难度较高,另外缺乏经济、可靠的传感器进行一些重要过程参数的测量。双效蒸发是个动态循环过程,加热器内的药液在沸腾后通过上部管道流入蒸发室内蒸发出水蒸气,而水蒸气通过上部的管道进入双效蒸发器的加热室加热药液,从而充分利用热能。浓度检测在浓缩控制中很关键,一般在浓缩后期进行检测作为出料标准,由于浓缩器内部工况比较恶劣,缺乏有效的传感器检测手段,要准确判断浓度比较困难。经验表明,蒸发器中的料液浓度与进料料液浓度、进料流量及蒸发器内一些过程参数存在一定的关系,在对蒸发器的测控中这些参数被控制系统记录了下来,因此通过基于数据建模的软测量方法是解决中药浓缩过程浓度估计问题的一个方向。

将支持向量机应用于浓度的预测,问题转化为通过非线性映射 $\emptyset(\cdot)$将特征样本数据映射到高维特征空间中,并在高维特征空间构造线性函数:

$$f(x)=w\emptyset(x_i)+b \tag{6-82}$$

求解的目的是利用结构风险最小化原则,寻求权系数 w 和阈值 b,使得对样本 $|y-w\Phi(x_i)-b|\leqslant\varepsilon$ 外的输入 x,对参数和的求解等价于下列优化问题:

$$\begin{aligned}
&\min_{w,\,b,\,\xi,\,\xi^*} \quad \frac{1}{2}w^Tw+C\sum_{i=1}^{l}\xi+C\sum_{i=1}^{l}\xi^* \\
&s.t. \quad w^T\Phi(x_i)+b-y_i\leqslant\varepsilon+\xi \\
&\qquad\quad y_i-w^T\Phi(x_i)-b\leqslant\varepsilon-\xi^* \\
&\qquad\quad \xi,\ \xi^*\geqslant 0,\ i=1,\ 2,\ \cdots,\ l
\end{aligned}$$

式中,C 为惩罚系数;ε 为损失函数;ξ、ξ^* 均为松弛变量。

根据 Wolfe 对偶定理,引入 Lagrange 乘子 a 和 a^*,根据 Mercer 条件,定义核函数 $K(x_i,\ x_j)=\Phi^T(x_i)\Phi(x_j)$ 代替非线性映射后,将优化问题转化为线性方程的求解:

$$\begin{bmatrix} 0 & 1 & \cdots & 1 \\ 1 & K(x_1,\ x_1)+1/C & \cdots & K(x_1,\ x_N) \\ \vdots & \vdots & \ddots & \vdots \\ 1 & K(x_N,\ x_1) & \cdots & K(x_N,\ x_N)+1/C \end{bmatrix} \times \begin{bmatrix} b \\ a_1^*-a_1 \\ \vdots \\ a_N^*-a_N \end{bmatrix} = \begin{bmatrix} 1 \\ y_1 \\ \vdots \\ y_N \end{bmatrix}$$

最终得到 SVM 估计函数：

$$f(x)=\sum_{i=1}^{l}(a_i^*-a_i)K(x_i,\ x)+b \tag{6-83}$$

2. 软测量模型变量选取　在蒸发浓缩单元中，蒸发器控制的直接指标是产品的浓度，影响产品浓度的主要干扰因素有温度，真空度，进料流量，加热蒸汽压力、流量，蒸发器内的压力、液位，冷凝液的排出及蒸发器内不凝气体的含量等。对于这些干扰因素，应采取必要的措施，使其平稳少变。在理想状况下，当蒸发器内真空度恒定时，沸点和产品浓度之间有单值对应关系，浓度增加，沸点上升；浓度减少，沸点下降。由于浓缩器工况比较恶劣，蒸发器内真空度波动较大，而且料液浓度值还受到干扰因素影响。因此根据实际参数对中药浓缩浓度影响的大小，选取进料料液浓度、料液沸点、蒸发器内真空度、进料流量、加热蒸汽压力、蒸发器内液位六个可测参数作为辅助变量。

3. 浓度软测量建模　在选取辅助变量与主导变量和获取样本数据后，按照以下步骤进行软测量建模：

(1) 数据预处理。由于原始样本各个分量数值的数量级有很大的差异，算法中采用样本数据的欧式距离来计算，为避免较大数量范围的数据支配较小数量范围数据，对输入数据和输出数据都进行归一化处理，把属性缩放到[0, 1]之间。归一化采用线性函数转换，转换表达式如下：

$$y=(x-x_{\min})/(x_{\max}-x_{\min}) \tag{6-84}$$

式中，x、y 分别为转换前后样本值，$x_{\max}$、$x_{\min}$ 为样本的最大值和最小值。

(2) 选择核函数类型。径向基核函数是一个普适的核函数，通过参数选择可适用于任意分布的样本，目前应用最为广泛，径向基核函数可以将输入空间以非线性方式映射到特征空间，便于解决现实中的非线性问题，而且与多项式核函数和 Sigmoid 核函数相比，径向基核函数较少遇到数值计算的困难。因此本文选取径向基核函数，表达式如下：

$$K(x,\ x_k)=exp\left(-\frac{\|x-x_k\|^2}{2\sigma^2}\right) \tag{6-85}$$

(3) 确定出最佳的参数。选定核函数后，需要确定的模型参数有惩罚系数 C、不敏感系数 ε 以及核函数宽度系数 σ。最佳参数选择目前没有很好的方法，采用交叉验证优化参数方法比较费时。采用网格搜索的方法，即给定惩罚系数 C 和宽度系数 σ 的取值范围、初始值及变化步长，得到一些参数组合，选用这些参数组合建立模型对训练数据进行训练，并进行测试，选取最佳的一组参数作为最优值。若结果均不理想，则重新考虑 C 和 σ 的范围与步长。

(4) 建立软测量模型，并用建立好的模型进行预估计。用于预估的数据分为建模数据和测试数据，其中用建模使用过的数据带入软测量模型是用于测试支持向量回归建模的学习精度，用测试数据带入软测量模型是用于测试支持向量回归所建软测量模型的推广性能。

(5) 使用所建立的软测量模型对中药浓缩过程药液浓度进行估计，对估计值进行反归一化处理，得到实际值。

(二) 中药浓缩过程浓度软测量建模结果与分析

建模数据取自某中药制药厂浓缩工段药液浓度离线分析值及对应时刻过程变量采样值的 140 组数据，将所有数据进行归一化处理。在样本数据中随机选取 80 组数据作为训练数据，另外 60 组作为测试数据。采用 MATLAB 平台编制程序建立软测量模型，程序中借用台湾大学林智仁(Chih-Jin Lin)教授实现的 LIBCVM 工具箱。为更好地分析和评价软测量模型的学习精度和泛化性能，通常采用拟合的均方误差(mean square error, MSE)来作为性能指标。按上节所述步骤选取训练样本进行建模，经网格搜索法寻优选取参数值 $C=1\,000$，$\varepsilon=0.02$，$\sigma=1.8$。利用训练样本进行测试。为使图形表述清晰，将学习样本实际值依次用直线连接，浓度预测值 * 用表示。学习性能曲线如图 6-13 所示。为检验模型的泛化性，选取剩下 60 组未用于建模的数据为测试样本对所建模型进行测试，泛化性能测试曲线如图 6-14 所示。

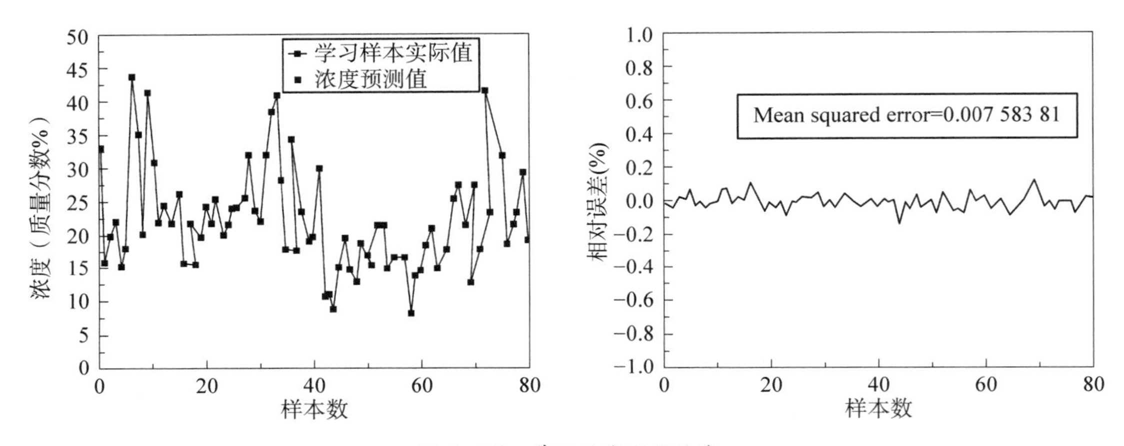

图 6-13 学习性能测试曲线

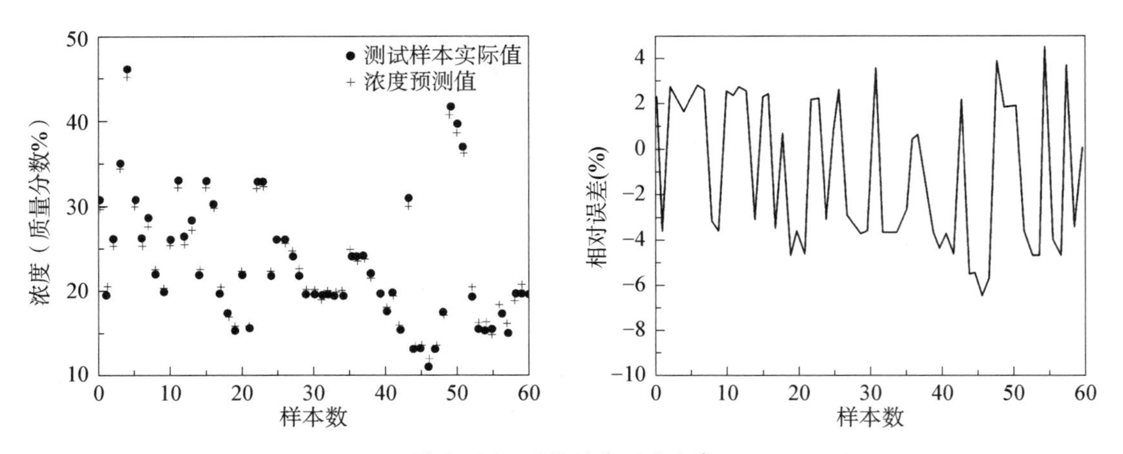

图 6-14 泛化性能测试曲线

（三）基于温度自校正算法控制浓缩工艺

在原料投入多功能提取罐，多次煎煮达到工业要求之后，经过提取工段的药液一般达不到浓度要求，需要进入浓缩工段进行浓缩。首先浓缩器启动真空，关闭与外界接口阀门，开启浓缩器内部相应阀门，真空度到一定值后，开启进药调节阀，储液罐出药阀，通过抽真空进药至一效、二效。当药液在一效、二效内通过在线监测确定达到此工段工艺要求的液位时，将储液罐至双效浓缩器出药气动阀关闭，同时将夹套上蒸汽进汽气动阀门和冷却循环供水气动阀门开启。随后浓缩过程开始，通过操作人员在控制系统上位机输入工艺要求的各模拟量设定值，将浓缩器内的温度、压力、药液密度等保持一定的动态平衡，在线监测二效蒸发室内的药液液位，当达到设定值后，回流入一效浓缩器。在回流倒药工作结束后，将浓缩器内的浓缩液继续进行浓缩，通过浓缩器上的密度计检测药液浓度，当其达到密度设定值后，关闭浓缩器抽真空气动阀门、蒸汽进气气动阀门，同时将放空气动阀打开，使浓缩器恢复常压状态，完成一次浓缩工作，向后级设备发出出药请求。为应对浓缩器在真空状态下对药液进行浓缩工作时容易出现的发泡情况，一般的双效浓缩器都配有泡沫控制器，在检测到出现发泡情况时，立即进入泡沫消除状态。在冷凝塔下置冷凝液的回收装置上，配有高液位和低液位开关装置，当高液位开关向控装置系统发出报警信号时，冷凝液回收器将排放阀开启。过去的情况下，操作员通过观察双效浓缩器的升温情况、蒸发室内的温度、压力以及通过水循环真空泵对蒸发式抽真空形成真空状态，来手动操控双效浓缩器上的控制阀门，虽然现场操作经验丰富的操作员可以做到及时的开启或关闭相应的阀门，但是也无法保证双效浓缩器内实时的动态平衡，对蒸汽及药液资源形成了极大的浪费，最重要的对药液浓缩效果有着负面的影响，直接影响了出厂成药的质量及疗效。

对于这种通过人工操作无法满足生产要求的情况，传统的 PID 输出反馈控制器可以控制定常系统和线性简单的系统。但是对于常见的非线性、时变以及耦合现象无法做出准确的判断，对生产车间现场对浓缩器本身的一些突发干扰也没有有效的应对措施。利用传统的 PID 控制器来控制双效浓缩器的蒸发环节和需对操作复杂的控制系统，很难满足大型中药生产厂家对成品药的质量及疗效要求。传统的 PID 控制器的设计，是需要操作人员在具体的操作现场，通过试验的方式来确定相应的增益系数、积分时间和微分时间这三大要素，而且一组系数只能满足一种主要工艺流程，一旦要求的液位或温度等模拟量发生改变，需要重新对控制系数进行试验确定。如果需要一个比较理想的控制器作为中药双效浓缩器的控制核心，这种整定参数的方式使传统的 PID 控制器很难达到要求。

上述这种情况正是自适应控制的优势，采用自校正调节器来控制蒸汽加热阀门，根据工艺要求的温度，自适应控制可以很快使双效浓缩器达到稳定的温度进行浓缩，当蒸发室发生暴沸时，泡沫捕捉器工作，迅速启动泡沫消除程序，进行泡沫消除。

1. 浓缩器的自校正控制　就目前而言，PID 控制已经发展得十分成熟，对于一般的过程控制而言，可以获得满意的控制效果。尤其是当系统参数和外界环境不变时，一旦为数不多的 PID 控制参数整定后，便可以一直使用而不用修改。这一优点使得 PID 控制在许多工业过程控制中得到广泛应用。但是，当被控对象存在随机性、时延、时变性和非线性，同时被控对象越来越复杂，被控量越来越多时，PID 控制显然无法达到控制要求。采用自校正控制上述问题就可以得到圆满解决。这是因为自校正控制是在假定被控对象的模型结构已知或部

分已知的基础上，把模型参数的估计和控制器的设计结合起来，由控制系统自动进行对象参数估计和控制器的设计的一种控制方法。因此，自校正控制特别适用于被控对象模型结构已知而参数未知，而且参数时变的非线性系统。当然，由上述可以看出自校正控制和系统辨识是紧密结合在一起的，所谓的“自校正控制”正是基于不断地对被控对象模型参数的估计，并据此不断调整控制器参数之上的控制。

2．浓缩控制方案分析　浓缩过程是一个带扰动的复杂过程，它具有大延迟、非线性、时变等特点，想要做好浓缩工艺的控制系统，需要对上述工艺中存在的问题进行分析，具体需要解决如下几个问题：

（1）温度和压力检测。温度是在整个生产过程全程都需要被检测和控制的最重要的一项参数，而它设计的时候温度探头位于蒸发室的中部偏下的位置，应对一些容易引起的温度假相，需要采取一些必要的措施。压力也是浓缩过程控制同样需要重视的控制参数，一般药厂车间的压力变送器安装在双效浓缩器蒸发室的顶部，由法兰结构链接，如没有特殊情况，通常不需要做太多的改动。

（2）蒸发室液位的测量。浓缩器蒸发室蒸发时，药液本身会有涡流，沸腾时药液还会四处飞溅，简单的测量仪表测量会十分不准确。选取的电容式液位传感器也需要根据实际情况采取一定的修正，并附加自校正功能。液位和药液浓度息息相关，液位测量的准确性非常重要，这里也可以利用软测量技术对液位进行校正。

（3）一效、二效进料分配比控制问题。由于浓缩器的二效浓缩工作所需的热量是由一效蒸发室蒸发的蒸汽来提供，蒸汽的温度要低于一效，使得两个蒸发器的蒸发效率有所差别，导致进入两个蒸发室的药液量存在一定差异，通常一效蒸发器中进入的药液要与二效的比例在 4∶3 左右。

（4）一效、二效间倒药控制。当浓缩器稳定蒸发到后期时，需要把二效的药液合并到一效蒸发室继续浓缩。此时存在两种情况，一是补料时间控制，二是浓缩后期需要将两个蒸发室的药液都到入一效继续进行浓缩蒸发工作，这就要借助液位计以及控制系统上位机所得的参数进行指导。

（5）暴沸跑料保护问题。在双效浓缩器进行浓缩工作的过程中，如果蒸汽调节气动阀门开度过大，使得通入蒸汽过多，使药液升温过快、沸腾过度，蒸发室中起泡现象过于明显，药液就容易从真空管道中流失，为防止这一点，需要严格控制蒸汽加热过程，防止药液受热过快产生暴沸，当暴沸的时候迅速启动泡沫消除装置，这也可以和软测量技术配合进行监控药液的沸腾度，达到很好的控制防止跑料。

（6）二效蒸发室冷凝水的排出问题。由于浓缩器的二效浓缩工作所需的热量是由一效蒸发室蒸发的蒸汽来提供，因此在加热药液后在冷却塔被冷却，部分蒸汽液化流入二效蒸发室下部的储水室。在实际的生产过程中，通常在 1 h 左右就必须排放这些水，否则蒸发室的真空度容易受到很大的破坏。

利用最小方差策略及最小二乘法等理论知识，对自校正控制器进行数学模型的建立，并着重对双效浓缩器的温度控制的算法进行了设计与推导。最后利用 Simulink 仿真工具，对建立的控制算法模型，进行了抗干扰的仿真实验，并将实验结果与普通的传统 PID 控制的抗干扰性能做出对比。

1. *自校正调节器和控制器*　利用实时辨识技术自动校正系统特性的适应控制系统。自校正调节器具有对系统或控制器参数进行在线估计的能力，可通过实时地识别系统和环境的变化来相应地自动修改参数，使闭环控制系统达到期望的性能指标或控制目标，有一定的适应性。

在工作原理上，自校正调节器是以分离原理为依据的，把参数的估计和控制律的计算分开进行。参数估计采用递推方法，计算量较小，易于用计算机实现。其原理是根据所输入序列 $\{u(k)\}$ 和输出序列 $\{y(k)\}$ 的数据。不断地对被控对象参数进行估计，得出估计值 $\hat{\theta}$，根据参数估计值 $\hat{\theta}$ 进行自校正调节器控制参数 $\hat{\theta}c$ 的计算，如图 6-15 所示。再根据当时量测所得到的输出 $y(k)$ 算出下一步应有的控制作用 $u(k)$，以控制被控对象使之达到满意的工作状态。随着生产过程的不断进行，自校正调节器将不断进行采样、估计、修正和控制，直到控制系统达到或接近最优，这就是自校正控制的过程。

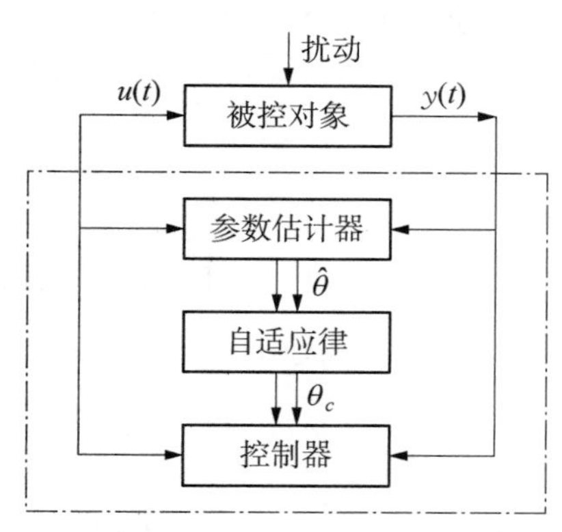

图 6-15　自校正调节器

2. *浓缩器的温度的自校正控制*　浓缩器真空度达到一定时，开启进药调节阀，一效、二效进药至一定液位，关闭进药阀门，打开蒸汽阀和冷却循环水阀。向一效蒸发室通入蒸汽，开始浓缩药液。加热过程中，二效蒸发室内的气体对流，是一效蒸发室的蒸汽从顶部管道进入二效蒸发室加热药液。蒸汽加热的同时监控蒸发室的温度等参数，实时调控阀门的开度。浓缩一段时间过后，当两个蒸发室内的液面都低于设定值时，药液回流循环难以形成，此时控制真空机抽真空，将两个蒸发室内的药液合并到一效蒸发室内，继续加热蒸发。加热到预定时间时，通过安装在蒸发罐内的浓度计检测药液浓度，若达到设定值要求关闭蒸汽阀门，并将药液装入储罐等待下一个工艺处理。

浓缩过程中除必须对各蒸发室的室温 θ 等对象作控制之外，还要防止暴沸跑料、二效蒸汽冷凝水流入容积不大的出水室、检测储水室液位、达到设定值时调节侧壁排空阀放真空、加热蒸汽的压力不稳定等，这些都会对系统产生一定的干扰，实际浓缩器工作过程中最主要的扰动是加热蒸汽的压力不稳定对控制系统产生的扰动。为提高控制系统的简单性和可复用性，对被控对象简单化后建立状态方程，以一效蒸发室温度控制为例，它有大滞后的特征，其状态方程近似为：

$$\dot{T} + \alpha_T T = \alpha'_P P(t - \tau) \tag{6-86}$$

式中，T 为蒸发室室温，P 为加热蒸汽压力，τ 为控制作用影响室温的延迟时间，α_T、α'_P 为蒸发器的结构参量，一般通过试验方式获得。

浓缩过程中蒸汽的压力状态方程近似为：

$$\dot{P} + \alpha_P P = b_P u \tag{6-87}$$

式中，P 为加热蒸汽压力，u 为蒸汽通道上调节阀的控制作用，α_P、b_P 为蒸发器的结构参量，可以通过试验方式获得。

联合上述两式，并进行现场试验校正可以得到一效蒸发室中温度的数学模型为：

$$G(s)=\frac{(1.8s+1)e^{-3s}}{1.7s^2+2.6s+0.5} \tag{6-88}$$

根据以上建模和现场试验，选择采样时间为 1 秒，$d=3$，$n_a=2$，$n_b=1$，由式有 $n_g=1$，$n_f=3$，所以需要辨识的模型为：

$$y(k+3)=(g_0+g_1z^{-1})y(k)+(f_0+f_1z^{-1}+f_2z^{-2}+f_3z^{-3})u(k)+\xi(k+3) \tag{6-89}$$

取 $f_0=50$，它不参加辨识而直接取此常数，则根据以下三式最小二乘递推算法为：

$$\hat{\theta}=\hat{\theta}(k-1)+K(k)[y(k)-50u(k-3)-\phi^T(k-3)\hat{\theta}(k-1)] \tag{6-90}$$

$$K(k)=P(k-1)\phi(k-3)[\lambda+\phi^T(k-3)P(k-1)\phi(k-3)]^{-1} \tag{6-91}$$

$$P(k)=\frac{1}{\lambda}[I-K(k)\phi^T(k-3)]P(k-1) \tag{6-92}$$

式中，λ 是遗忘因子，在启动时取 0.95，后增大到 0.99。

为了考察自校正调节的控制效果，我们进行了现场试验，如图 6－16 实验结果曲线，实线为自校正调节控制，虚线为普通 PID 控制，由图可以看出自校正控制和普通 PID 控制相比，自校正调节控制比 PID 控制温度上升时间更快，而且达到稳定蒸发的温度的时间更快，超调量也要比 PID 控制小得多，这对中药浓缩控制好处是显而易见的，温度上升时间比较快，可以快速地达到稳定蒸发状态，中药生产的特殊性又要求蒸发的温度不能超过预定温度太多，超调量比较小，可以保证浓缩药液的质量更可靠。

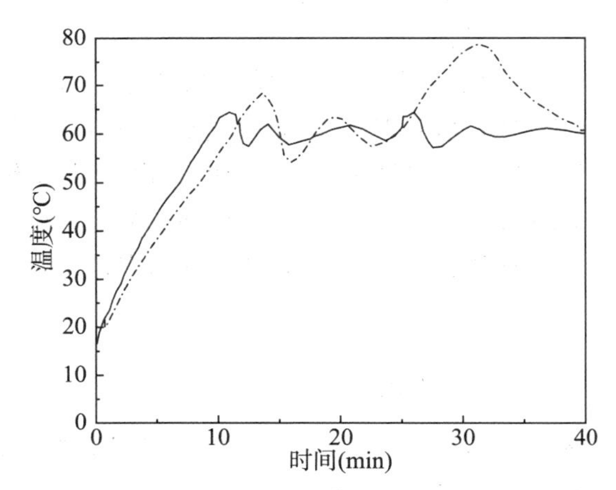

图 6－16　普通 PID 控制和自校正控制实验结果对比(带扰动)

由前面的控制方案分析看出浓缩过程有多种扰动，在实际生产中试验得出对实际控制影响最大的主要扰动就是加热蒸汽压力的不稳定，如图 6－16 试验结果曲线，实线为自校正控制，虚线为普通 PID 控制，由图可以看出在试验进行到 25 min 左右的时候出现了加热蒸汽压力的突然变大，自校正调节控制可以迅速调节蒸汽加热阀门，使温度达到稳定蒸发状态，而普通 PID 控制基本对浓缩器的温度失去了控制，温度迅速地达到了将近 80℃，这对中药生产是致命的。

第四节　中药干燥过程智能优化控制

与提取和浓缩工艺不同，中药喷雾干燥的操作工艺参数在生产过程中不必进行实时调整，而是需要在生产前根据当前的物料性质进行预测性输入。在喷雾干燥的整体生产流程中，相关的工艺参数是维持前期的输入参数。高质量的产品取决于喷雾干燥过程的正确工艺参数设置。传统上，在设置工艺参数时通常需要进行广泛的实验。这种方法不仅耗费大量的时间和经济成本，而且受到生产人员经验和主观性的限制。同时，喷雾干燥生产中的许多工艺参数是耦合的，很难探索工艺参数对产品质量的影响规律，这在一定程度上给提高产品质量带来了困难。因此，有必要利用智能技术构建精确的生产过程仿真模型。在这种情况下，高保真过程模型，例如 CFD 模拟与强化学习优化算法相结合，可能有助于在实际实验测试之前确定有希望的过程参数。

一、传统的建模方法

传统干燥机制建模方法传统干燥过程控制，一般使用机制建模的方式进行控制，模型的优劣决定了预测结果的精度。根据机制模型的复杂程度，将其分为 5 个层次：

（1）只有简单的热质平衡数据，不能提供设备尺寸与性能等其他信息。

（2）基于一些简单假设做出干燥器关键参数的范围界定计算或近似计算。

（3）通过中小型实验所得干燥曲线进行比例计算，进而给出干燥器相关参数特征。

（4）追踪气液两相在干燥过程中的实时状态，并基于此建立增量模型。

（5）基于计算流体动力学的过程模型，能模拟气液两相的局部状态条件。

但是传统的建模方式是否能较好地模拟过程状态是个值得思考的问题。首先，机理建模所用数据的精确程度直接决定了模型的性能，数据测量误差能否被接受是一个需要考虑的问题。其次，建模理论要求具有全面性，要求尽可能考虑过程中存在的潜在因素。同时，简化模型所用假设条件是否合理，也是判断一个参数模型是否具有实用性的标准。最后，建立详细的过程模型，需要更为详细的多元数据作为基础，详细的数据收集与测量方面具有较大的难度。因此，数据驱动的建模方法选择从数据出发建模门槛较低，建模方法多样，能在一定程度上弥补传统参数建模的缺点。

二、新的建模方法

1. *基于多元统计的信息融合*　在当今工业实际应用过程中，使用较多的信息融合手段就是过程分析技术（Process analysis technology, PAT），结合多元统计回归算法进行建模，从而实现快速定性定量分析，用于产品质量预测或过程终点判断。比如说川乌规范化炮制工艺研究，可以结合高效液相色谱法及近红外光谱法，运用该方法考察了各工序下制川乌相关成分的变化规律，建立了制川乌相关成分含量的预测模型，进而对制川乌配方颗粒生产工艺的各个环节进行了监控并制定了相关的终点判断标准，优化了制川乌配方颗粒生产的各个工艺参数，结合药理、毒理研究，为标准化生产提供了有力的实验依据。

2. *基于神经网络的过程建模* 对于机理模糊不清的复杂过程，数据驱动一直是公认的最为合适的建模方法。其中神经网络模拟人类神经系统的结构，拥有较高的学习与计算能力，在处理变量间的非线性关系方面有着广泛的应用。Du 等使用神经网络结构细化了干燥过程的半经验动力学模型，使用序列二次规划算法得到了动力学模型参数，进一步优化了干燥工艺。已经有科学家通过对比回归分析与前馈神经网络在动态干燥行为预测方面的表现，说明了相较于传统回归分析模型，神经网络摆脱了对数学模型的依赖，且具有更高的预测精度。结果显示，神经网络结构可以较好地解决过程多变量与水分含量之间的非线性问题。同时，神经网络结构对于冗余信息以及多因素交互问题的敏感度较低，有较强的泛化能力。

在薄层干燥动力学研究方面，研究人员对回归分析和多层前馈神经网络估计其动态干燥行为进行了比较研究。在干燥空气温度为 15、30 和 45 ℃，气流速度为 0.3、0.7 和 1.1 m/s，根大小为 3 mm 或以下、在 3～6 mm 之间、6 mm 或以上的条件下，采用非线性回归分析，将干燥速率常数与干燥空气条件和根大小的关系建立为 arrhenius 型方程。实验数据拟合了文献中四种不同的数学模型。此外，利用三层前馈神经网络估计了根系的动态干燥行为。“4”输入-“30”隐藏神经元-“1”输出结构的误差最小。利用 MATLAB 开发了反向传播算法，并应用于网络的训练和测试。对比 4 种模型和前馈神经网络的 r、r^2、简化卡方(x^2)和 SSR 值，神经网络比数学模型更能反映干燥特性。在考虑的数学干燥模型中，改进的 Page 模型更适合于预测沙参的干燥，其 $r=0.997$，$r=0.993$，$x^2=3.29E-4$，$SSR=0.089$。

水分从农用材料流向其周围的流动可以被认为类似于浸泡在冷流体中的物体的热传递。将干燥现象与牛顿冷却定律进行比较，干燥速率将近似成正比于被干燥的物料与干燥空气状态下平衡水分含量之间的水分含量差。因此：

$$Drying\ rate=\frac{M_{t+dt}-M_t}{dt} \tag{6-93}$$

同理，紫锥菊的水分比例由：

$$MR=\frac{M-M_e}{M_0-M_e} \tag{6-94}$$

如早期作者提出的，对得到的干燥曲线进行干燥速率处理，以在四种不同的表达式中找到最合适的模型。相关系数(r)是选择最佳方程定义干燥曲线的主要标准之一。除 r 外，还使用决定系数(r^2)、约化卡方(x^2)和数据与拟合值之差的平方和来确定拟合质量。采用改进的 Page 方程，如下式所示：

$$MR=\exp[-(kt)^n] \tag{6-95}$$

干燥速率常数 k 和干燥参数 n 对干燥空气变量的依赖性被建模为阿伦尼乌斯型方程。这两个常数对变量的依赖关系可以用以下形式表示：

$$k = a_0 V_{a1} d_{a2} \exp\left(-\frac{a_3}{T}\right) \tag{6-96}$$

$$n = b_0 V_{b1} d_{b2} \exp\left(-\frac{b_3}{T}\right) \tag{6-97}$$

3. *动态建模方法*　为了确定所提出的神经网络结构的最佳隐藏单元数，进行了中试实验。为了避免过拟合，采用了两种常用的方法：提前停止以及尽量减少隐藏单元的数量。可用的数据库资料被分为三个分区。第一个(学习)分区用于执行网络的训练。第二个分区用于评估训练期间网络的质量。为了评估训练网络在新材料上的性能，使用了第三个测试分区。训练过程一直进行，直到在第二个(验证)分区中达到最小误差。对训练网络性能的估计是基于网络在测试分区上的准确性。在本研究中，所有实验均采用早期停止启发式。为了确定本研究的最佳隐藏单元数量，进行了 10 次交叉验证(10-fold-cv)图实验。实验获得的数据数为 8 135。为了进行可靠的训练、验证和测试，大约 25%的测量数据被用作学习样本。这 2 000 个样本被随机分成 10 个大致相等的子集。在 10 个试点实验中，每个实验都使用一个子集作为验证分区，另一个子集作为验证分区，测试分区，其余 8 个子集作为网络的训练分区。网络权值为每次实验随机初始化。准确性通过计算测试分区的均方误差(*MSE*)来测量训练网络。在本研究中，学习率设置为 0.2，动量项设置为 0.4。这些网络被训练了固定数量的 1 000 个循环。*MSE* 的最小值总是在这个数字之内。所有试验均在 MATLAB 环境下进行。

数据给出了 10 个实验中每个隐藏单元数量的 80 个先导实验的测试分区的 *MSE*。*MSE* 的平均值和标准偏差(*SD*)也在两条底线中给出。如数据所示，隐含层中有 30 个单元的神经网络的平均 *MSE*(0.000 8)意味着神经网络模型对中试材料的估计似乎接近完美。此外，对不同类型的传递函数(对数 sigmoid、切向型 sigmoid、线性和径向基)的性能分析也由其评估和给出。为了避免复杂的神经网络结构，没有进一步寻找更多不同数量的隐藏层。

(1) 神经网络的动态建模。所选应用神经网络结构为 4 输入单输出。从输出到输入没有反馈。由于薄层干燥机的物理结构由三个主要部分组成(输入变量、干燥床本身和输出变量)，因此选择三层前馈神经网络进行建模。在隐藏层中，使用 30 个隐藏神经元。训练使用经典的反向传播算法。在本研究中，使用了对数 s 型激活函数：

$$\log sigm = \frac{1}{1+\exp(-n)} \tag{6-98}$$

(2) 输入训练神经网络的数据。为了估算沙参的动态干燥行为，在每种情况下，输入变量的实际值都是从固定的数据集中随机选取的。对于这组数据，三个级别的干燥空气温度(15、30 和 45 ℃)；空气流速分为 0.3、0.7 和 1.1 m/s 三个等级，根系大小分为小、中、大三个等级。因此，假定干燥空气的湿度是恒定的。用于训练过程的数据总数大约等于测量数据的 25%。

(3) 神经网络的验证。为了测量所选神经网络模型的准确性和估计其性能，从 27 个不同的干燥过程中获得的所有数据系列都用于 27-fold-cv 实验。如前所述，使用 r、r^2、x^2 和 *SSR* 作为神经网络模型拟合优度的指标进行总体评价。验证使用三个不同的数据系列，在每种情况下随机构成。

4. *基于软测量法的过程建模* 该过程建模对数据的状态一直要求较高。模型的精度在一定程度受数据精度的影响。利用工艺变化数据与设备运行数据，构建过程预测模型的软测量法在此方面应用较广。软测量技术旨在通过构建目标变量与检测变量之间的数学关系，实现对主变量的在线估计与预测。

科学家已经将软测量技术运用于冷冻干燥。他们研究利用基于模型的工具对药品冷冻干燥工艺进行在线设计和优化，比较了两种控制系统，一种是使用压力上升测试来监测系统状态并在线估计模型参数值的预测控制系统，另一种是软测量控制器，使用热电偶获得的温度测量来获得相同的信息并在线计算过程的设计空间。在这两种情况下，控制器的目标是保持产品温度尽可能接近极限值，而不侵入整个初级干燥阶段。已经进行了一项扩大的实验活动，其中处理了具有不同特性的各种产品。研究结果表明，两种系统都能有效优化在线冷冻干燥过程，但使用软传感器可以获得更短的周期，这样可以大大提高效率。

5. *干燥过程的自适应优化控制* 传统过程控制模型由于拥有静态特性，故存在模型性能退化的问题。利用历史数据建立的控制模型，其精准度会随着时间的推移而逐渐下降，因此，为维持模型的性能，就需要对建模数据进行定期更新。

科学家提出了一种基于自适应差分进化格式和反向传播算法的局部搜索方法，对神经网络表示的模型同时进行结构优化和参数优化。使用冷冻干燥过程的模型，在给定操作条件(加热架的温度和干燥室的压力)的情况下，可以离线确定产品中的温度和残冰含量随时间的变化。这使得了解产品允许的最高温度是否被突破以及升华干燥何时完成成为可能，从而为配方设计和优化提供了有价值的工具。

三、喷雾干燥工艺参数的预测控制

喷雾干燥技术主要用来干燥中药提取液或浸膏，得到的制品质地松脆、溶解性能好，适用于热敏性物料。然而，在喷雾干燥过程中，浓缩液的相对密度、温度、成分、进风温度、进料速度、雾化压力、环境湿度等因素均会对喷干粉产生影响，使产品质量难以控制。影响喷雾干燥效果的因素包括以下几点。

1. *料液黏度* 喷雾干燥技术以其高效的干燥效率，已经成为了中药生产中常用的干燥方法，尤其是在中药提取物的干燥中应用广泛，如中药配方颗粒的生产过程。但中药经提取、浓缩后得到的浓缩液中含糖类、胶类或黏液质较多时，会导致溶液黏度增大，而高黏度液体会阻碍液体蒸发，影响喷雾干燥的效果。

2. *料液表面张力* 在喷雾干燥过程中，雾化液滴表面张力与粉体形成过程密切相关，会影响粒径大小与形态。表面张力直接影响传质面积，进而影响传质过程。液体表面张力较小时，分子间吸引力降低，容易被雾化成小液滴，并导致颗粒粒径细化，而且当表面张力大于黏度时，液体表面受到收缩作用力，导致粒子间接触产生塑性变形，经重排后，粒子间连接紧密，产生致密的粒子结构，进而影响干燥过程。

3. *料液浓度* 提取液的料液浓度也是影响喷雾干燥制得粉体的收率、粒径和水分等的关键因素。对于中药提取液来说，浓度较大时，单位体积内固体含量多，粒子易聚集在一起，导致粒径增大，且粉体存在干燥不完全、水分超标的风险。料液浓度过低时，单位体积内固体含量较低，导致收率降低。

4. *料液组成*　料液组成成分及其比例可在一定程度上决定料液的理化性质。在中药提取物中，除有效成分外，尚存在一些无活性但可影响药物物理性质的伴生物质，如淀粉、多糖、果胶等。伴生物质与有效成分协同参与喷雾干燥过程，可起到保护有效成分不受损失、改变颗粒结构等作用，体现中药“药辅合一”特点。如在部分中药醇提物中，大分子糖类的去除使小分子糖和有机酸的比例增多，导致醇提物黏壁现象相比水提物更为明显。在中药提取液中加入适当辅料进行喷雾干燥共处理，可改善粉体结构和性质。

5. *进料速度*　进料速度对喷雾干燥的收率会产生影响，当进料速度较大时，单位时间内进入干燥室的雾滴量增加，干燥空气并不能立即将液体干燥成固体，导致液体干燥不完全，粉体水分增加，收率降低。对于黏性较大物料，进料速度过慢时，物料在进料管中沉淀黏结，导致物料浪费和干燥不均匀的问题，若物料沉积在雾化器内，会导致雾化器堵塞，使操作无法正常进行。

6. *雾化压力*　雾化压力在喷雾干燥生产中，按照雾化原理的不同可将雾化器分为气流式、压力式和离心式 3 种。中药提取液黏度较大，多使用气流式和离心式雾化器。以气流式雾化器为例来说明压力对喷雾干燥的影响，气流式雾化器是利用压缩空气（或水蒸气）高速从喷嘴喷出与另一通道输送的料液混合，利用空气（或水蒸气）与料液两相间相对速度不同产生摩擦力，把料液分散成雾滴。压缩空气压力对喷雾干燥效果的影响主要有两方面，一方面是对收率的影响，如随着压力增大，喷雾角度减小，减少粉体黏壁概率，从而提高收率。另一方面是对粒径的影响，喷雾压力增大时，用以打碎雾滴的能量增加，可以雾化成更小的微滴，水分蒸发后粉体的粒径也小。

7. *进风温度和出风温度*　喷雾干燥过程进风温度多控制在 120～200 ℃，进风温度高低与输入能量大小有关，会影响喷雾干燥过程的效率和能耗。进风温度越高，蒸发能量则越大，不仅可使颗粒干燥充分、水分少，而且所得粉体黏结性较低、粒径分布均匀、收率高；反之粉体黏性增强，甚至出现聚集现象，导致收率降低。但也有研究表明随着温度的增加，收率反而降低，原因主要与物料的玻璃化转变温度（Tg）有关，当进风温度高于物料的 Tg 时，粉体变黏，导致干燥室黏壁较多，收率降低。此外，进风温度会影响粒子的形态，如进风温度高时，颗粒表面瞬间干燥，产生具有光滑坚硬表面的粒子，而较低的进风温度，粒子表面较潮湿，进入到干燥塔低温区域时内部产生收缩，导致产生皱缩颗粒。出风温度通常受进风温度的影响，增加进风温度可以使出风温度随之增加。由于排出气体与最终喷干粉体直接接触，为防止高温对粉体成分的影响，通常将出风温度控制在 50～90 ℃。

但是，由于以上种种工艺参数间的相互作用关系是复杂的，牵一发而动全身，修改其中某一项参数或者物料的性质发生变化，其他参数就必须要进行相应的调整，因此我们就结合 CFD 建模技术和深度学习技术对喷雾干燥的工艺参数间的优化控制进行了详细的研究。

第五节　基于机理模型的中药喷雾干燥工艺研究

本节以金银花提取液在喷雾干燥过程中的工艺现象为例，讨论了基于流体力学机理模型的数字孪生构建。与真空带式干燥仿真计算模型不同，在本应用案例中，空气作为连续相并采用经典那斯托克斯方程进行建模求解，而金银花颗粒作为分散相直接求解其受力平衡方程。

金银花(*Lonicera Japonica Thunb.*)为忍冬的干燥花蕾或初开的花。金银花具有许多益处，并用作日常茶饮。干燥是食品和药品生产过程中去除提取物中水分的重要操作。作为一种灵活、兼容、高精度和高效率的设备，喷雾干燥已被用于生产粉末食品，如牛奶、乳清、速溶咖啡、茶以及医疗保健和药品。

一、喷雾干燥过程理论模型

在本研究中，使用欧拉-拉格朗日模型定义了相关的守恒方程。热空气和干燥颗粒分别被视为连续相和分散相。

(一) 连续相方程

在欧拉框架中对连续相进行建模，给出了连续相的动量、能量和质量的平衡方程，其中动量方程和湍流方程采用式(6-99)～式(6-107)。

能量守恒方程由下式表示：

$$\frac{\partial(\rho_C h_C)}{\partial t}+\nabla\cdot(\rho_C U_C h_C)-\nabla\cdot(k_t\nabla T_C)=\Gamma_{m,CD}h_C+Q_C+\Gamma_{e,CD} \tag{6-99}$$

该系数由 Ranz-Marshall 相关性获得 h_C：

$$\frac{h_C d_D}{k_\infty}=2.0+0.6Re^{\frac{1}{2}}Pr^{\frac{1}{3}} \tag{6-100}$$

质量守恒通过以下方式获得：

$$\frac{\partial(\rho_C y_C)}{\partial t}+\nabla\cdot(U_C y_C)-\nabla\cdot[\rho_C D_C(\nabla y_C)]=\Gamma_{m,CD} \tag{6-101}$$

(二) 离散相方程

在离散相位模型中，粒子的运动行为由力平衡方程计算。根据牛顿第二定律，单粒子运动方程构建如下：

$$\frac{dU_D}{dt}=F_{CD}^{drag}(U_C-U_D)+g\left(\frac{\rho_D-\rho_C}{\rho_D}\right) \tag{6-102}$$

F_{CD}^{drag} 定义为单粒子拖曳力函数，并用于确定方程(6-102)中牛顿第三定律上离散相和连续相的相互作用。

$$F_{CD}^{drag}=\sum\frac{3C_{drag}\rho_C}{4\rho_D d_D}(U_C-U_D)^2\dot{m}_D\Delta t \tag{6-103}$$

阻力系数定律由下式给出：

$$C_{drag}=a_1+\frac{a_2}{Re}+\frac{a_3}{Re^2} \tag{6-104}$$

式中，a_1、a_2 和 a_3 是取决于粒子雷诺数的常数，适用于雷诺数在 0 到 50 000 范围内的粒子。

在式(6-101)和式(6-102)中，传质项用于模拟热空气条件下的单颗粒蒸发速率，并写成：

$$\Gamma_{m,C}=\frac{dm}{dt}=A_D y_C k_C (C_s - C_\infty) f \tag{6-105}$$

金银花提取物的干燥动力学是通过将 Ranz-Marshall 相关性乘以经验无量纲数 f 来计算的，由式(6-106)给出：

$$\frac{k_C d_D}{D_C}=f(2+0.6Re^{\frac{1}{2}}Sc^{\frac{1}{3}}) \tag{6-106}$$

为了确定两相之间传热所改变的能量，可以通过公式(6-107)计算单个粒子的内部能量方程：

$$m_D c_D \frac{dT_D}{dt}=h_C A_D (T_\infty - T_D)+\frac{dm_D}{dt}h_v \tag{6-107}$$

二、干燥动力学实验构建干燥动力学模型

液滴的干燥动力学模型是构建数值模型的关键。干燥动力学模型的选择决定了准确预测液滴干燥过程的能力，特别是对于含有可溶性固体的溶液。目前，计算含固体液滴干燥动力学的常用方法包括反应工程方法(REA)模型、CDC 模型和扩散模型。考虑到准确性和计算强度，这些模型中的每一个都有自己的优点和缺点。CDC 模型是一种半经验模型，需要较少的计算工作量，并且已被证明适用于许多研究。

生产单液滴的方法包括细丝悬浮、自由落体、声学悬浮或空气悬浮。与非接触悬浮和自由落体技术相比，液滴悬浮在细丝上更简单且成本更低，并且更常用于确定饲料的干燥动力学。这是在干燥过程中监测液滴直径、质量和温度变化的理想技术。浸入液滴中的细丝末端部分仅占液滴总体积的一小部分。因此，从细丝到液滴的热传导将造成非常小的干扰。用于单滴干燥实验的金银花提取物的组成为 85%的水和 15%的可溶性固体。单液滴干燥实验的配方组成与喷雾干燥实验的配方组成一致，便于直接比较。本实验采用了第四章第五节的实验技术方法，对金银花的单颗粒干燥实验进行试验测量。

通过实验测得的金银花提取物的干燥速率如图 6-17 所示。根据 CDC 模型计算含有可溶性固体的液滴的干燥过程。CDC 模型可以更好地拟合液滴干燥的两个不同阶段，即恒定速率阶段和降低速率阶段。当液滴表面结壳时，恒定速率阶段结束并进入速率降低的干燥阶段。如图 6-17 所示，大约需要 270s。此时，在临界水分 X_{cr} 之后，速率递减阶段的水蒸发过程受到限制。经验无量纲函数 f 根据颗粒含水率 X(含水率与固含量之比)定义为：

$$f=\begin{cases}1 & \text{for } X\geqslant X_{cr}\\ \left(\dfrac{X-X_{eq}}{X_{cr}-X_{eq}}\right)^n & \text{for } X\leqslant X_{cr}\end{cases} \tag{6-108}$$

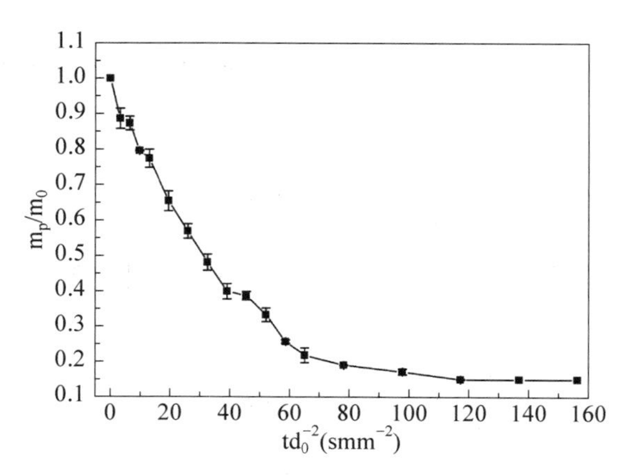

图 6-17　金银花提取物单滴的干燥曲线

通过拟合单液滴实验的干燥曲线，确定本研究中参数 n 的值为 1.81。在 CDC 计算模型中，X_{cr} 设置为 1.42。在该实验中，发现所有金银花液滴的最终湿度接近 0($X_{eq}=0$)。

三、喷雾干燥实验装置结构

在该实验中使用了中试喷雾干燥机(H-spray 5S)(图 6-18)。金银花提取物通过蠕动泵进入双流体雾化喷嘴，并被压缩气体分散的小液滴喷入干燥塔。干燥的热空气和液滴从塔顶流下来，进行传热和传质。将得到的喷雾干燥粉末和粉尘分别在旋风分离器和滤袋上分离。

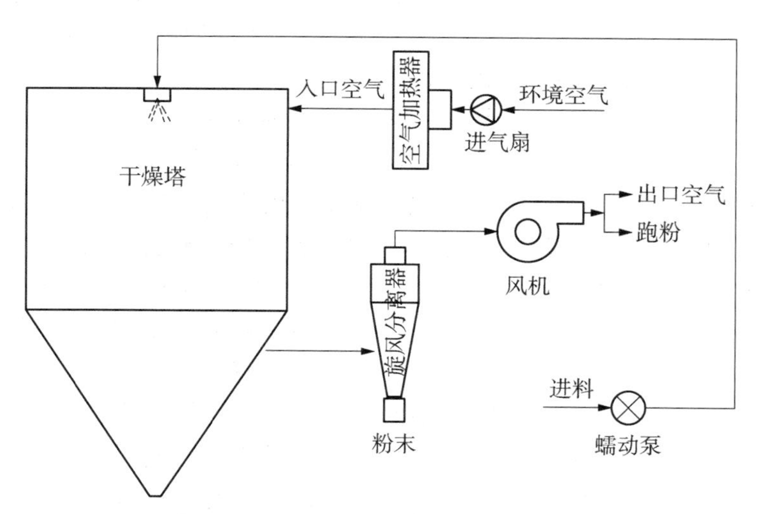

图 6-18　H-Spray 5S 中试型喷雾干燥机

干燥空气被加热并通过空气分配器从干燥塔顶部进入塔内。温度设定为 448 K，绝对湿度为 0.002 93 kg/kg。数值模型的其他参数设置如表 6-8 所示。热空气的速度决定了干燥塔中的供热和颗粒运动速度。进料流速被认为是喷雾干燥过程中液滴碰撞次数的最重要参数。随着固含量的增加，进料溶剂的密度和黏度增加，从而影响液滴的形成和干燥过程。因此，研究模拟了改变热风流量、进料速率和进料浓度对粉体产量的影响。

表 6-8　用于仿真的边界条件

参　数	数据
空气流量(m/s)	6
空气温度(K)	448
空气觉得湿度(kg/kg)	0.00293
空气径向速度分量	0
空气切向速度分量	0.2588
空气轴向速度分量	0.9659
出口压力(Pa)	−100.0
壁面材质	钢铁
壁面热损失系数[W/(m^2·K)]	1.3
环境温度(K)	293
H_2O 流量(L/h)	2.145
料液流量(L/h)	2.145
料液含水率(kg/kg)	15%
料液温度(K)	293
喷雾锥半角(°)	15
颗粒初始速度(m/s)	65
Rosin-Rammler 参数	1.2786

根据单液滴干燥实验的结果，进料液的最终直径等于初始液滴的 0.56 倍。因此，本研究从喷雾干燥粉末的粒径逆推出初始液滴尺寸。Rosin-Rammler 相关性用于估计建议的液滴尺寸分布，拟合模型如下：

$$\vartheta(d_D)=1-\exp\left[-\left(\frac{d}{d_{\mathrm{mean}}}\right)^n\right] \tag{6-109}$$

本研究假设 Rosin-Rammler 模型平均液滴直径为 14.48 μm，色散参数为 1.2786，其中最小和最大液滴直径分别为 3.38 μm 和 63.54 μm(图 6-19)。通过热平衡实验(无喷雾)确定干燥塔对环境的热损失系数为 1.3 W/(m^2·K)。

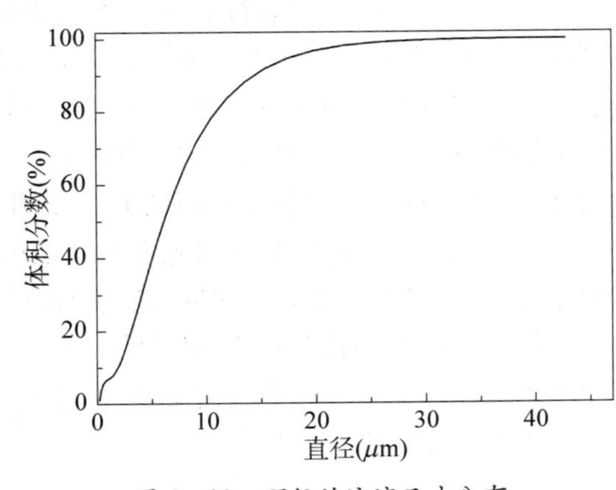

图 6-19　颗粒的液滴尺寸分布

由于干燥机内部具有高涡流效应，因此在热损失模拟中使用了与进料条件下干燥过程相同的湍流模型，即剪切应力传递(SST) k-ω 湍流模型。黏度、导热系数和空气比热等特性被描述为温度的函数，并使用 Soave-

Redlich-Kwong 模型(SRK)计算密度。在这项研究中,简化了干燥机模型的几何形状,排除了通过检修孔和控制窗的热量损失。干燥塔几何模型的简化可能会导致数值模拟结果与测量结果之间存在一些局部差异,但不会对干燥塔内部的整体温度分布产生显著影响。

四、数值求解与模拟

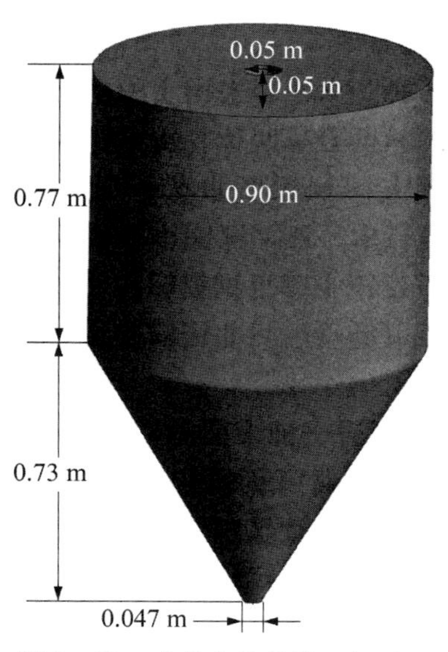

图 6-20　喷雾干燥器塔几何形状

使用 Fluent 2021(Ansys,美国)进行了数值模拟。连续相和离散相之间的传热和传质行为以数值方式求解,并使用基于压力的求解器进行计算模拟。求解器使用双向耦合欧拉-拉格朗日算法来计算连续相和离散相。比较了不同网格尺寸(即 0.04、0.02 和 0.01 mm)的仿真误差,结果表明了网格的独立性。考虑到计算效率和精度,选择 0.02 mm 的网格尺寸。喷雾干燥塔的几何形状如图 6-20 所示。计算机的中央处理器(CPU)是 Intel Xeon 6230(20 核,2.1 GHz),每个内核的运行内存为 6×16 GB。模拟计算步长为 0.01 s。

最初使用耦合求解器模拟气流以实现稳态。之后,发出分散相以达到稳定状态。利用压力-速度耦合算法对仿真进行了求解。对动量、体积分数、湍流动力学和湍流耗散方程应用了二阶上风方案。压力插补由 PRESTO! 解决。

在这项研究中,液滴和颗粒之间的所有相互碰撞相互作用都被忽略了。但是研究了粒子与墙壁的相互作用。计算域中的颗粒去除机理是根据颗粒在干燥塔壁上的沉积量确定的。根据颗粒和壁面之间的相对速度,一些颗粒可以吸附在表面,而其他颗粒会改变运动轨迹。如果颗粒的运动低于颗粒-壁相互作用下的临界沉积速度 ($U_{cr}=0.03$ m/s),则意味着它们可以被黏性的作用捕获。如果粒子速度为>0.03 m/s,它可以以 0.9(法向)和 0.3(切向)的恢复系数从壁上反弹。

(一) 干燥塔温度场的测量

用分布式光纤测温系统(DTS)测量干燥塔的温度分布(图 6-21)。本研究首次采用 DTS 对干燥塔内温度场进行测量,对所建立的数值模型进行了验证。DTS 技术基于拉曼散射。用于温度测量的拉曼散射原理是拉曼散射光功率与温度之间的对应关系。激光光源发射入射脉冲光。由于光纤芯的折射率不均匀,会产生各种形式的背散射光。提取背拉曼散射光,利用光电探测器获得返回的光功率值,从而建立返回的光功率与温度之间的对应关系。解调器可以通过计算入射光发射和散射光返回之间的时间间隔来获得温度点的位置。根据 DTS 测量的温度分布数据,确定数值模型的设置,可以代表喷雾干燥过程。DTS 分布式温度传感(LIOS PRE. VENT,德国)每 30 s 更新一次温度数据,系统的测量精度为 0.15 m。使用耐高温光纤测量干燥塔内的温度。光纤固定在距容器顶部 0.18 m、0.48 m 和 0.78 m 处,每个高度的光纤沿直径分布。

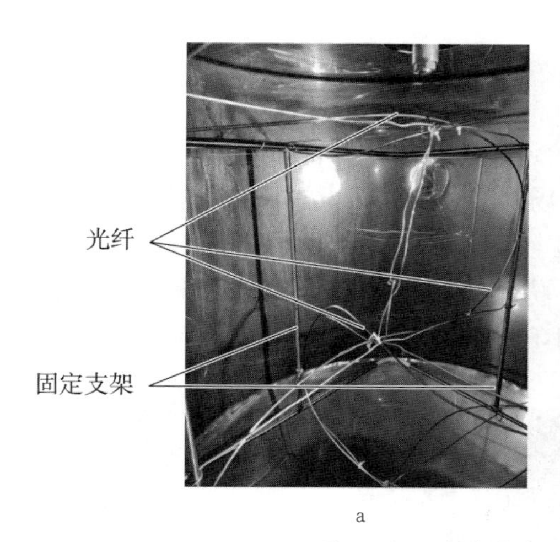

a　　　　b

图 6-21　分布式光纤测温系统

a:测温光纤;b:解调器

(二) 基于温度的模型验证

液滴蒸发-冷凝相变过程中的温度变化。当蒸汽从液滴表面产生时,周围空气的能量被去除,空气的温度降低。温度场的分布可以反映液-气相相变的严重程度。温度越低,液体到气体的转变就越强烈。以水为实验样品研究液气过渡区,利用 DTS 测温系统获得喷雾干燥塔的温度场数据,如图 6-21 所示。

图 6-22 显示了塔楼不同水平的温度幅度的预测和实验剖面之间的比较。如图 6-22 所示,圆柱形磁芯附近有一个低温区。当半径增加时,温度变化区域变得稳定。表明蒸发反应在核心是剧烈的。由于液滴干燥是一种吸热反应,液滴从液相转变为气相会去除周围环境中的大量热能。喷嘴下的剧烈传热和传质反应通过温度场实验结果验证了。实验测得的温度曲线与 3 个高度(0.18 m、0.48 m 和 0.78 m)的模拟值之间的平均百分比误差分别为 8.8%、7.1%和 3.1%。温度误差可能是由于模型的简化,忽略了模拟过程中观察窗和检修孔的影响。受限于 DTS 设备的分辨率,无法获得测温光纤上两个温度传感点之间的温度变化。本研究中 DTS 测量捕获的这种现象也由 Mezhericher 等先前报道过。因此,这可用于研究数值模拟的可靠性。

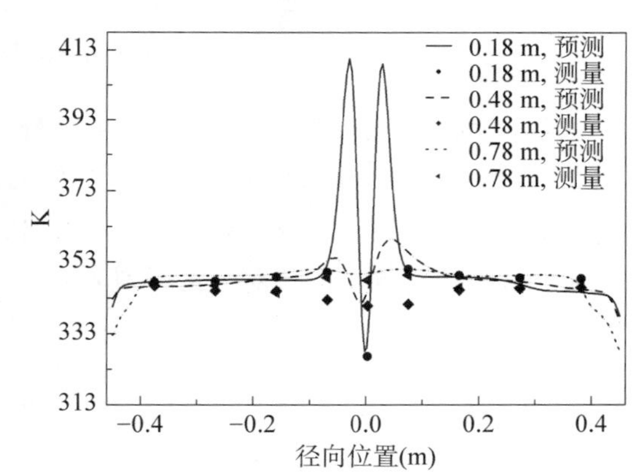

图 6-22　喷雾塔不同工艺水平的模拟和测量空气温度曲线

与温度验证相反,使用的速度场数据是矢量的。模拟中气流的反转和不稳定性质以及所用测量技术的局限性导致获得的验证数据仅包括速度的大小,而无法确定速度的方向。此外,速度测量装置只能在给定时间内测量特定位置的速度大小。由于气流模式的强烈可变性和有限的实验时间,这导致获得的平均速度值不太可靠。在 Mezhericher 和 Benavides-Morán 的实验中,发现测量的速度大小变化很大,达到实验中给出的平均速度值的±70%。

五、金银花提取物的喷雾干燥

在实验和模拟中，动量、质量和能量传递方程之间存在相互作用关系。当热能被液滴蒸发带走时，空气流速可以由周围的热气流场补充。随着蒸发速率的变化，空气温度和速度存在明显的不规则分布。因此，空气的速度场、温度场和组分浓度分布相互影响。我们基于DTS测量结果验证了数值模型的温度场，仿真计算出的速度场和分量场可以合理地认为是可靠的。模拟的空气温度、空气速度和 H_2O 质量分数场如图 6－23 所示。

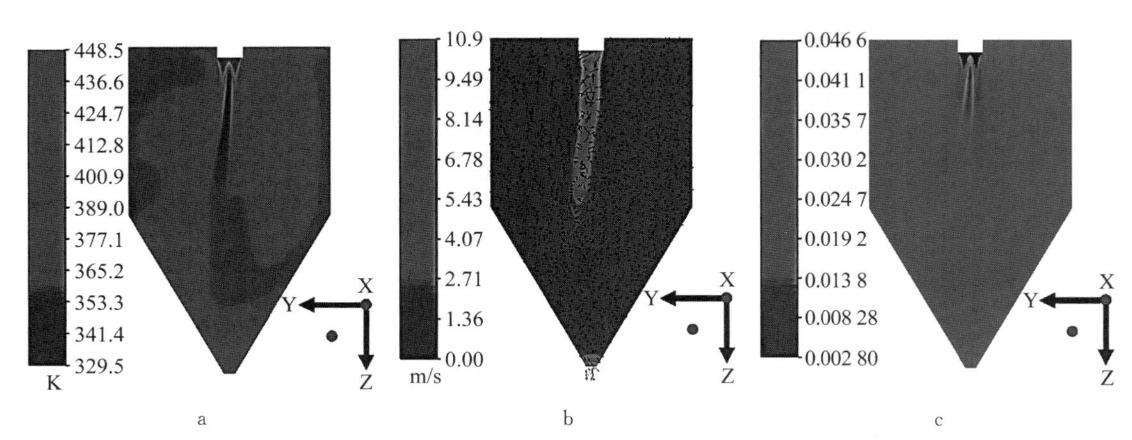

图 6－23　干燥塔的温度、速度和 H_2O 质量分数分布

a：温度；b：速度；c：H_2O 质量分数

从这些图片可以看出，干燥机的大部分区域具有几乎恒定的温度和湿度。如图 6－23a 所示，在塔的上部核心区域附近有一个低温区，具有外围高温区。在模拟中，在 0.48 m 和 0.78 m 的高度没有这种剧烈的温度变化。核心外体积中的气流速度非常低：它几乎停滞。由于液滴和核心空气中的相对速度较高，因此它们可以从蒸发中获得的吸收能量从图 6－23b 中的入口的新鲜热空气中供应。随着不断被加热的干燥空气从入口进入塔中，它可以继续用于干燥过程，潮湿的空气可以从图 6－23c 中的出口逸出。发现的低温区为推断喷雾干燥过程中液滴的运动特性和相变位置提供了证据，这对于工艺优化和设备设计至关重要。

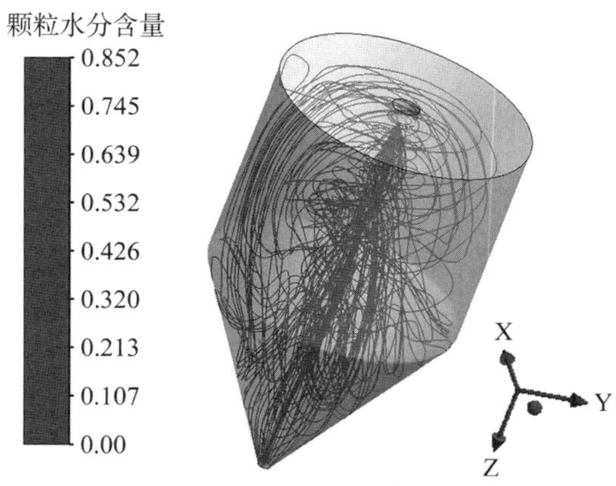

图 6－24　颗粒轨迹模拟：颗粒水分含量在干燥塔中演变

对于一种具有代表性的液滴注入流，图 6－24 显示了干燥塔中的颗粒轨迹。在干燥塔中，旋风分离器分离，从下方撞击锥形壁并产生向上循环。在干燥塔的圆锥形区域，由于该区域空气流动的高湍流，颗粒沿锥体的内周运动。这些回转流将冲向干燥塔的顶板。一些没有向上循环的气流将流向底部出口。对于向上的气旋气流，当它被顶部阻挡时，它会沿着塔顶水平移动，然后向动。由于

小颗粒随干燥空气向上输送，因此这里具有筛分效应，这有助于观察沿塔的粒度分布。当粒子速度低于 U_{cr} 时，沉积在壁上。

图 6－25 显示了某一时刻两个横截面处的颗粒温度和直径分布。圆柱体顶部、圆柱形侧壁、锥形侧壁和底部出口处的颗粒直径统计。图 6－25a 中的瞬态颗粒分布表明，直径较小的颗粒在干燥器的圆柱形部分分布得更多。这种现象也可以在图 6－22 中得到证实。如图 6－26a、b 所示，直径≤15 μm 的颗粒在圆柱体的顶壁和侧壁中的比例更大，因为这些颗粒更容易燥塔中的湍流分散，从而通过回转流带回塔的上部。图 6－26c 中的直径分布显示到达锥形壁的颗粒更大，平均直径为 21.7 μm。底部出口处的粒径分布相对更均匀，平均粒径为 16.6 μm。由于数值模拟使用简化的沉积模型，因此可能会导致低估到达出口的颗粒数量，因为在实际的喷雾干燥过程中，最初停留在壁面上的干燥粉末可能会滑落。然而，我们的模拟比“捕获”和“反射”墙设置更接近实际情况。

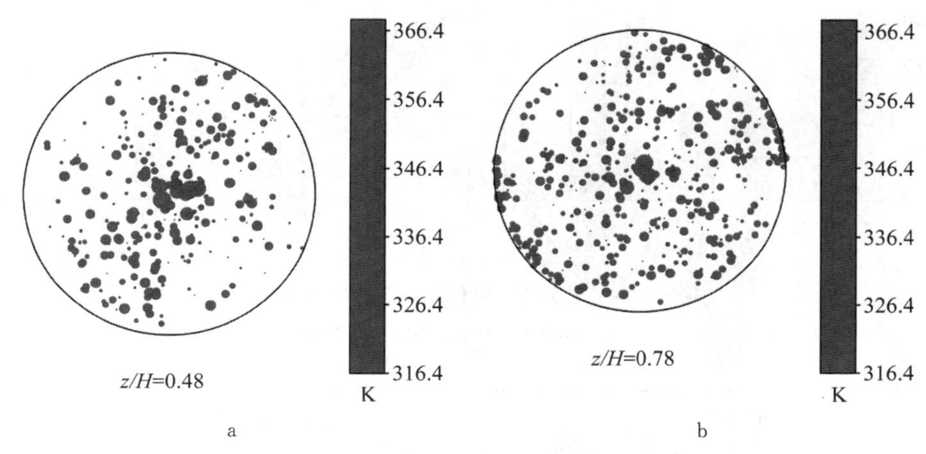

图 6－25　干燥塔中两个横截面上按温度着色的颗粒的瞬时位置及其尺寸分布

a：$z/H=0.48$ m；b：$z/H=0.78$ m，粒度按最大粒径归一化

图 6－27 显示了颗粒表面温度和平均含水量随入口距离的变化。对采样流中颗粒状态的统计分析表明，在水从液滴表面蒸发的第一阶段，液滴温度接近 56.85 ℃。该值对应于根据入口条件计算的干空气湿球温度。可以推断，在第一阶段的大多数液滴周围观察到类似的环境条件，这可以从图 6－23 所示的空气温度和 H_2O 质量分数的分布中得到证实。此外，第二干燥阶段颗粒的表面温度在 66.85 ℃和 81.85 ℃范围内，含水率的变化与温度变化的转折点基本一致。干燥完成后，颗粒表面温度保持在均匀平衡水平（约 88.85 ℃）。两个干燥阶段的持续时间的特点是，第一个干燥阶段比第二个干燥阶段花费的时间长得多，所有粒径的持续时间比约为 2∶1。数值模拟结果与单液滴干燥实验基本吻合。Mezhericher 等在对二氧化硅浆液喷雾干燥过程的研究中获得了与本研究相似的模式。图 6－18 描述了金银花提取物的干燥和运动学特性，而 Mezhericher 和 Benavides-Morán 证实了结果，证明了所建立的数值模型的可靠性。

干燥塔内的温度分布与液滴的干燥和运动特性密切相关。干燥塔内测得的温度与模拟一致，可以很好地解释干燥过程中液滴的变化。干燥塔中有三个不同的温度变化区。首先

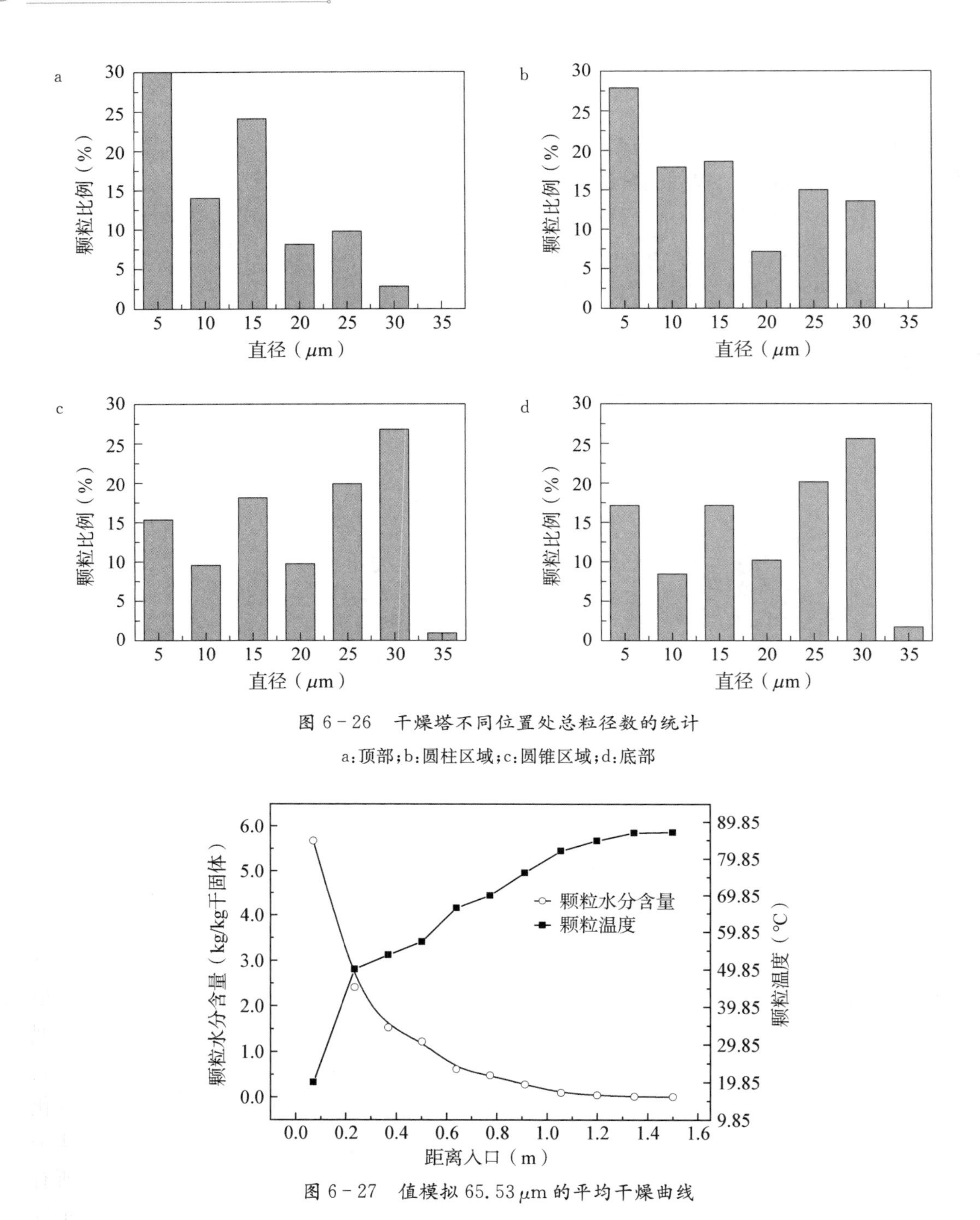

图 6-26　干燥塔不同位置处总粒径数的统计

a：顶部；b：圆柱区域；c：圆锥区域；d：底部

图 6-27　值模拟 65.53 μm 的平均干燥曲线

是雾化区，由于蒸发导致水分的去除，液滴尺寸也急剧缩小。水相变吸收了大量的热量，而液滴温度在该区域上升得更慢。第二个区域正好在第一个区域的下方，距离喷雾干燥器的入口 0.8～1.2 m，液滴进入干燥的第二阶段。由于液滴表面的壳形成，干燥速率降低，伴随着液滴表面温度的快速上升。最后，当液滴完全干燥时，观察到温度和湿度水平稳定在干燥塔出口上方。

六、基于深度强化学习的过程优化

基于液滴干燥过程的温度验证和分析，仿真结果与实际生产过程一致。数值模拟模型可以根据不同的生产工艺条件预测相应的产品质量属性。选择粉末收率作为评估喷雾干燥过程的目标函数。通过实验室的初步研究，H-spray 5S 喷雾干燥机通过旋风分离器的生产损失很小，粉体产量主要由喷雾干燥塔的壁沉积决定。因此，干燥机出口和进料口处可溶性固体的质量之比定义为粉末产量。实验中收集在旋风分离器底部的粉末重量用于验证最佳工艺。

在这项研究中，可以将实际过程数据和仿真数据混合到深度强化学习模型中进行训练。此模拟过程中生成的数据范围为：进气速度（5.25～6.25 m/s，精度 0.25 m/s）；进料速度（1.287～3.861 L/h，精度 0.858 L/h）；进料浓度（固含量 10%～25%，精度 5%）。从由质量指标及其相应的工艺条件组成的实验和数值模拟模型中共获得了 80 条工艺数据。取 50 条数据（粉体收率为 50%～68%）训练人工神经网络（ANN）模型，并根据工艺条件预测质量指标。使用预测模型作为模拟喷雾干燥器，应用强化学习算法为决策模型提供训练环境。网络如图 6-28 所示。训练强化学习代理需要与环境进行许多交互，但这在实际生产中是不现实的。因此，使用预先建立的预测模型来模拟实际的喷雾干燥器。决策模型的训练过程与预测模型交互，实现快速响应。

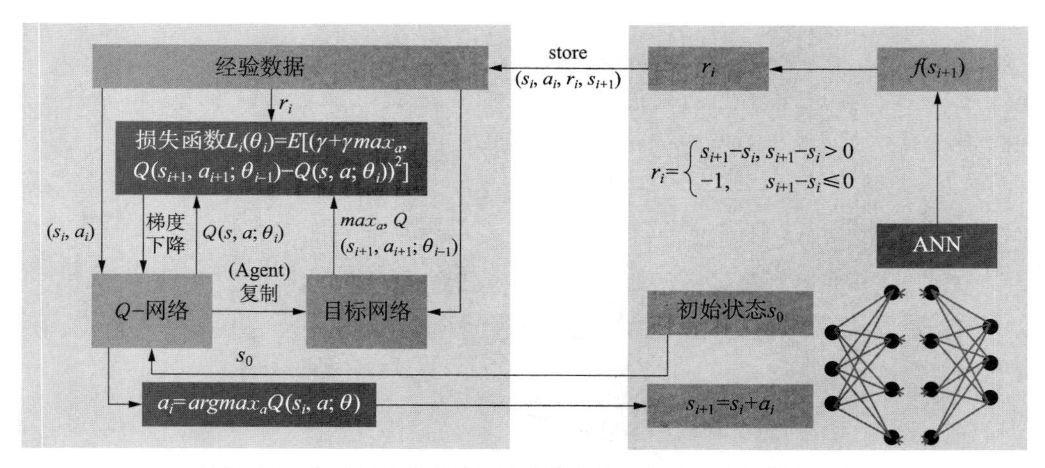

图 6-28　基于深度强化学习的喷雾干燥工艺优化系统算法流程

γ 是奖励折扣因子，θ_i 是第 i 次迭代时的估计网络权重，θ_{i-1} 是上一次迭代的目标网络权重，r 是奖励，s_{i+1} 是下一个状态，a' 是下一个动作，E 是均方误差函数。ANN 预测模型由 3 个全连接层组成，第一层和第三层有 20 个神经元，第二层使用 60 个神经元。全部使用 tanh 激活函数，损失函数设置为均方误差，使用 Adam 优化器，批大小设置为 32，学习速率为默认值，迭代次数为 4000 次。

基于深度 Q 网络（DQN）算法开发了喷雾干燥过程的深度强化学习模型。DQN 算法中神经网络模型的输入层包含 5 个隐藏层，线性校正函数 ReLU（整流线性单元）用作激活函数；输出层包含对应于 6 个不同动作的 6 个神经元，线性函数用作激活函数。强化学习的超参数设置如下:学习率设置为 0.001,奖励折扣因子设置为 0.95,经验数据数设置为 500,每批样本数设置为 64。

建立了一个 ANN 预测模型来预测得粉率。从图 6-29 所示模型的预测性能可以清楚地看出,模型的预测性能是稳定的,模型的预测值与实际实测值一致。模型能够对喷雾干燥生产过程进行模拟,并在工艺优化系统中起着重要作用。

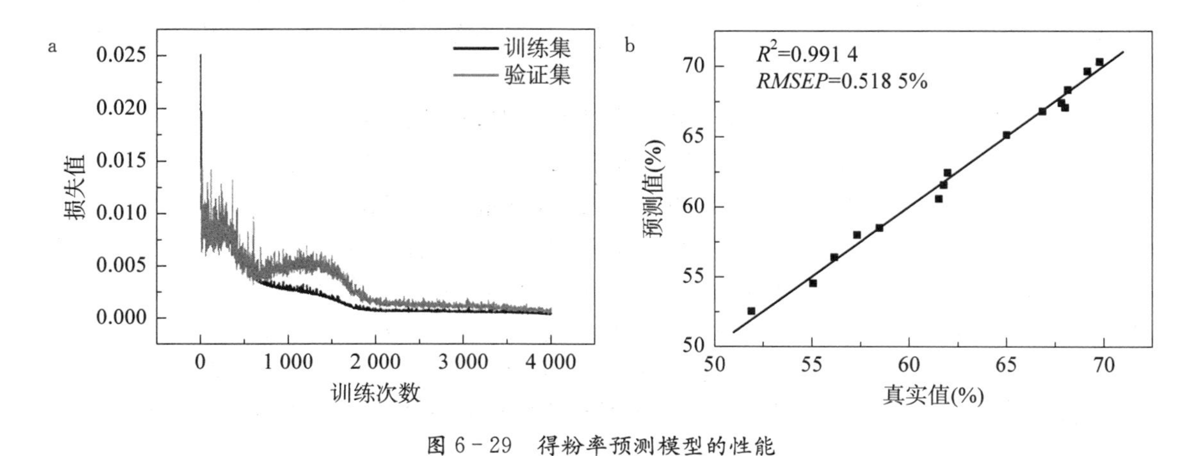

图 6-29 得粉率预测模型的性能

a:用于训练和验证集的损失函数;b:实际值和预测值的相关图

随机选择一个初始状态来启动深度强化学习算法进行过程优化。工艺优化模型从初始状态开始,逐步调整进气速度、进料速度和进料浓度,最终在满足出口含水率的条件下提高粉体收率。图 6-30 显示了模型优化结果。优化后,粉体收率由 66.09%提高到 71.03%。生产过程从 s_0(进气速度:6.12 m/s,进料速度:3.00 L/h,固含量:20%)变为 s_6(进气速度:5.87 m/s,进料速度:1.29 L/h,固含量:20%)。通过实验验证预测的最佳工艺参数,粉末收率达到 71.92%。由此证明,所提出的工艺优化系统对喷雾干燥工艺具有有用的适用性。在

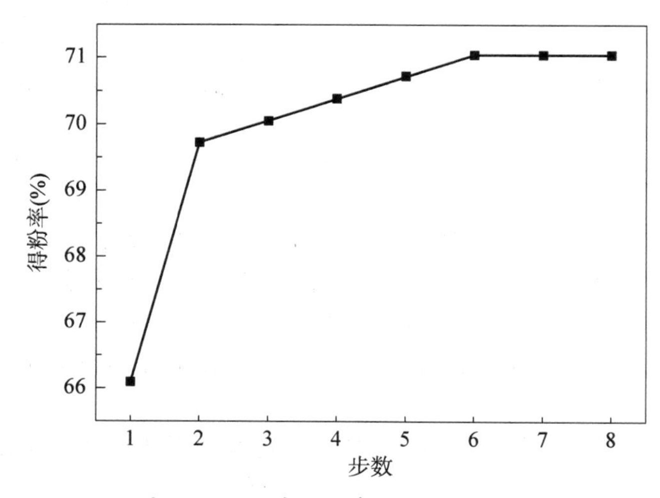

图 6-30 深度强化学习过程优化结果

生产过程中，可以将新的数据和场景不断输入在线系统进行过程学习，从而更好地表示不同过程参数之间的复杂相互关系，以进行在线自适应过程控制。

小 结

本章从实时的预测控制和生产前工艺条件的预测性输入为例，详细讨论数字孪生技术在中药制药领域中的应用。

在实时预测性控制方面，数字孪生技术突破了现有的反馈控制逻辑，实现了物理现象预测，并根据未来物理条件对现有的工艺进行预测性调整，实现了工艺流程的稳定性，避免较大的波动。

在工艺参数预测方面，数字孪生技术为现有的工艺参数优化提供了科学的技术支持，避免了单纯依靠经验对产品质量不确定性控制，增强了产品的质量稳定性，特别针对中药领域投料批间差异性，有针对性地提出了工艺优化方案。

从本章讨论可以看出，智能优化技术是数字孪生技术分析数据，给出行动方案的核心技术，从数据空间中挖掘知识，并给出对物理实体的反馈控制信息，是智能优化技术的主要研究目标。

因此下一章重点讨论智能优化技术在数字孪生中的具体应用，并分析相关技术对中药制药领域的工业应用。

第七章

基于数字孪生技术的中药制药过程智能优化

中药制药过程的智能优化与控制是一种重要的技术手段。在中药制药过程中，优化控制可以帮助制药企业提高制药过程的效率，提升产品质量，降低生产成本并实现绿色可持续发展。然而，中药制药过程的优化与控制面临着一些困难。首先，中药材的质量存在波动性，导致制药过程的可控性受到一定的限制。其次，中药制药过程较长，涉及多个工艺环节和参数，关系十分复杂。这使得中药生产规律难以解释，生产过程建模难度较大。最后，中药生产具有多目标性质，需要综合考虑多个指标，使得优化方法的应用面临着挑战。

为解决这些困难，中药制药过程的智能优化与控制应该采用针对性的优化方法和技术手段。例如，基于模型的预测控制方法可以通过对中药制药过程的建模和预测，实现优化控制的目的。同时，数据挖掘和人工智能技术可以帮助分析中药制药过程中的数据，寻找变量之间的关系，优化工艺参数，提高产品质量和生产效率。此外，基于多目标优化的方法可以综合考虑多个指标，找到最优解决方案，实现中药制药过程的优化。面对中药制药过程的复杂性和多目标性质，应采用针对性的优化方法和技术手段，实现制药过程的智能优化与控制。

第一节　中药制药过程优化的基本问题

中药制药过程优化决策的基本问题主要包含以下三个方面。

1. 工艺操作优化　在制药过程中，各种工艺操作参数的选择和优化都会对制药效果和成品质量产生影响。例如，中药提取工艺中的溶剂种类和用量、提取时间、温度、压力等参数的选择和优化，都会影响提取效果和成品质量。因此，我们需要对每个工艺操作进行优化。工艺操作优化的意义在于提高产品质量，避免出现质量波动和不合格产品；降低生产成本，降低能源和原材料的消耗；缩短生产周期，提高生产效率；减少对环境的污染和资源的浪费，从而实现绿色可持续发展。工艺操作优化的实质即通过对提取、浓缩、干燥、制剂等生产工艺流程进行细致分析和优化，寻求最优的工艺操作参数，从而实现中药制药过程的高效稳定生产。

2. 质量控制优化　在中药制药过程中，质量控制是确保各环节药品质量符合相关标准的重要手段，而质量指标的动态控制是质量控制的一个重要方面。中药制药过程的质量指标通常包括有效成分含量、微生物含量、产品过程物理状态等。通过动态监测，我们可以及时发现指标的变化趋势，并采取相应措施进行调整，以保证产品质量稳定。目前可通过红外光谱技术、超声波技术、荧光光谱技术等，对中药制药过程的质量指标进行动态监控。控制系统对当前状态进行辨识后进行预测性控制，确保系统在最优状态运行。

3. *过程决策优化*　制药过程决策优化主要涉及制药工艺选择、生产计划管理以及调度的优化。其中制药工艺的选择需要结合药品特性和市场需求，同时根据现有设备和技术水平对工艺进行可行性分析。生产计划是决定企业每个月、季度、年的生产任务以及所需的生产资源。根据生产计划确定确实可行的方案，建立完善的调度机制，合理安排生产任务和生产资源。在当前环境下，对生产工艺选择、生产计划与调度的决策优化，可以进一步提高企业的经济效益。

中药制药过程智能优化与决策的本质是通过充分利用生产数据、操作经验和过程机理等多源信息，引入先进的优化算法，将相关的经验知识和启发性思维嵌入到过程优化控制中，以实现中药制药过程的最优化控制和决策。其中，通过系统辨识和神经网络建模等方法，对中药制药过程进行模型建立，以描述和预测中药制药过程的动态特性；通过专家经验建模和模糊逻辑建模等方法，将操作经验和经验知识转化为数学模型，以实现中药制药过程的智能化控制；通过机理建模等方法，揭示中药制药过程的机理规律，为制药过程的优化提供理论依据和方法支持。

第二节　中药制药过程优化的技术结构

中药制药过程优化与决策技术的目的是利用数值模拟工具、机器学习算法、专家系统和模糊逻辑等技术手段，通过分析工艺过程机理、构建优化模型、对优化结果进行纠偏和协调、制药过程控制以及模型修正和更新等步骤，提高中药制药过程的效率、质量和经济效益，以满足生产需求和标准。其本质是利用多学科知识、数据驱动模型、人工智能技术和绿色制药技术等手段，实现中药制药过程的智能化控制和优化决策，以提高制药过程的效率、质量和经济效益，同时考虑环境保护因素，实现可持续发展。

1. *数据采集与预处理*　在中药制药过程中，涉及多个参数，如温度、压力、pH 值、原料质量等。通过采集和预处理实时的生产数据，可以为制药过程的优化提供支持。采集和预处理数据的过程包括确定需要采集的数据类型和传感器，制定采集频率和采集时间，以及对采集的数据进行处理和分析，降低数据维度，去除冗余信息，提高模型的准确性和可靠性，例如数据清洗、转换和归一化等。

2. *工艺过程机理分析*　使用数值模拟工具，如计算流体动力学(CFD)或有限元分析(FEA)，来模拟和分析制药过程中的物理、化学和生物现象。通过这些分析，确定生产过程指标如，经济效益指标(原料消耗量、能源消耗量等)产品质量指标(有效成分含量、含水率、浸出率等)以及与指标相关联的工艺操作参数(温度、时间、压力等)。

3. *优化模型构建*　针对生产目标和指标，需要构建一种以某个经济效益指标为目标的且满足生产标准的优化模型。可以使用各种机器学习算法，例如神经网络、遗传算法和支持向量机等方法构建优化模型。目标优化模型需要综合考虑工艺知识、生产过程数据、操作经验、扰动因素以及多种建模技术，以保证优化策略的准确性和实用性。

4. 优化结果的纠偏和协调　使用专家系统和模糊逻辑，对优化结果进行协调和纠偏。专家系统可以根据已知的规则和经验对优化结果进行评估和调整，而模糊逻辑可以帮助处理不确定和矛盾的信息，从而使得调整更加准确和可靠。

5. 制药过程控制　基于获得的优化策略，可以采用多种控制方法进行制药过程控制，例如PID控制、模型预测控制、模糊控制等。这些控制方法可以保证制药过程的可控性和稳定性，从而提高产品质量和生产效益。

6. 模型维护　在生产过程中，需要不断对优化模型进行修正和更新，以确保模型的精度和适用性。这需要根据实际生产数据和生产经验，对模型进行校准和改进，以提高制药过程的效率和质量。

第三节　工艺过程优化方法分类

工艺优化方法旨在解决最优化问题，即在给定的约束条件下，求解最大或最小值的问题。在工艺优化中，约束条件通常是指生产工艺中的物理、化学或生物限制条件，例如设备容量、物料质量、反应速率等。而目标函数则是需要最小化或最大化的生产指标，例如生产成本、产量、产品质量等。目标函数通常是一个多变量函数，由若干个自变量(例如操作参数)决定，因此需要通过寻找自变量的最优组合来实现目标函数的最小化或最大化。同时，由于约束条件的存在，优化问题通常被视为一个约束优化问题。为了解决这些最优化问题，可以使用各种不同的工艺优化算法，例如梯度下降法、遗传算法、粒子群算法等。这些算法通常依赖于不同的策略和方法，以逐步改进自变量的取值，并逐渐逼近最优解。在算法执行过程中，需要对约束条件进行考虑，以确保优化结果符合生产实际情况。

一、基于数学优化的算法

数学优化算法是一种通过寻找某个函数的最小值或最大值来优化某个问题的方法。数学优化算法的主要特点是通过建立数学模型和数学求解方法来解决问题。数学优化算法具有精度高、灵活度高、可解释性强等优点。

1. 线性规划　线性规划的目标函数和约束条件都是线性函数，线性规划的求解方法包括单纯形法、内点法、网络流算法等。单纯形法是一种基于顶点遍历的算法，其主要思想是在可行域内搜索顶点，并通过顶点间的转移寻找最优解。内点法是一种基于迭代优化的算法，其主要思想是将可行域内的点向可行解的中心移动，并通过对中心的迭代优化寻找最优解。网络流算法主要用于求解带网络结构的线性规划问题，其主要思想是将问题转化为网络流问题，并通过网络流算法求解最大流问题来寻找最优解。

2. 非线性规划　非线性规划的目标函数或约束条件至少有一个是非线性函数。非线性规划的求解方法包括梯度下降法、牛顿法、拟牛顿法、全局优化方法等。梯度下降法是一种基于梯度信息的算法，其主要思想是沿着梯度负方向进行迭代，以寻找目标函数的最小值。牛顿法是一种基于二阶导数信息的算法，其主要思想是通过泰勒展开式进行近似优化，以寻找目标函数的最小值。拟牛顿法是一种基于一阶导数信息的算法，其主要思想是通过近似梯度信息进行优化，以寻找目标函数的最小值。全局优化方法主要用于求解非凸优化问题，其主要思想是通过将问题转化为多个凸优化子问题，并进行全局搜索来寻找最优解。

3. 整数规划 整数规划其决策变量为整数或离散变量。整数规划的求解方法包括分支定界法、割平面法等。割平面法是一种基于线性规划的算法，其主要思想是通过线性规划求解来确定约束条件，并进行迭代优化来寻找最优解。

二、基于元启发式算法的算法

元启发式算法(Metaheuristic Algorithm)是一种用于解决复杂问题的优化算法，通过利用启发式搜索策略来寻找最优解。与传统的数学优化方法不同，元启发式算法不需要对问题进行数学建模，而是直接对解空间进行搜索，因此具有诸多优点：适用性广。元启发式算法适用于各种类型的优化问题，包括连续和离散问题，具有广泛的适用性；具有全局搜索能力。元启发式算法通过随机化和多次迭代搜索，在解空间中进行全局搜索，可以找到全局最优解或接近最优解的解；可以处理复杂的问题。元启发式算法可以处理复杂的问题，如多目标问题、大规模问题和动态问题等；易于实现。相对于传统的数学优化方法，元启发式算法的实现较为简单，不需要对问题进行复杂的数学建模；鲁棒性强。元启发式算法具有很强的鲁棒性，对于问题的初始解和参数设置的变化都具有一定的容忍度，不容易陷入局部最优解。

(一) 遗传算法

遗传算法是一种模拟自然进化过程的优化算法，由美国计算机科学家 John Holland 于20世纪60年代提出。遗传算法的基本思想是将问题转化为染色体编码，通过对染色体进行选择、交叉和变异等遗传操作来产生新的个体，并利用适应度函数来评估每个个体的适应度，以便选择更好的个体进入下一代。通过不断的迭代进化，直到达到预定的停止条件为止，从而得到问题的最优解。基本流程如下。

(1) 初始化种群。随机生成一定数量的个体作为初始种群，每个个体都代表了问题的一个潜在解决方案。

(2) 选择操作。从当前种群中选择一定数量的个体用于交叉和变异操作。选择操作的目的是为了保留较好的个体，同时也为了给较差的个体以淘汰的机会，促进种群的多样性。

(3) 交叉操作。从被选择的个体中随机选择两个个体，进行某种交叉操作，生成一个或多个后代个体。交叉操作的目的是为了利用优秀个体之间的互补性，生成更好的后代个体。

(4) 变异操作。对新生成的后代个体进行随机变异操作，以产生更多的多样性。变异操作的目的是为了跳出当前搜索空间的局部最优解，从而提高算法的全局搜索能力。

(5) 评估操作。对新生成的后代个体以及被选择的个体进行适应度评估，得到每个个体的适应度值。适应度评估的目的是为了对个体进行排序，以便选择更好的个体进行下一轮的进化操作。

6. 重复步骤2～5，直到达到预设的终止条件，如达到一定的进化代数或满足一定的适应度值要求。

(二) 粒子群算法

粒子群算法(Particle Swarm Optimization, PSO)是一种进化算法，用于优化问题。它最早由 Eberhart 和 Kennedy 于1995年提出，灵感来自于鸟群和鱼群等生物体群的协同行为。其优点包括全局搜索能力强、收敛速度快、对于高维问题具有较强的适应性、易于并行化处理等。PSO 的标准流程包括以下步骤。

1. *初始化粒子群* 根据问题的特点，设置粒子群的大小和每个粒子的初始位置和速度，同时初始化全局最优位置和个体最优位置。

2. *计算适应度* 根据每个粒子的位置和问题的适应度函数，计算出每个粒子的适应度值。

3. *更新个体最优位置* 将每个粒子的当前位置与其个体最优位置进行比较，如果当前位置的适应度值更优，则将当前位置作为其个体最优位置。

4. *更新全局最优位置* 将每个粒子的个体最优位置与全局最优位置进行比较，如果个体最优位置的适应度值更优，则将其作为全局最优位置。

5. *更新粒子速度* 根据粒子的当前位置、个体最优位置和全局最优位置，更新粒子的速度。

6. *更新粒子位置* 根据粒子的当前位置和速度，更新粒子的位置。

7. *判断停止条件* 判断是否达到停止条件，如迭代次数达到最大值或者适应度值已经满足要求。

8. *重复迭代* 如果未达到停止条件，则回到步骤 2，继续进行迭代更新。

9. *输出结果* 当满足停止条件时，输出全局最优位置作为最终结果。

(三) 蚁群算法

蚁群算法(ant colony optimization, ACO)的发展历史可以追溯到上世纪 90 年代初期，其最初的灵感来源于研究蚂蚁的行为。其基本思想是，通过模拟蚂蚁在寻找食物时留下的信息素和选择路径的行为，来寻找最优解。近年来，随着蚁群算法的不断发展和应用，涌现出了许多新的改进和扩展方法，如混合蚁群算法、并行蚁群算法、自适应蚁群算法等。蚁群算法的基本流程如下。

(1) 初始化一组蚂蚁，随机放置在问题的解空间中。

(2) 蚂蚁根据当前位置附近的信息素浓度和启发式信息选择下一步要前往的位置。

(3) 蚂蚁移动到下一步的位置，并在路径上留下信息素。

(4) 当所有蚂蚁完成移动后，更新信息素浓度。

(5) 根据信息素浓度和启发式信息，计算每个解的适应度，并选出当前最优解。

(6) 重复执行第 2～5 步，直到满足终止条件。

三、基于深度学习的算法

基于深度学习算法来优化工艺过程的基本思想是通过分析工艺过程中的大量数据，包括生产过程中的实时数据和历史数据，来建立一个能够自动学习和调整的模型，从而实现工艺过程的优化。以下是使用深度学习算法进行流程优化的一些基本思想和优势。

1. *对复杂关系建模的能力* 深度学习算法可以对输入和输出变量之间高度复杂的关系建模。这是因为他们可以从原始数据中学习特征，并识别通过简单的统计分析不明显的模式。传统方法通常需要系统的先验知识，可能无法捕捉到底层关系的复杂性。

2. *灵活性* 深度学习算法可用于各种各样的应用程序，并可通过训练来优化不同的流程。它们可以适应不同的数据集，并可以处理不同类型的数据，包括结构化、非结构化和半结构化数据。

3. *实时优化*　深度学习算法可用于实时优化流程。这在需要快速做出决策的系统中的优势较为明显。

4. *减少人工干预*　深度学习算法可以在不需要人工干预的情况下自动优化流程。人工干预往往会造成人的主观因素对于优化过程的影响相较于传统的方法通常需要人类的专业知识来识别相关的输入变量并指定优化标准，而深度学习算法基于算法分析智能的挖掘数据内的关联关系，对于数据进行全域计算，学习结果更为客观标准。

深度学习算法可用于优化不同领域的各种流程。下面是一些基于深度学习算法优化流程的方法示例。

(一) 神经网络优化

神经网络是一种受人脑结构和功能启发的机器学习算法。神经网络背后的基本思想是创建一个由相互连接的节点或人工神经元组成的系统，该系统可以学习识别数据中的模式，并根据这些模式做出预测。神经网络优化过程包括调整神经网络的权值以使损失函数最小化，随机梯度下降、Adam 和 RMSprop 等优化技术可用于优化神经网络。构建神经网络的标准程序通常包括以下步骤。

1. *数据准备*　构建神经网络的第一步是准备用于训练网络的数据。这包括清理和格式化数据，以便神经网络可以使用。

2. *确定网络架构*　下一步是设计神经网络的架构，这包括决定网络应该有多少层，每层应该有多少个节点，以及应该使用哪种类型的激活函数。

3. *模型训练*　然后在一组标记数据上训练神经网络，这包括将数据输入网络，并调整节点之间连接的权重，以最小化预测输出与实际输出之间的误差。

4. *模型验证*　网络训练完成后，将在一组单独的数据上进行验证，以评估其性能并做出任何必要的调整。

5. *模型测试*　一旦网络经过验证，就可以在新的、不可见的数据上进行测试，以评估其在现实场景中的性能。

(二) 强化学习

强化学习是机器学习领域的重要分支，强化学习背后的基本思想是使用试错学习来学习最优策略，这是智能体用来决定在给定状态下采取哪些行动的一组规则。智能体对其所采取的每一个动作都以奖励或惩罚的形式接收反馈，并根据这些反馈信号调整其策略，以使其随着时间的推移的累积奖励最大化。强化学习的训练过程通常涉及一个迭代过程，智能体通过与环境的试错交互来学习。在每个时间步，智能体观察环境的当前状态，基于其策略选择行动，并从环境中接收奖励信号。智能体然后根据观察到的状态、行动和奖励更新其策略，以最大化期望累积奖励。训练过程可以通过各种探索策略进行引导，例如 epsilon-greedy、softmax 或 UCB(上界置信度)，以平衡环境的探索和开发。训练过程也可以涉及经验回放等技术，其中智能体存储过去的经验，并使用它们以更有效的方式更新其策略。强化学习的开发过程涉及几个步骤。

1. *定义问题*　确定环境、智能体可以采取的行动和奖励函数。

2. *选择RL算法* 有各种算法，如Q-learning、SARSA、Actor-Critic等，可以根据具体问题要求选择。

3. *设计神经网络架构* 神经网络架构取决于所选择的算法和问题要求。

4. *训练模型* 在训练过程中，智能体与环境交互，观察状态和奖励，学习采取行动以最大化期望累积奖励。

5. *评估模型* 在测试集或现实环境中评估训练好的模型以评估其性能。

(三) 生成对抗网络

生成对抗网络(GANs)是一种深度学习算法，由两个神经网络组成：生成器和判别器。生成器被训练为生成与真实数据相似的合成数据，而鉴别器则被训练为区分真实数据和合成数据。GANs的基本思想是让生成器从鉴别器提供的反馈中学习，并逐渐提高其生成真实数据的能力。随着生成器变得越来越好，鉴别器在区分真实数据和合成数据方面变得越来越困难，从而获得更准确和看起来更自然的输出。训练GAN的标准程序包括以下步骤。

(1) 随机生成噪声向量，用作生成器的输入。

(2) 使用生成器生成基于噪声向量的合成数据。

(3) 使用真实数据和合成数据训练鉴别器，并根据鉴别器的性能向生成器提供反馈。

(4) 重复步骤2和3，直到生成器能够生成与真实数据难以区分的合成数据。

(四) 卷积神经网络

卷积神经网络(CNNs)是一种深度学习模型，旨在处理图像和视频数据。CNN的基本思想是使用卷积层来学习输入数据中的特征，然后利用这些特征进行预测或分类。CNN卷积层背后的基本思想是学习输入数据的局部特征。这是通过将一系列滤波器应用于输入数据来实现的，这些滤波器将输入与滤波器卷积以产生特征映射。这些滤波器在训练期间学习，可以检测到各种特征，如边缘、角落和纹理。

(五) 循环神经网络

循环神经网络(RNNs)是一种深度学习模型，设计用于处理顺序数据。RNN中的反馈连接背后的基本思想是允许来自前一个时间步骤的信息影响当前时间步骤的网络输出。这是通过引入循环连接来实现的，该连接将每个时间步骤的输出作为下一个时间步骤的输入反馈回网络。RNN的训练过程包括将输入数据的顺序示例输入网络，并使用梯度下降算法调整网络连接的权重和偏差。训练的目标是最小化一个损失函数，该函数测量网络的预测输出和真实标签之间的差异，同时考虑到数据的顺序性质。

(六) 迁移学习

迁移学习的基本思想是通过重用预训练模型的学习特征、表示或参数，将知识从一个任务转移到另一个任务。这可以通过对新任务的预训练模型进行微调，也可以使用预训练模型作为特征提取器来提取新任务的相关特征，并在这些特征之上训练一个新模型来实现。在机器学习中使用迁移学习有几个优点。

1. *减少训练时间和计算资源* 迁移学习通过重用预训练模型的特征和参数，减少了训练时间和计算资源。

2. *更好的泛化和改进的性能* 迁移学习可以通过利用从预训练模型中学习到的知识来帮助提高模型在新任务上的泛化性能。

3. *减少所需的标记数据量*　迁移学习可以通过使用预训练的模型来提取对新任务有用的相关特征和表示，从而减少所需的标记数据量。

4. *知识的可转移性*　通过预先训练的模型在一个任务上学到的知识可以转移到其他相关任务中。这意味着迁移学习可以用于解决广泛的任务，即使预训练的模型没有针对这些任务进行专门的训练。

四、综合方法

综合方法指的是将不同的算法或者技术进行组合，以达到更好的工艺优化效果的方法。综合算法常常用于解决复杂的问题。下面是几种常用的综合算法及其组合方法。

1. *基于规则的算法和机器学习算法*　基于规则的算法用于建立基于专业知识和经验的生产规则、指南和标准。机器学习算法可以利用实时数据和来自生产过程的反馈不断优化和改进这些规则。例如，基于规则的算法可以用于制定制造过程的质量控制标准，而机器学习算法则可以分析来自传感器和摄像头的数据，根据实际生产结果不断改进这些标准。

2. *优化算法和仿真算法*　优化算法可以根据不同的标准，例如成本、时间和资源利用率等，识别最佳的生产计划。仿真算法则可以用于在不同的情景和条件下测试和验证所提出的生产计划。这种组合可以帮助在实际实施之前，识别潜在的瓶颈、风险和机会。

3. *遗传算法和神经网络*　遗传算法是一种受自然选择和进化原理启发的优化算法。它可以用于探索和优化生产过程中的大型解空间。神经网络则可以用于学习与生产过程相关的复杂数据集中的模式和关系。这种组合可以用于优化参数，例如产品设计、材料选择和生产调度。

4. *模糊逻辑和专家系统*　模糊逻辑是一种处理不确定或不精确信息的逻辑。它可以用于开发能够处理生产过程的复杂性和变异性的模型。专家系统则可以用于将领域专家的知识和专业知识编码到生产过程中。这种组合可以用于开发决策支持系统，为生产经理和操作人员提供建议和洞察。

5. *遗传算法和神经网络*　遗传算法主要用于搜索最优解，神经网络主要用于预测和分类。将两者组合，可以利用神经网络对搜索空间进行建模，从而加速搜索过程，同时可以通过遗传算法对神经网络参数进行优化，从而得到更好的结果。

第四节　基于模拟仿真对中药溶媒回收工艺动态优化控制

通过工艺参数的自动化检测形成对于目标质量参数的智能控制，降低系统受上游工艺扰动而产生的状态偏离影响，降低人工经验控制的危险性和不确定性，以达到安全、绿色、智能化生产的目的。中药醇提工艺是中药制药工艺重要组成部分，提取浓缩后的乙醇溶液回收和再利用，是降低生产成本，实现制药过程绿色制造重要工艺环节。本生产环节主要关注两个生产质量控制因素，塔顶乙醇馏出液的乙醇浓度和乙醇全塔回收率。受制于基本过程分离原理，当前者数值提高时将直接降低后者的数值。本文以乙醇溶媒回收工艺为例，通过对比两种不同的控制结构，来分析上游扰动对于本生产工艺的影响，在维持乙醇生产质量的前提下，平衡乙醇回收率，实现安全、节能、绿色的中药制药过程控制。

一、PID控制器继电反馈法自整定调谐控制系统

目前，工业生产中比例积分微分控制的利用率超过85%。在PID控制规律中，正确选择PID控制器的主要参数，可以有效提高系统的鲁棒性，使系统获得更高的控制质量。其中，继电反馈测试就是PID控制器参数自整定的科学且有效的方法之一。该整定方法应用广泛，其产生的振荡是系统内部特征，设定过程闭环进行，可用于高度非线性控制过程，且无需先验知识。根据PID控制规律可知，在对继电反馈法自整定后需要选用合适的方法对振荡曲线输出 $u(t)$ 进行调谐，分析计算得出控制器的增益 K 和积分时间 T_i。

PID控制的数学表达式为：

$$e(t)=x(t)-y(t) \tag{7-1}$$

式中，$x(t)$ 为设定值，$y(t)$ 为被控制量。而PID控制的理想输入输出关系为：

$$u(t)=K_p\left[e(t)+\frac{1}{T_i}\int_0^t e(t)dt+T_d\frac{de(t)}{dt}\right] \tag{7-2}$$

式中，$e(t)$ 为偏差值；$u(t)$ 为输出值；T 为采样时间；T_i 为积分时间；T_d 为微分时间。

基于PID控制器继电反馈自整定调谐方法，使用Aspen@仿真平台构建中药乙醇溶媒回收系统的仿真流程，在此基础上考察不同控制结构对于此种中药生产工艺的影响，并以产品质量导向为研究前提，优化控制工艺，提升生产效率。

二、基于模拟仿真的中药溶媒回收系统设计

（一）中药溶媒回收系统组成

研究利用仿真软件建立水-乙醇两组分的溶媒回收精馏体系如图7-1所示，图中出口压力与进料板压力均为于一个大气压。

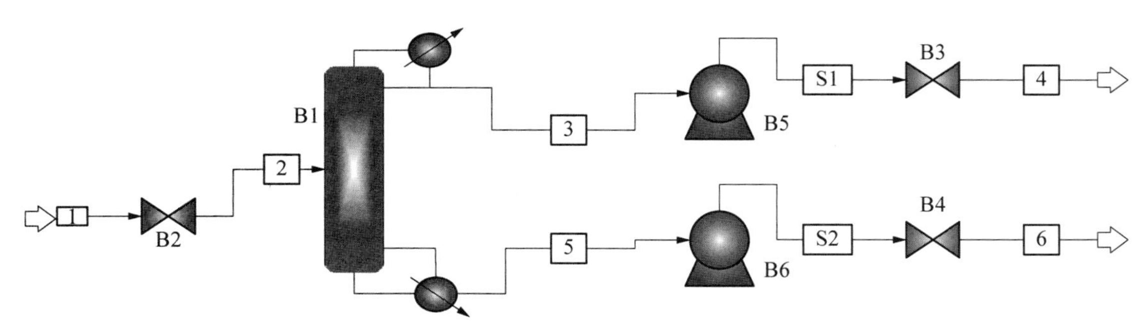

图7-1　溶媒回收系统组成

B1：精馏塔；B2：进料阀门；B3：馏出物阀门；B4：塔釜废液阀门；B5：塔顶泵；B6：塔釜泵

（二）仿真设计计算

1. 设备设计参数　图7-1为塔板间距为0.3 m的筛板塔，理论塔板数为24，进料温度为饱和泡点进料，混合组分中的乙醇质量分数设置为60%，预计经精馏塔分离后塔顶馏出物

中乙醇质量分数为94%,塔釜废液中剩余乙醇的质量分数为0.5%。每小时处理量为2 t、6 t及10 t乙醇-水溶液的设备定径数据如表7-1所示。

表7-1 设备定径

参数	塔高(m)	塔径(m)	再沸器长度(m)	再沸器直径(m)	冷凝器长度(m)	冷凝器直径(m)
2 t	8	1.2	1	0.5	2	1
6 t	8	2	2	1	3	1.5
10 t	8	2.6	2	1	4	2

2. 设备操作参数 在表7-1基础上,优化塔顶回流比为4∶1,得到各个塔径条件下的最优工艺参数,如表7-2所示。

表7-2 料液衡算数据表

处 理 量	2 t	6 t	10 t
进料液质量流量(kg/h)	1000.00	2000.00	2000.00
进料液中乙醇的质量分数(%)	60.00	60.00	60.00
塔顶馏出物中乙醇的质量分数(%)	94.00	94.00	94.00
塔釜废液中乙醇的质量分数(%)	0.50	0.50	0.50
进料液混合组分的摩尔分数(%)	36.99	36.99	36.99
塔顶馏出物混合组分的摩尔分数(%)	85.98	85.98	85.98
塔釜废液混合组分的摩尔分数(%)	0.20	0.20	0.20
进料液混合物的摩尔质量(kg/kmol)	28.36	28.36	28.36
塔顶馏出物混合组分的摩尔质量(kg/kmol)	42.08	42.08	42.08
塔釜废液混合组分的摩尔质量(kg/kmol)	18.06	18.06	18.06
进料液混合组分的摩尔流量(kmol/h)	70.53	211.59	352.64
塔顶馏出物混合组分的摩尔流量(kmol/h)	30.25	90.75	151.25
塔釜废液混合组分的摩尔流量(kmol/h)	40.28	120.83	201.39

三、动态控制系统建立与仿真实验

(一) 基本控制器的建立

在图7-1所示的基本控制系统的基础上,基于溶媒回收系统的整个工作过程,结合料液衡算数据建立了溶媒回收系统中的压力控制器、进料流量控制器、塔顶和塔釜液位控制器以及温度-组分串级控制器。

在仿真模拟平台中,采用系统直接建成的压力控制器,该控制器的增益 K 为20%/%,积分时间 T_i 为12 min。建立压力控制器之后,还需要利用进出口控制阀,对进料流量、塔顶馏出物流量以及塔釜废液流量进行控制。根据经验，进料流量控制器在增益 K 为 0.5%/%，积分时间 T_i 为 0.3 min 时能起到很好的控制效果。

在仿真计算中，通常将精馏塔第一块塔板默认为冷凝器，最后一块板默认为再沸器，故在建立塔顶馏出物流量控制器以及塔釜废液流量控制器时，选择塔板液位为被控变量，控制变量为控制阀开度，控制器为正作用。由于两个液位控制器都只需要起到比例控制的作用，且不需要消除余差，因而在 PID 控制规律中，选定两控制器的增益 K 均为 2%/%，同时将积分时间 T_i 设置的相当大来取消积分控制作用，从而保留比例控制。

此外当固定压力之后，温度与精馏塔中存在的气液两相组成存在对应关系，因此在这种情况下，温度是主要被控变量。精馏塔温度的主要影响因素包括了再沸器热负荷 QReb、进料流量 F、进料组成 X_F、回流流量 $F_{回}$，而塔顶馏出物中易挥发组分通常需要在符合工艺要求及经济性的前提下尽可能地提高，保证塔顶轻组分浓度维持在预期的值上，此时单纯的温度控制器虽作用效果迅速，但是对乙醇浓度并不能起到很好的控制，因此可以将馏出物中重组分的摩尔分数作为主被控变量，精馏塔的温度作为辅被控变量，以再沸器热负荷为控制变量建立串级控制。此时进料流量，进料组成则作为干扰。

精馏塔中各个塔板的温度都会有不同，需要找到能对整个精馏过程造成最大影响的塔板作为灵敏板，当干扰加入系统时，此塔板的温度变化最大，各组分组成变化也最大。从稳态设计情况下两组分的温度分布图 7－2，可以清楚地观察到第 22 块板上会有相当大的坡度，因此将第 22 块板作为灵敏板，灵敏板温度作为辅控制器的被控变量。

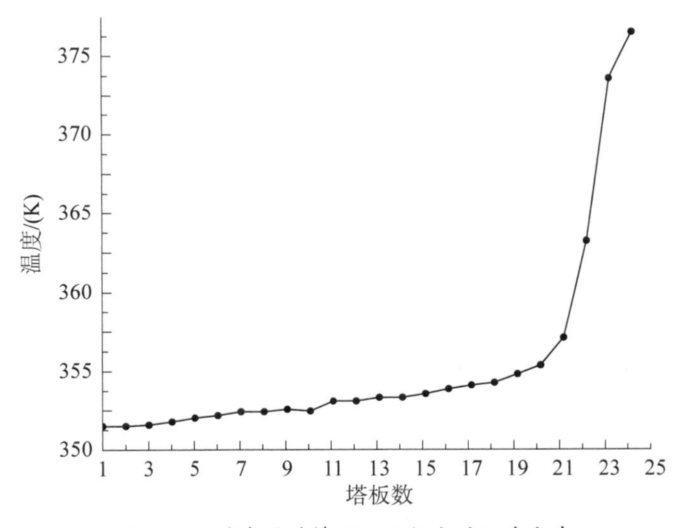

图 7－2　稳态设计情况下两组分的温度分布

建立的温度-组分串级控制系统如图 7－3 所示，在串级控制的温度控制器 B17 中，当输入信号显示温度灵敏板的温度升高时，控制器输出信号应该降低，减小再沸器热负荷，故温度控制器 B17 为控制反作用。在组分控制器 B14 中，当塔顶馏出物中重组分摩尔分数升高时，控制器输出信号应该降低，并将信号传输给温度控制器 B17，由温度控制器输出信号减小再沸器热负荷，避免精馏塔中重组分被过度蒸出，因此组分控制器也应该为反作用。而由于水和乙醇两组分存在共沸，共沸点温度为 78.1℃，共沸点下乙醇的质量分数为 95.6%，水的质量分数为 4.4%，因此塔顶水的摩尔质量不会低于 0.118 6 kg/kmol，故将组分控制器的范围设置为 0.12～0.16 kg/kmol 之间。

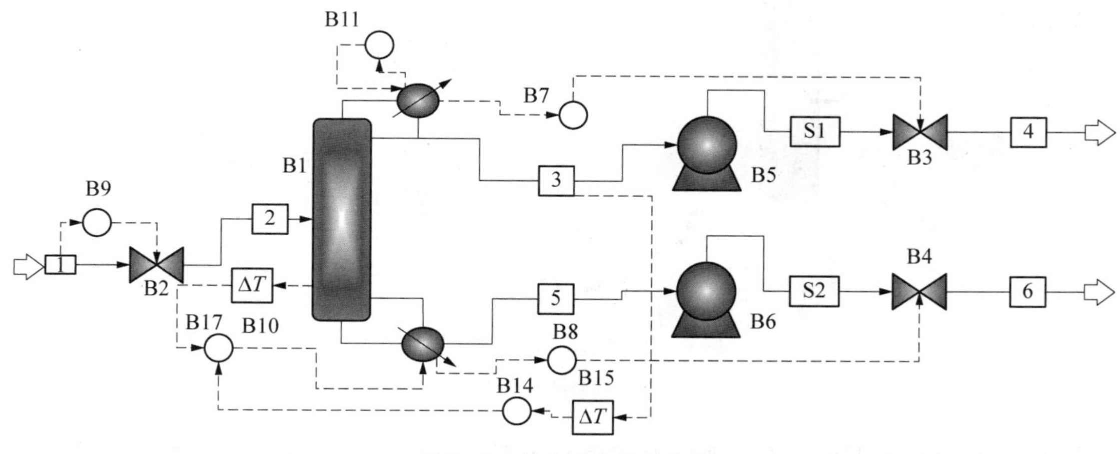

图 7-3　组分温度控制系统

B7：塔顶馏出物流量控制器；B8：塔釜废液流量控制器；B9：进料液流量控制器；B10：温度控制信号的死时间；B11：建立的压力控制器；B14：组分控制器；B15：馏出物中重组分摩尔质量传递信号的死时间；B17：温度控制器

由于温度和组分在真正的工厂溶媒回收中信号传递都会存在一定的滞后作用，因此需要在控制回路上加入一定的死时间来模拟现实生产状态，根据生产控制经验来将温度信号控制的死时间 B10 - ΔT 设为 0.30 min，馏出物中重组分摩尔质量传递的死时间 B15 - ΔT 设为 0.50 min。

除了上述控制器所提到的压力、流量、温度、组分这些关键变量外，回流物流量 $F_{回}$ 以及再沸器热负荷 QReb 也在溶媒回收系统中提供了重要作用。在建立精馏控制结构的过程中，这两个变量分别对应了添加回流物流量与进料流量成固定比值（固定 R/F）的控制结构以及添加再沸器热负荷与进料流量比值的控制结构（QReb/F）。

（二）添加回流物流量与进料流量成固定比值的控制结构

通过料液衡算结果可以发现在进料流量改变时，馏出物流量、塔釜废液流量等都会随着进料流量的改变而成比例变化。因此，在有流量变化的系统中，可以使用含流量比值的控制结构来保证产品符合工艺要求。综上，研究建立了固定回流量与进料流量比值（固定 R/F）的控制结构来满足设计要求，固定 R/F 控制结构如图 7-4 所示。

在流程模拟中，B13 第一个输入信号为进料摩尔流量，第二个输入信号为固定回流比控制数值，输出信号为回流物的摩尔流量。当 B12 收到来自 B13 的信号后，B12 判定此时的输入信号大小，若是信号增大则输出信号减小。此外进料液和塔顶馏出物之间存在物料守恒关系，塔顶流出物的摩尔流量又受回流比的影响较大，因此 R/F 控制器也同样受到塔顶馏出物的流量及组分摩尔分数的影响，由此 R/F 控制器与系统的进料控制器、塔顶流量控制器之间形成了闭环控制回路，对回流物的质量流量实现了间接控制，有效保证了乙醇浓度。

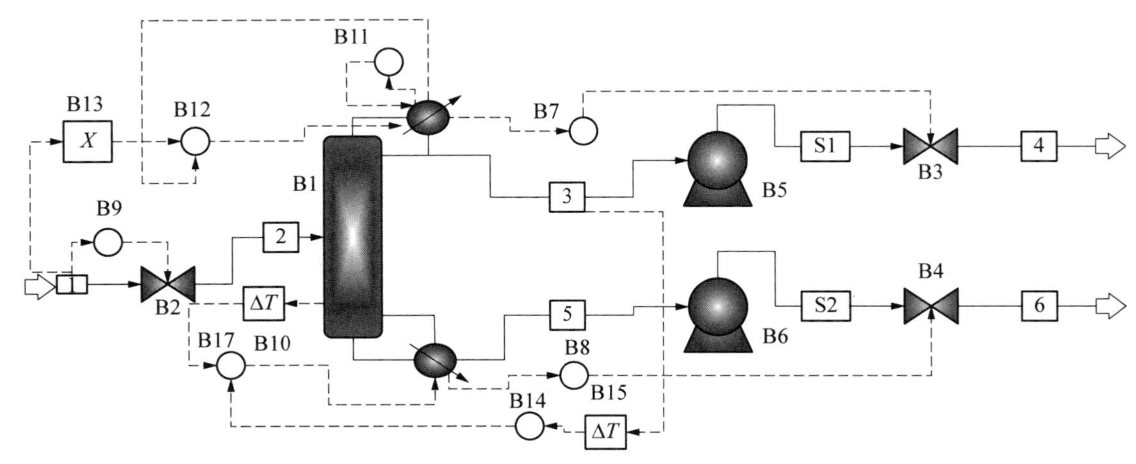

图 7-4　固定 R/F 的控制结构

B12：R/F 控制器；B13：乘数器

在 2 t 的物料处理量工艺条件下，通过衡算得到如表 7-2 所示物料工艺参数。从表可知馏出物流量为 30.25 kmol/h、进料流量为 70.53 kmol/h，因此 R/F 的期望值为 1.72。控制器参数选择同基本流量控制器，即控制器增益 K 为 0.50%/%，积分时间 T_i 为 0.30 min。

控制结构建成之后，需要考察系统在阀门开度变化和进料组分含量变化情况下的抗干扰性能，所以在稳定生产 2 h 后立即改变进料阀门开度，其中开度±10.00%的控制效果如图 7-5 所示，开度±15.00%的控制效果如图 7-6 所示。在设计点乙醇的质量分数为 60.00%稳定运行条件下，系统立即调整进料乙醇的质量分数至 50.00%和 70.00%。在两种不同进料组分情况的扰动下，系统的控制效果如图 7-7 所示。各个图中系统变化数据如表 7-3 所示。

在该控制结构中，虽然对于塔顶馏出物流量以及组分可以实现间接的控制，但该控制方式和控制效果全面性不足，并且控制中弱化了精馏塔温度对于塔顶馏出物组分带来的影响。为了进一步完善控制结构的问题，研究建立了添加再沸器热负荷与进料流量比值的控制结构。

(三) 添加再沸器热负荷与进料流量比值的控制结构

在进料流量改变时，塔板上的温度和组成都会产生较大变化，但是再沸器热负荷并不能在第一时间实现调节。温度对于中药溶媒回收系统影响较大，因此在进料流量改变前，如果再沸器热负荷不能产生调节，则会对温度产生影响。针对这种现象，采用加入前馈控制结构来解决，如图 7-8 所示。前馈控制器通过乘数器 B16 与 B14、B15、B17 相连接，B16 的第一个输入信号为进料流量，第二个输入信号为再沸器热负荷与进料流量的比值，B16 的输出信号为再沸器热负荷。再沸器热负荷受提馏段料液摩尔流量和温度变化的影响，因此 B16 还会收到 B17 传来的温度反馈信号，实现再沸器热负荷与进料流量比值的修正。该控制结构在 B9、B10、B14、B15、B17 以及 B16 之间形成新的闭环回路，该回路即为添加再沸器热负荷与进料流量比值的控制结构(QReb/F)。

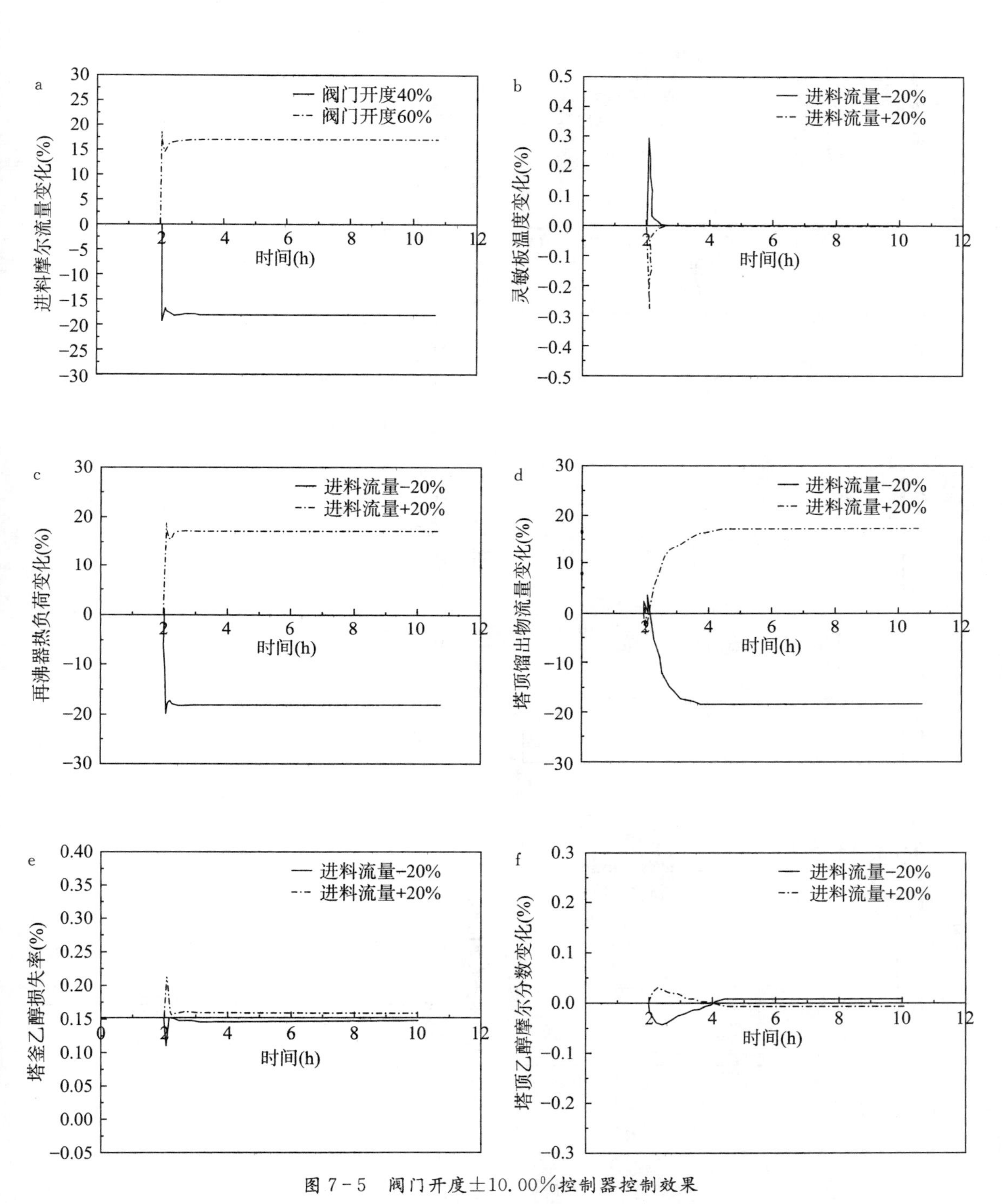

图 7-5　阀门开度±10.00%控制器控制效果

a:进料摩尔流量随时间变化曲线;b:灵敏板温度随时间变化曲线;c:再沸器热负荷随时间变化曲线;d:塔顶馏出物流量随时间变化曲线;e:塔釜乙醇损失率随时间变化曲线;f:塔顶乙醇摩尔分数随时间变化曲线

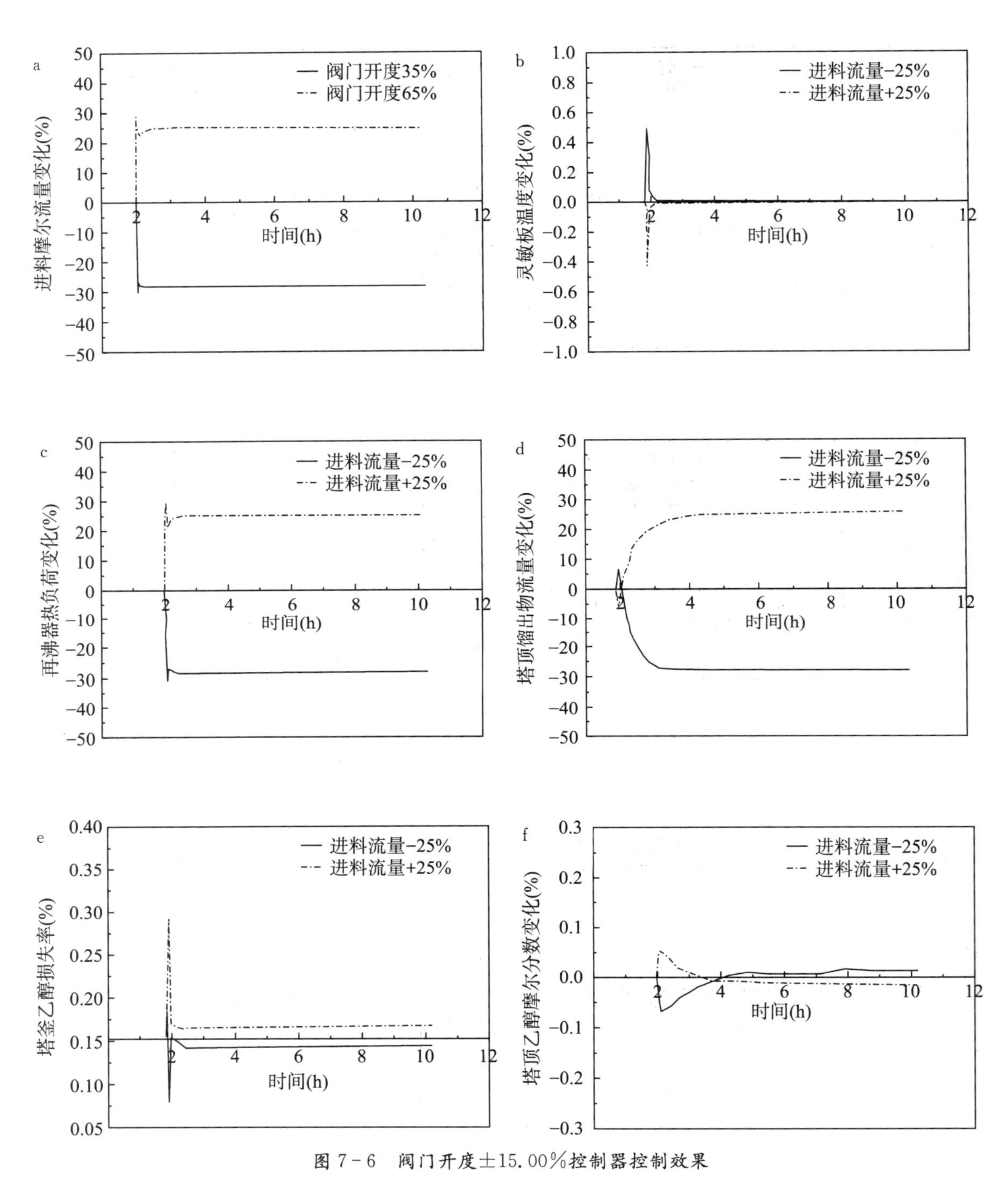

图 7-6　阀门开度±15.00%控制器控制效果

a:进料摩尔流量随时间变化曲线;b:灵敏板温度随时间变化曲线;c:再沸器热负荷随时间变化曲线;d:塔顶馏出物流量随时间变化曲线;e:塔釜乙醇损失率随时间变化曲线;f:塔顶乙醇摩尔分数随时间变化曲线

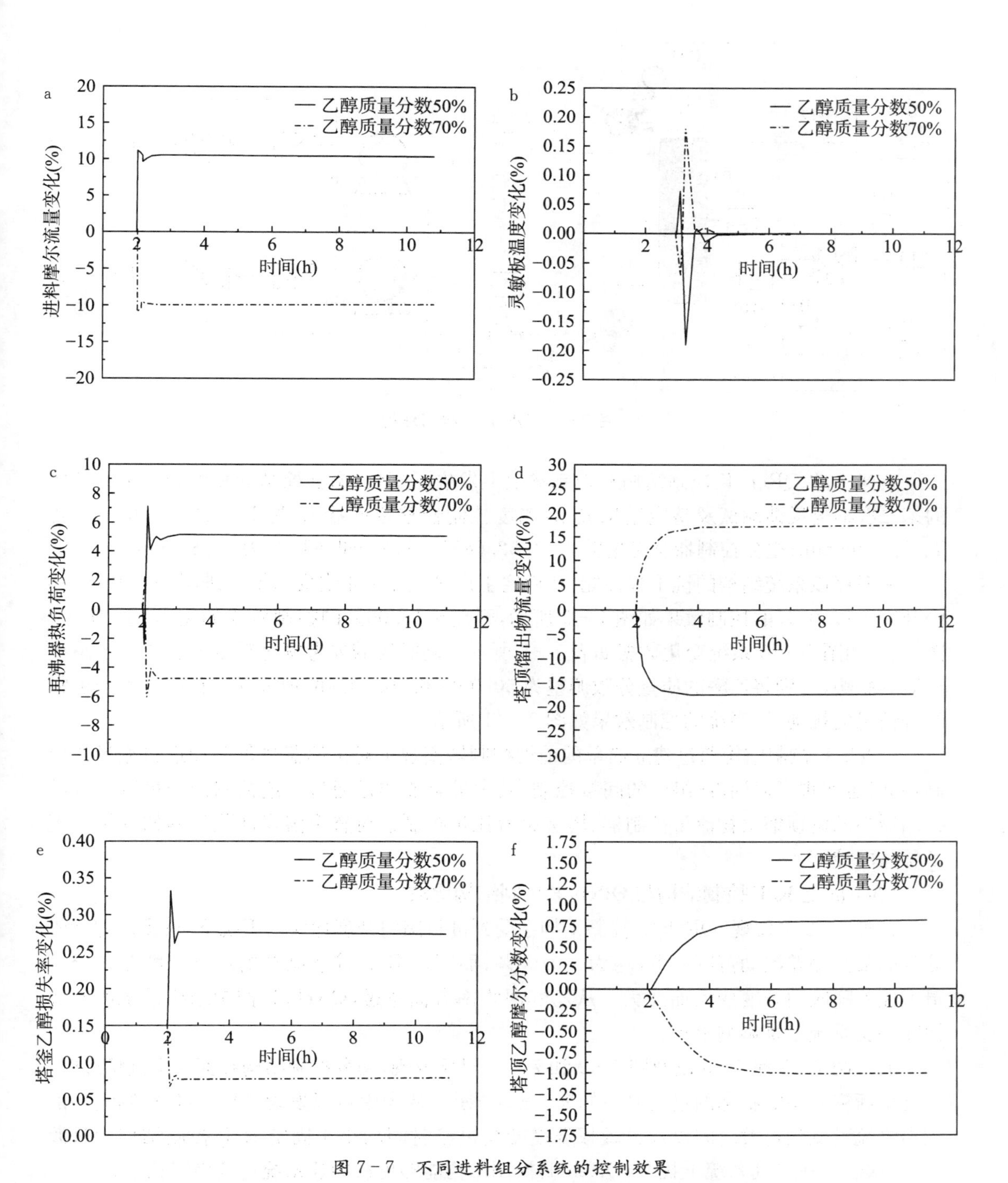

图 7-7 不同进料组分系统的控制效果

a:进料摩尔流量随时间变化曲线;b:灵敏板温度随时间变化曲线;c:再沸器热负荷随时间变化曲线;d:塔顶馏出物流量随时间变化曲线;e:塔釜乙醇损失率随时间变化曲线;f:塔顶乙醇摩尔分数随时间变化曲线

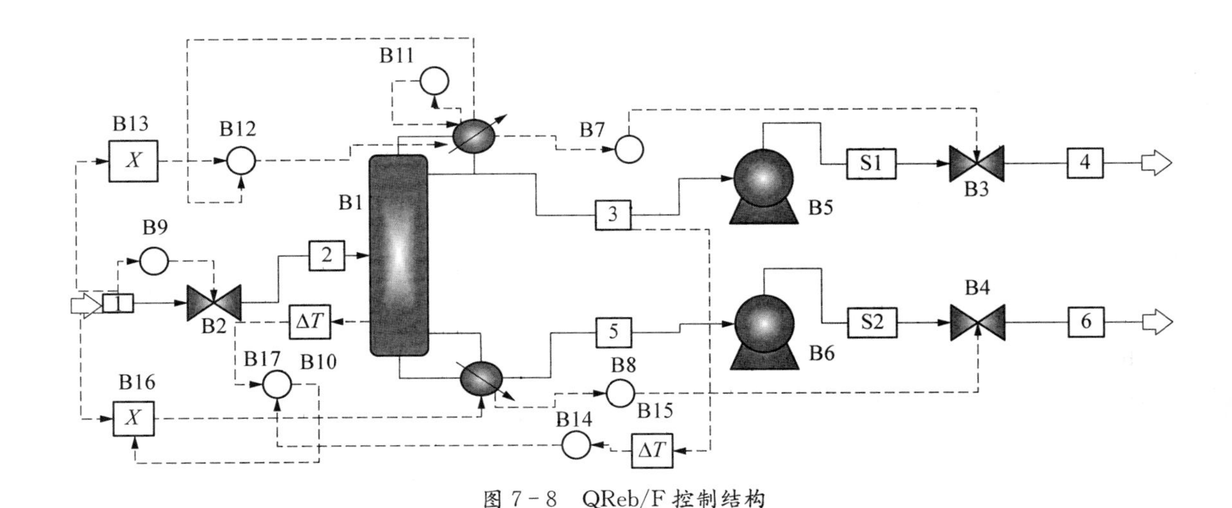

图 7-8　QReb/F 控制结构

新建立的 QReb/F 控制结构在控制参数上发生了变化，温度控制器和组分控制器参数的第二次继电反馈测试及整定结果显示：温度控制器整定增益 K 为 1.67%/%，积分时间 T_i 为 3.96 min；组分控制器整定增益 K 为 52.64%/%，积分时间 T_i 为 11.88 min。

为考察该系统结构的抗干扰性能，在稳定生产 2 h 后立即改变系统的进料阀门开度，其中开度±10.00%的控制效果如图 7-9 所示，开度±15.00%的控制效果如图 7-10 所示。图 7-9 和图 7-10 系统变化数据如表 7-3 所示。同时还需要考察进料组分变化对于系统性能的影响，分别将乙醇的质量分数调整为 50.00%和 70.00%两种情况。在两种不同进料组分情况的扰动下，系统的控制效果如图 7-11 所示。

QReb/F 控制结构通过建立简单的前馈控制器实现了对再沸器热负荷和进料流量的控制，同时也实现了对温度-组分的间接控制，其中最重要的是通过上述控制器变量以及基础控制器中的塔顶馏出物流量控制器、塔釜废液流量控制器对整个溶媒回收过程的热量实现了整体的控制。

(四) 固定 R/F 控制结构与 QReb/F 控制结构比较

在表 7-3 中发现，QReb/F 控制结构在受到进料阀门开度加大的干扰下，塔顶乙醇摩尔分数的最大偏差波动范围一致，均为±0.05%，而固定 R/F 控制结构的塔顶乙醇摩尔分数最大偏差随阀门开度变大而变大。从乙醇回收率方面考虑，QReb/F 控制结构系统的乙醇回收率受系统干扰影响更小。

通过图 7-5 和 7-6 以及图 7-9 和 7-10 对比发现，两种控制结构在面对干扰情况时，系统重新恢复稳定状态的过渡时间如表 7-4 所示。从表中可以发现，QReb/F 控制结构的馏出物流量变化过渡时间以及灵敏板温度变化过渡时间均小于固定 R/F 控制结构的过渡时间，这表明在受到系统干扰时，QReb/F 控制结构能够更快的让系统达到稳定状态。

综上，QReb/F 控制结构的抗干扰能力更优于固定 R/F 控制结构的控制系统，且 QReb/F 控制结构的系统控制更为全面，引入的再沸器热负荷变量控制可以对能耗大小完成数字化控制监测，因此在实际建立控制系统时，优先 QReb/F 控制结构。

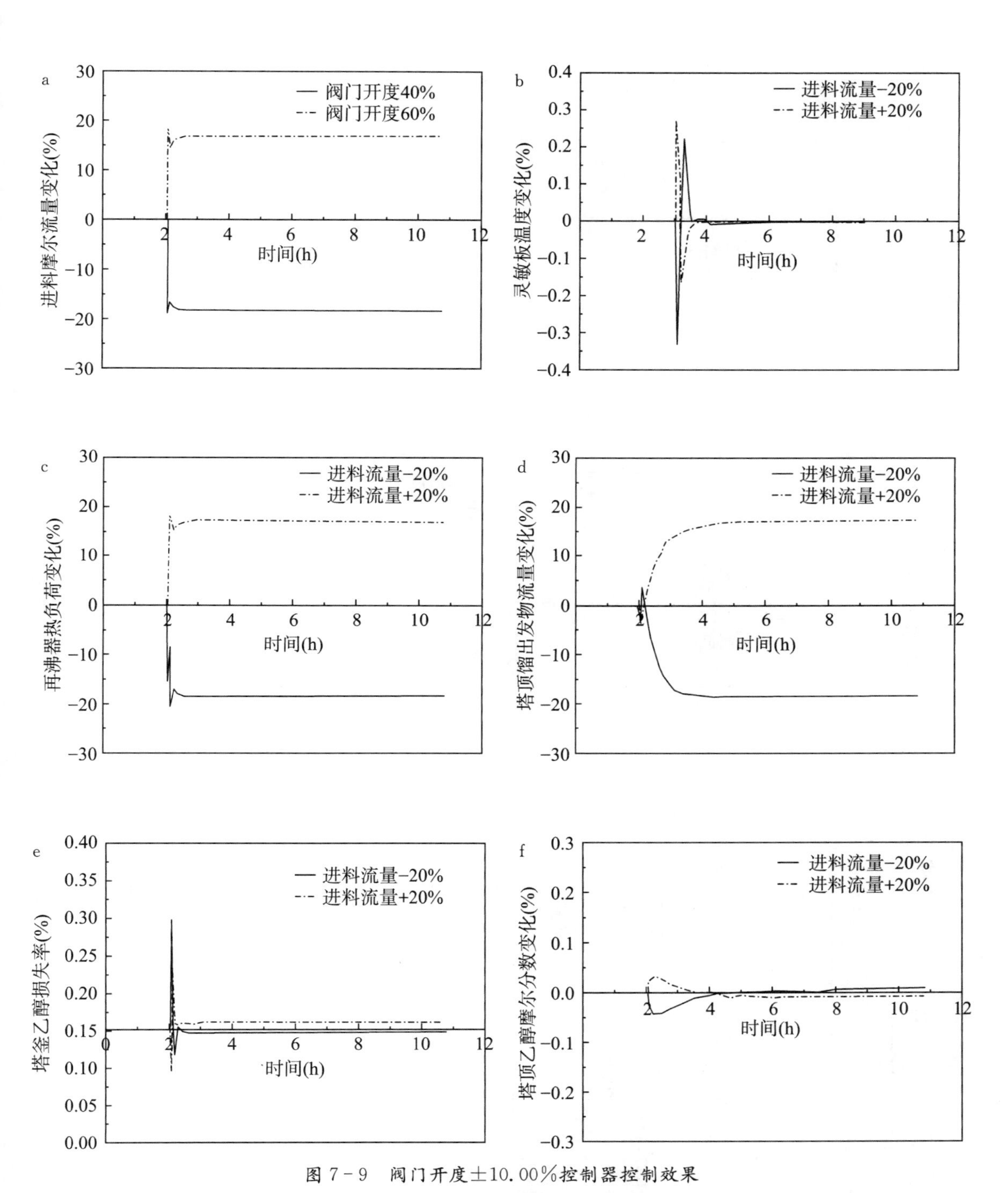

图 7-9 阀门开度±10.00%控制器控制效果

a:进料摩尔流量随时间变化曲线;b:灵敏板温度随时间变化曲线;c:再沸器热负荷随时间变化曲线;d:塔顶馏出物流量随时间变化曲线;e:塔釜乙醇损失率随时间变化曲线;f:塔顶乙醇摩尔分数随时间变化曲线

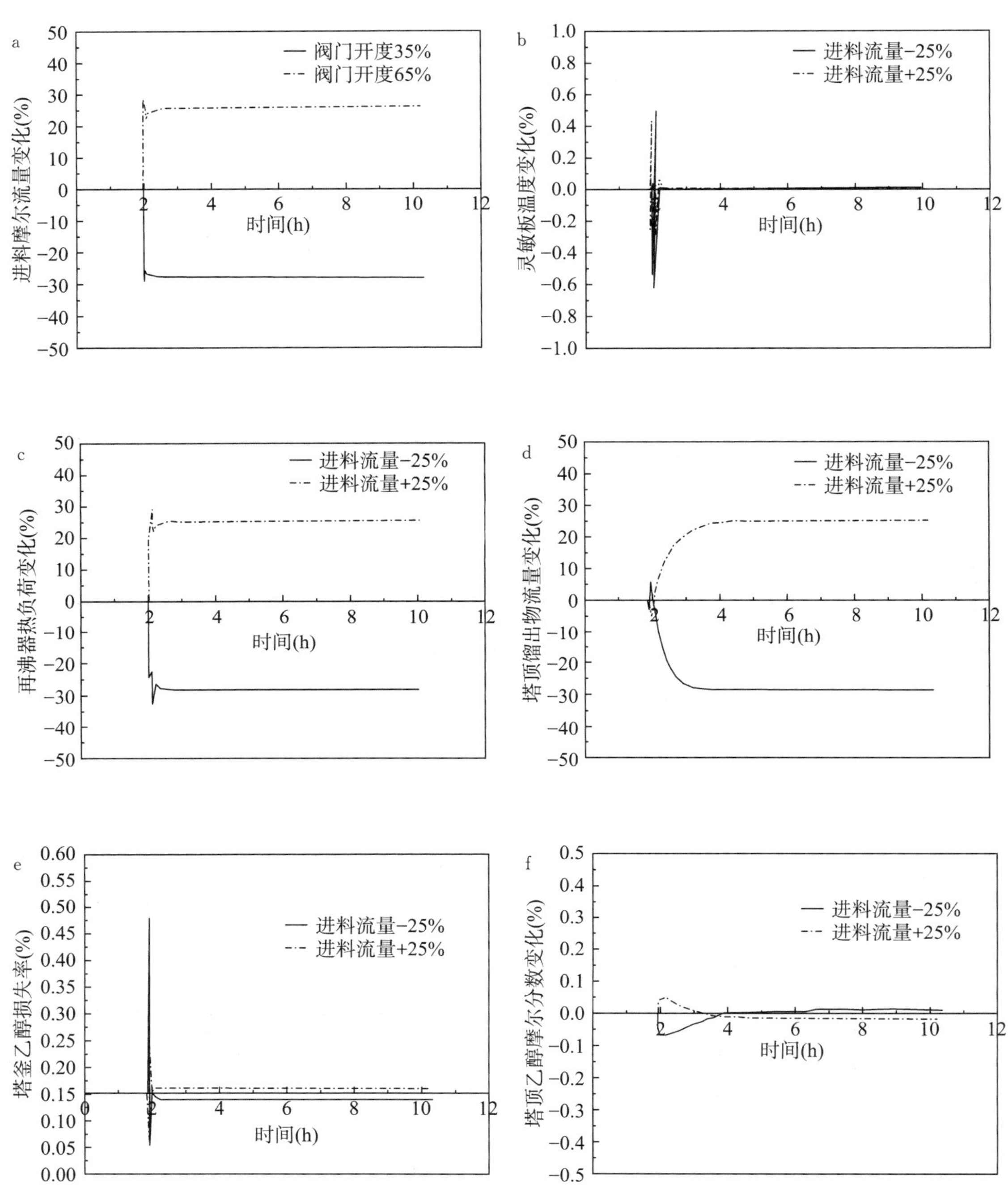

图 7-10　阀门开度±15.00%控制器控制效果

a:进料摩尔流量随时间变化曲线;b:灵敏板温度随时间变化曲线;c:再沸器热负荷随时间变化曲线;d:塔顶馏出物流量随时间变化曲线;e:塔釜乙醇损失率随时间变化曲线;f:塔顶乙醇摩尔分数随时间变化曲线

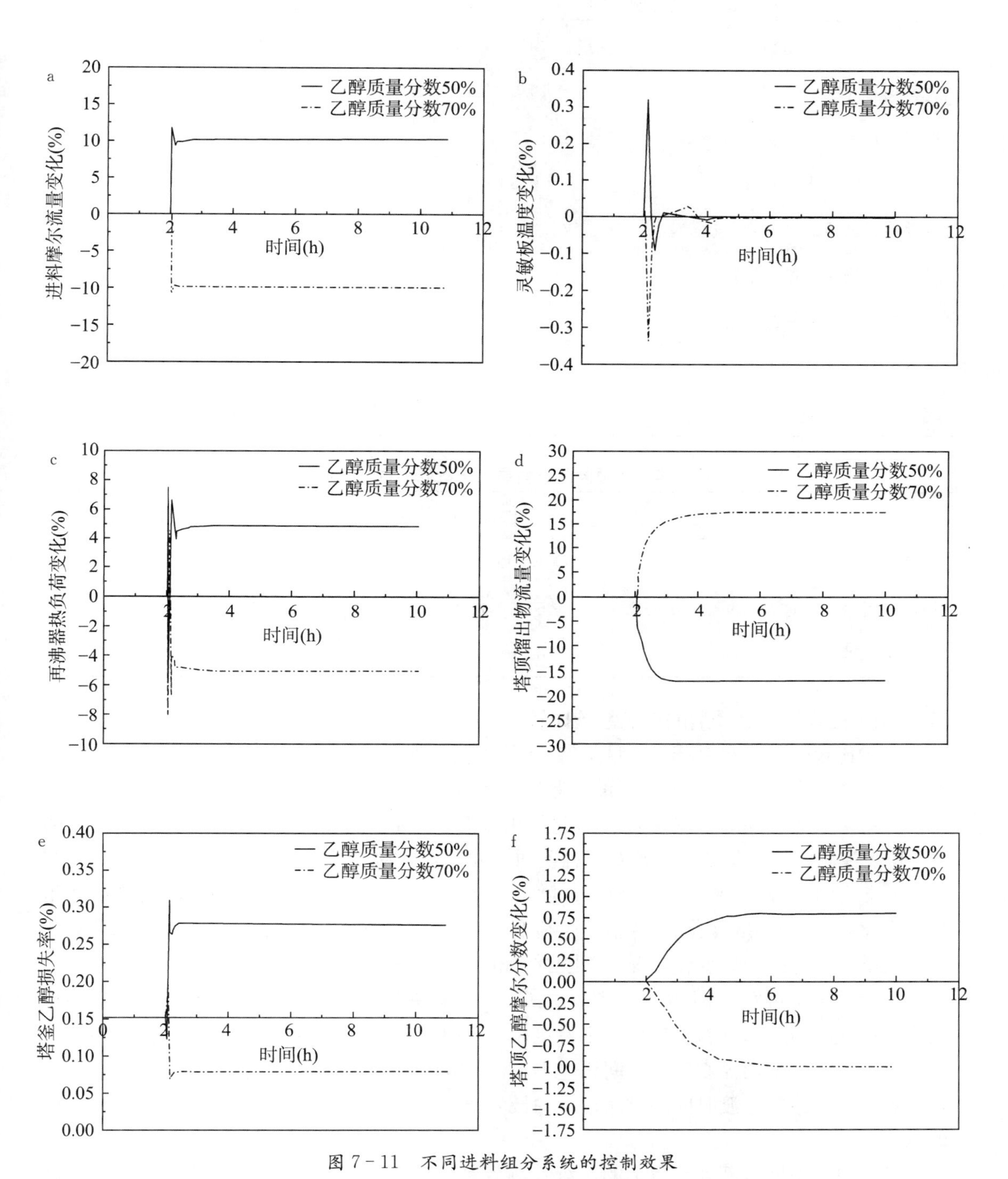

图 7-11　不同进料组分系统的控制效果

a:进料摩尔流量随时间变化曲线;b:灵敏板温度随时间变化曲线;c:再沸器热负荷随时间变化曲线;d:塔顶馏出物流量随时间变化曲线;e:塔釜乙醇损失率随时间变化曲线;f:塔顶乙醇摩尔分数随时间变化曲线

表 7-3 不同控制结构下不同进料阀开度条件的系统状态变化趋势

项目	固定 R/F 控制结构		QReb/F 控制结构	
进料阀门开度(%)	±10.00	±15.00	±10.00	±15.00
进料摩尔流量的扰动偏差(%)	±15.00	±25.00	±15.00	±30.00
灵敏板温度变化偏差(%)	±0.30	±0.50	±0.30	±0.50
再沸器热负荷最大偏差(%)	±20.00	±30.00	±20.00	±30.00
塔顶馏出物流量最大偏差(%)	±15.00	±25.00	±15.00	±25.00
塔顶乙醇摩尔分数最大偏差(%)	±0.05	±0.06	±0.05	±0.05
塔釜乙醇损失率最大值(%)	0.25	0.30	0.30	0.45
塔顶乙醇回收率(%)	94.18	94.17	94.18	94.18

表 7-4 两种控制结构加入干扰后的过渡时间对比

项目	固定 R/F 控制结构		QReb/F 控制结构	
开度(%)	±10.00	±15.00	±10.00	±15.00
馏出物流量变化过渡时间(min)	60.00	60.00	10.00	10.00
灵敏板温度变化过渡时间(min)	60.00	60.00	>60.00	>60.00

(五) 更改设备定径后的控制系统比较

上述比较仅仅是在料液处理量维持 2 t 的工艺条件下进行的流程模拟，系统的进料流量和设备定径较小，这将造成所建立的控制结构系统搭载在不同大小的设备上能否适用，系统的控制效果能否相同的不确定性。因此使用表 7-1 所示的设备定径数据，在上述建成的 QReb/F 控制结构的基础上分别对三种不同尺寸设备的动态控制效果做了比较。在系统控制 2 h 处，给系统加入“将进料液阀门开度调到 40.00%”的干扰，观察控制系统对进料摩尔流量变化，灵敏板温度变化、再沸器热负荷变化、塔顶馏出物流量变化、塔顶乙醇摩尔分数变化以及塔釜乙醇损失率变化情况，变化曲线如图 7-12 所示。

由曲线结果可知，当干扰加入系统之后，三种料液处理量的进料摩尔流量变化趋势相同，尽管余差存在一定的区别，但是都稳定在了 20.00%左右。此外，可以观察到三种料液处理量下的控制系统的控制效果之间相差不大，在 10 t 料液处理量的工艺条件下，所使用的溶媒回收设备的控制过渡时间和过渡过程的最大偏差较其他两种料液处理量条件有一定程度的减小。

经过对比不同料液处理量下的系统控制效果可以发现，上文建立的 QReb/F 自动控制系统结构普适性较高，能满足不同设备的设计控制要求，因此可以考虑将其拓展到中药生产的其他工艺设备控制之中，并根据工艺特性及问题，进行结构定制设计。

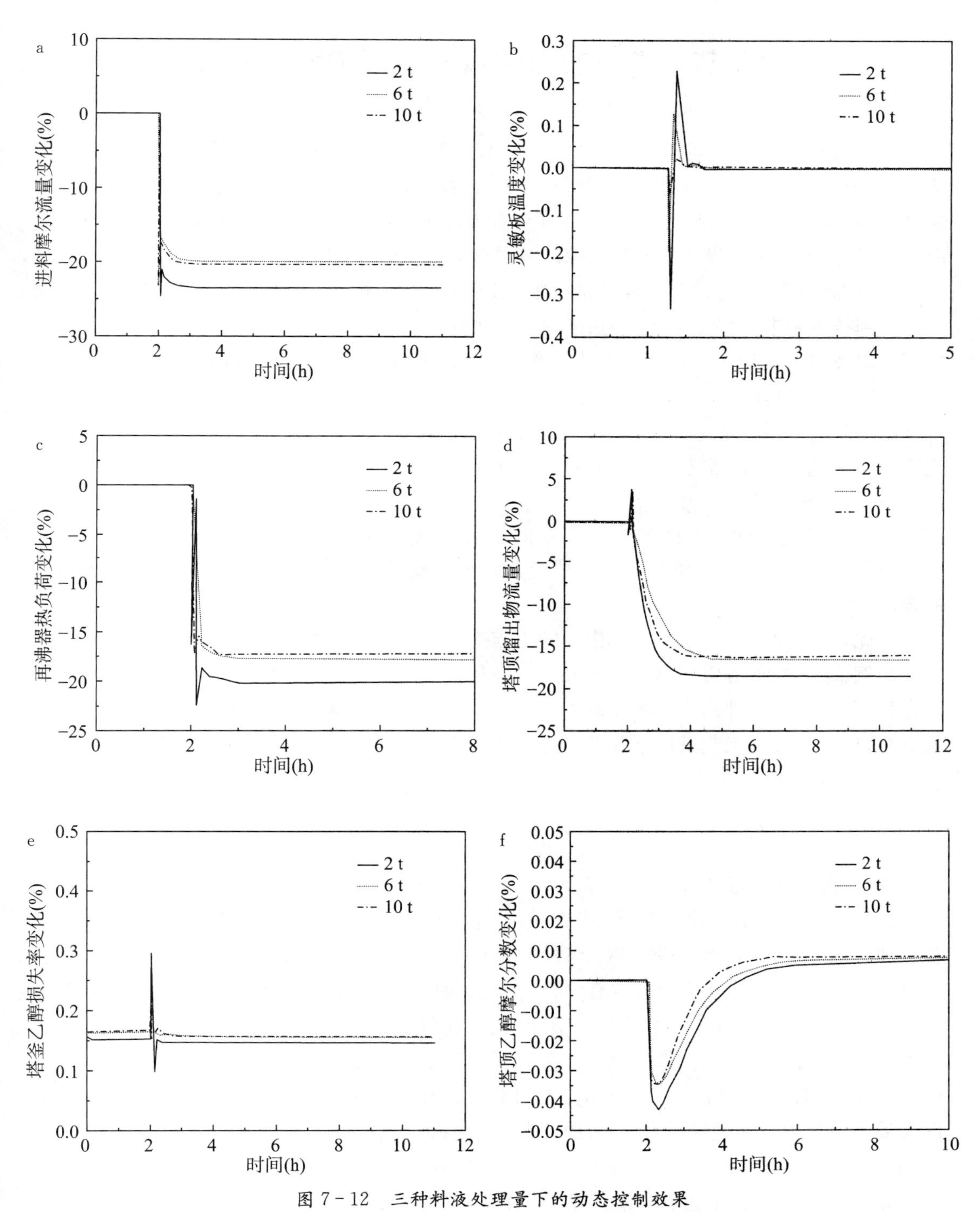

图 7－12　三种料液处理量下的动态控制效果

a：进料摩尔流量随时间变化曲线；b：灵敏板温度随时间变化曲线；c：再沸器热负荷随时间变化曲线；d：塔顶馏出物流量随时间变化曲线；e：塔釜乙醇损失率随时间变化曲线；f：塔顶乙醇摩尔分数随时间变化曲线

第五节　基于模拟仿真对中药浓缩过程研究

中药浓缩过程是中药生产的一个核心技术工序，通过浓缩设备的压力与加热功率的调节，加速中药提取液溶剂汽化蒸发，制备中药高浓度流浸膏。在此环节中中药提取液的溶剂通过换热器加热使溶剂蒸发气化，再由真空系统排出；随着溶剂的连续蒸发，浓缩罐内的液面逐渐降低，为了维持设备内的浓缩液的液面在额定范围内，中药提取液需连续补充到浓缩设备中；在此过程中，通过调整真空系统抽气速率来维持系统内的真空度；当设备内的溶质浓度达到技术要求时停止生产，中药浓缩液一次性排出设备。与化工连续性蒸发工艺不同，中药提取液浓缩过程是半间歇半连续生产过程，在加热浓缩过程中，浓缩液持续在蒸发器内循环，其溶质浓度随着生产进行而逐渐升高。

由中药浓缩过程的生产特性所决定，目前对于相关工艺的研究仍然以经验计算为主，缺乏工艺过程仿真的数据支持。这主要有两个原因，一是因为缺乏浓缩过程热力学实验数据，在中药浓缩蒸发过程中，溶质并不与溶剂一起汽化，而是存留在溶液中，逐渐增加的溶质浓度提升其与汽化溶剂间的作用关系的复杂程度；二是中药浓缩过程是半间歇半连续生产过程，需要采用动态仿真模拟来研究其过程数据的变化趋势，这又增加了其数值仿真的难度。

因此，在之前的中药浓缩仿真模拟的工作基础上进行更深入的研究，以甘草水提液浓缩过程为例，基于甘草溶质浓度—溶液沸点—饱和蒸汽压实验检测数据，拟合了相关的活度系数方程，并以此为基础构建其半间歇半连续的动态浓缩仿真模拟工艺，通过其浓缩工艺参数的研究，探讨了理想工艺条件下甘草水提液浓缩生产过程，并为中药浓缩过程的工艺研究提供了模型支持与理论分析基础。

一、实验部分

（一）实验材料与设备

甘草（产自内蒙古）；甲醇（≥99.5%，色谱纯），乙腈（≥99.5%，色谱纯），甲酸（≥99.5%，色谱纯），美国 Fisher 公司；乙醇（≥95，分析纯）；甘草酸铵盐标准品（纯度≥95%，批号：BCBR3181V），上海源叶生物科技有限公司；无水葡萄糖，天津市光复精细化工研究所。

各个溶质浓度条件下的甘草浓缩液的沸点-饱和蒸汽压采用动态法进行检测，其测定装置如图 7－13 所示。甘草酸浓度测定采用 ACQUITY 超高压液相色谱仪（Ultra Performance Liquid Chromatography，UPLC）（美国 WATERS 公司）进行检测；甘草浸膏总固含采用电热恒温干燥箱（DG－202BS）进行检测；离心采用 GL－21M 高速离心机；紫外测定采用 Agilent Technologies（Cary 8454 UV－Vis）测定。

如图 7－13 所示，1 为真空泵，2 为真空阀，3 为二号真空调压阀，4 为一号压力表，5 为二号压力表，6 为一号真空缓冲罐，7 为一号排液阀，8 为二号真空缓冲罐，9 为二号排液阀，10 为干燥塔，11 为温度表，12 三号压力表，13 为冷凝器，14 为加热沸腾器，15 为一号真空调节阀。

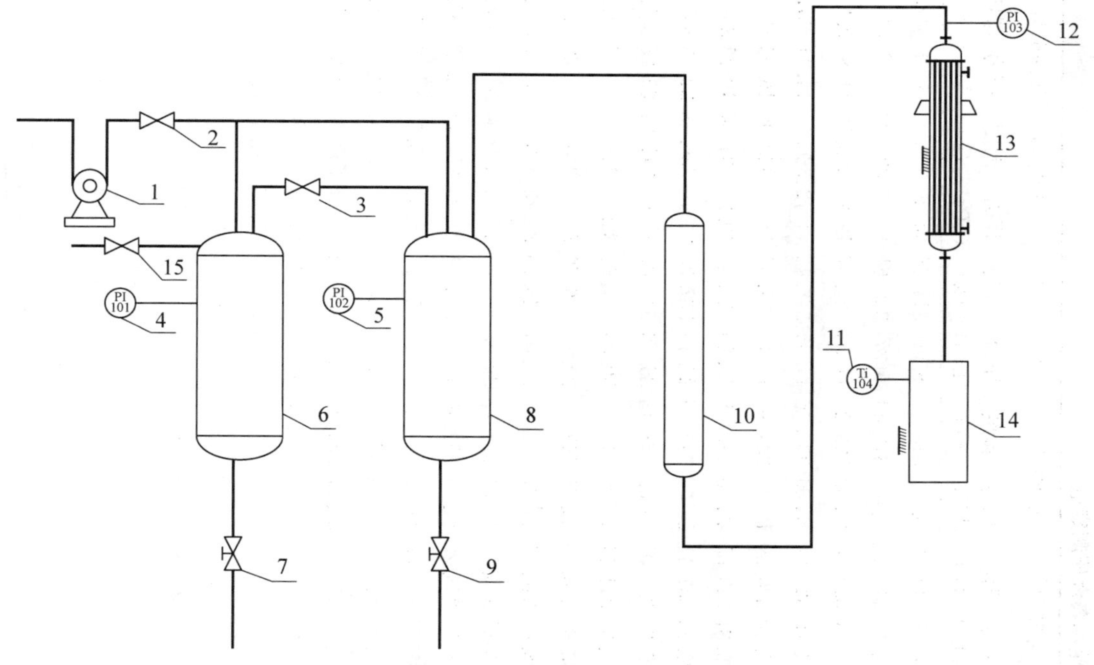

图 7-13　动态法溶液沸点-饱和蒸汽压测定设备示意

（二）甘草浓缩液制备

1. 原始甘草浸膏总固含的测定　从工业现场采集得到一定质量的甘草浓缩液，根据国家 2015 版药典固体总量测定法，采用烘干法测定其中的总固含。称取 3.0 g 左右浓缩液于扁形称量瓶中，105.0℃下于烘箱中烘至恒重。经计算得，本实验采用的甘草原始浓缩液溶质浓度为 45.91%（质量比）。

2. 不同浓度甘草浓缩液的配制　取去离子水，按照原始溶质浓度一定比例进行梯度稀释，制备 1.0 L 左右的不同溶质浓度甘草溶液，各个溶液的溶质浓度分别为 3.74%、8.55%、13.18%、15.73%、17.41%、21.38%、25.20%、29.00%、35.61%、39.98%和 45.91%（质量比）。

（三）动态法测量其沸点—饱和蒸汽压

采用动态法来测定梯度溶质浓度条件下的甘草溶液沸点—饱和蒸汽压对应关系。相较于静态法，动态法对中药溶液复杂体系测量更为精确。实验过程如下：将 150.0 mL 待测溶液加入加热沸腾器中，关闭所有阀门并同时打开真空阀，抽空设备内的空气，开启加热沸腾器，当中药提取液开始沸腾时，调小加热功率，并维持其溶剂冷凝回滴为 20 至 30 滴每分钟。记录此时的溶液沸腾温度和三号压力表示数，逐渐增加设备中的压力，此调节过程中保证三号压力表示数是按照 3 kPa 左右增压过程。在每一次增压后，都维持一段时间使溶液再次沸腾，至其温度表读数稳定，分别记录下不同压力条件下的溶液沸点温度和三号压力表示数，即可得到不同沸点温度条件下的饱和溶液所对应的蒸汽压。实验测量结果如表 7-5 所示。

表 7-5　不同溶质浓度条件下沸点-饱和蒸汽压测定值

0.04(%)		0.09(%)		0.13(%)		0.16(%)		0.17(%)		0.21(%)		0.25(%)		0.29(%)		0.36(%)		0.40(%)		0.46(%)	
压力(kPa)	温度(k)	压力(kPa)	温度(k)	压力(kPa)	温度(k)	压力(kPa)	温度(k)	压力(kPa)	温度(k)	压力(kPa)	温度(k)	压力(kPa)	温度(k)	压力(kPa)	温度(k)	压力(kPa)	温度(k)	压力(kPa)	温度(k)	压力(kPa)	温度(k)
8.10	314.39	6.73	311.73	6.64	310.94	7.49	315.38	6.77	312.42	6.47	311.33	6.65	312.22	6.45	313.80	6.69	314.98	6.96	312.02	6.54	312.61
11.83	324.17	9.30	317.85	9.20	317.35	9.30	319.72	9.44	319.33	9.20	318.34	9.21	318.14	9.00	319.43	9.37	320.61	10.50	320.02	9.29	319.03
14.63	328.02	11.88	322.79	11.79	321.90	12.23	324.17	11.82	323.67	11.85	323.58	11.81	322.88	11.59	326.24	11.53	324.37	12.21	323.18	11.85	323.77
16.88	330.49	14.45	326.54	14.40	325.95	15.38	328.61	15.14	328.12	14.43	327.53	14.29	326.64	16.89	332.46	14.33	328.42	14.12	326.14	14.44	327.82
19.82	333.75	17.06	330.00	17.09	329.60	17.90	331.67	17.36	331.58	17.03	331.18	17.10	330.39	19.35	334.93	17.10	331.97	16.85	329.90	16.93	331.18
22.66	336.32	19.76	333.16	19.80	332.76	20.55	334.54	19.98	334.54	19.72	334.54	19.81	333.85	22.28	338.98	19.29	334.44	19.25	334.04	19.77	334.54
25.43	338.98	22.57	336.02	22.61	335.72	23.97	337.90	22.75	337.20	22.43	337.40	22.35	337.11	25.03	340.56	22.13	337.30	25.19	339.48	22.43	337.30
29.09	341.85	25.42	338.59	25.26	338.09	26.65	340.17	25.53	339.77	25.32	340.07	25.31	339.08	28.02	343.13	25.16	340.07	27.97	341.94	25.23	339.97
31.96	344.12	29.05	341.65	28.12	340.66	29.34	342.34	28.27	342.04	28.14	342.54	30.90	344.71	30.70	345.50	30.85	344.61	30.98	344.02	28.05	342.44
37.95	348.07	31.82	343.72	30.97	342.93	32.06	344.32	31.01	344.12	30.74	344.61	33.61	346.69	33.75	348.07	33.77	346.59	34.17	346.39	30.69	344.81
40.74	349.75	34.67	345.70	33.85	344.91	34.94	346.29	33.95	346.39	33.87	346.69	36.60	348.27	36.67	348.96	37.04	348.76	36.73	348.17	33.87	346.88
44.74	352.02	37.74	347.67	36.69	346.88	41.80	350.54	36.95	348.36	36.70	348.56	40.52	350.83	40.21	351.23	39.63	350.44	40.35	350.54	36.79	348.86
48.81	354.09	41.70	350.14	40.72	349.45	45.28	352.51	40.91	350.73	40.71	350.93	44.52	353.20	44.54	353.40	43.22	352.41	44.22	352.71	40.72	351.33
52.89	356.07	45.52	352.31	48.88	353.89	49.90	354.88	44.74	352.71	44.61	353.20	48.56	355.08	48.62	355.47	47.27	354.59	48.66	355.08	44.79	353.70
56.84	357.94	49.64	354.39	52.85	355.87	53.81	356.76	48.98	354.88	48.75	355.28	52.70	357.05	52.73	357.45	51.32	356.56	52.77	357.55	48.74	355.77
61.21	359.72	53.91	356.46	57.04	357.75	58.01	358.63	53.10	356.46	56.89	358.83	56.82	358.83	56.77	359.42	55.67	358.54	56.87	359.72	52.96	357.84
65.50	361.50	57.96	358.34	61.04	359.52	62.42	360.51	57.22	358.63	61.08	360.51	61.00	360.51	61.00	361.20	59.83	360.41	61.11	361.60	57.03	359.52
69.65	363.08	63.34	360.12	65.39	361.30	66.56	362.09	61.41	360.21	64.48	362.09	65.28	362.19	65.05	362.78	64.09	362.09	65.48	363.47	62.12	362.29
74.13	364.66	66.51	361.80	68.55	362.49	72.03	364.17	66.60	362.49	68.72	363.38	68.66	363.57	69.28	364.46	68.39	363.77	69.75	365.05	69.84	365.25
78.35	366.14	73.07	364.17	75.05	364.96	78.43	366.44	71.45	364.17	75.21	365.75	75.01	365.84	75.93	366.83	74.90	366.14	76.29	367.52	76.22	367.33
83.91	367.92	79.39	366.44	81.75	367.23	85.18	368.71	78.06	366.44	80.62	367.62	81.62	368.02	81.43	368.71	81.59	368.41	83.02	369.70	81.92	369.30
89.43	369.60	87.55	368.71	86.11	368.61	89.59	369.99	84.88	368.61	86.29	369.40	87.20	369.89	87.54	370.58	88.31	370.58	88.32	371.37	87.54	371.18
94.11	371.18	92.52	370.49	93.08	370.68	96.82	372.16	92.69	371.08	93.04	371.47	93.52	371.77	93.35	372.16	93.83	372.56	94.13	372.95	92.14	372.26
101.34	373.25	101.31	373.15	101.31	373.15	101.27	373.45	101.31	373.55	101.27	373.45	101.29	374.04	101.34	374.44	101.34	374.73	101.31	375.13	101.31	375.32

二、过程仿真模拟

(一) 热力学方程拟合

基于非随机双液体(non-random two liquid, NRTL)理论模型，将表7-5的实验数据代入理论方程，进行参数拟合，拟合结果为：$A_{ij}=1.63$、$A_{ji}=2.32$、$B_{ij}=336.38$、$B_{ji}=792.00$ 以及 $C_{ij}=0.5$。以此来表示在溶剂浓缩过程中，溶质对于溶剂蒸发过程的相互影响作用。以上各个参数即用于表示在NRTL理论下，甘草溶液在浓缩过程中，计算随其浓度增加汽液相间传质的活度系数。

将以上各个拟合得到的参数作为理论基础，将其代入动态仿真模拟过程中，以保证计算结果的可靠性和稳定性。

(二) 浓缩流程建立

采用化工模拟分析软件Aspen plus7.2，并根据工业生产现场的外热式循环蒸发器，构建甘草水提液浓缩模拟流程。

如图7-14所示，IN为进料口，VAP为绝热蒸发罐，HOT为外热式加热器，GAS为水蒸气出口，LIQUID为浓缩液排放口，IN_PC为进料量控制器，HOT_PC为加热功率控制器，VAP_PC为真空度控制器，以及VAP_LC为浓缩液排料控制器。

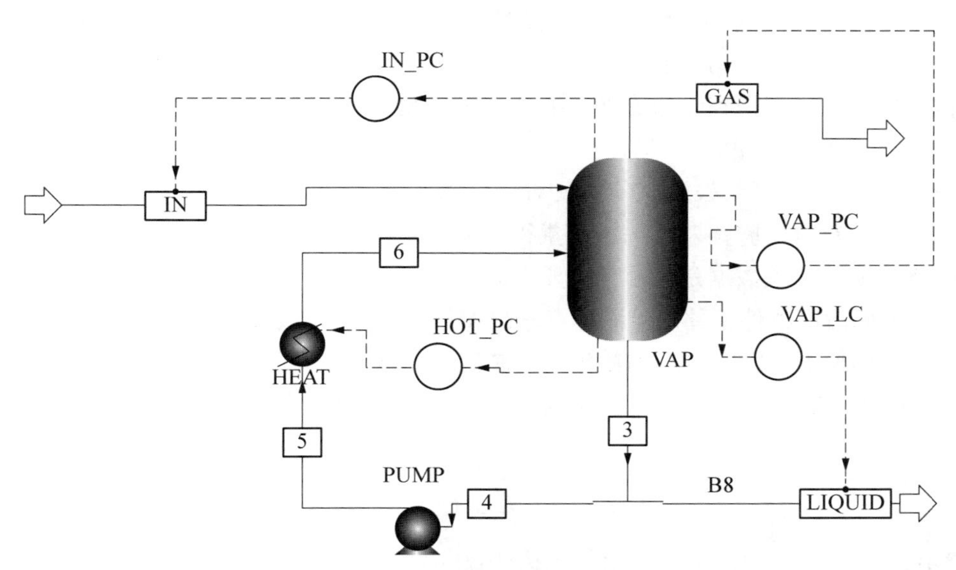

图7-14　甘草水提液浓缩动态模拟流程

在该动态仿真模拟中，80.00℃的甘草水提液从IN处连续通入VAP中；罐内溶液在HOT与VAP之间形成循环流动，溶液在HOT中受热蒸发，然后回到VAP中汽液分离，溶剂蒸汽从GAS处排出；当罐体内的溶液浓度到达额定浓度后停止加热，浓缩液从LIQUID处排出。

根据实际的工业过程，构建动态仿真模拟的控制逻辑：用IN_PC和VAP_LC来维持VAP内部的浓缩液的液面深度；IN_PC被用以控制IN进料速率，当罐内的液面深度增加时，进料速率降低，反之进料速率增加；VAP_LC 用以控制 LIQUID 排料口，处于常闭状态；VAP_PC 控制 HOT 内真空度，当其中气压增大时，GAS 抽气速率增加，反之降低；HOT_PC 被用来控制 HOT 的加热功率。

绝热蒸发罐 VAP 为高 2.00 m，直径 1.00 m 的椭圆形立罐，液面高度设定为 1.25 m，罐内溶液容积为 0.98 m^3。

由于甘草水提液在实际浓缩生产中极易起沫，其浓缩罐内气压在 15.00 kPa 和25.00 kPa 间进行波动。因此本模拟研究考察了 10.00 kPa、15.00 kPa、20.00 kPa、25.00 kPa、30.00 kPa以及 35.50 kPa 条件下不同进料量和加热功率对于甘草水提液浓缩过程动态影响分析。

三、结果讨论与分析

（一）主要组分检测结果分析

根据 3.74%、8.55%和 13.18%溶质浓度的稀释溶液，采用 UPLC 检测其中的甘草酸浓度，检测结果分别为：1.05 mg/mL、1.19 mg/mL 和 1.51 mg/mL。按照其稀释倍数推出原始浸膏中甘草酸含量并取平均值，计算得到原始浓缩液中甘草酸含量为 64.69 mg/mL，该组分在甘草浓缩液总固体可溶物中含量为 11.34%。

采用苯酚—硫酸法检测上述稀释溶液中的总多糖含量，其检测结果分别为 0.02 mg/mL、0.02 mg/mL 和 0.03 mg/mL。按照其稀释倍数推出原始浸膏中甘草粗多糖含量并取平均值，计算得到原始浓缩液中甘草粗多糖含量为 65.88 mg/mL。该成分在甘草浓缩液总固体可溶物中占 11.55%。

根据溶液溶质浓度与检测成分浓度对比可以看出，各个浓度溶液的梯度稀释过程是均匀和充分的，并符合实验预期。现场采集得到的甘草原始浓缩液是符合相关规定要求的合格产品，本次实验相关数据是符合工业要求的。

（二）不同浓度条件下甘草溶液沸点—饱和蒸汽压实验结果分析

根据经典热力学理论可知，水溶液的沸腾温度与该沸点下的饱和蒸汽压服从克劳修斯-可拉柏龙方程，如式(7-3)所示。且由式(7-3)可知，水溶液的平均摩尔汽化热可由式(7-4)计算。

$$\ln P = 18.02\Delta H_m / RT + A \tag{7-3}$$

式中，ΔH_m 为水溶液平均摩尔汽化热(kJ/kg)；R 为 8.314[J/(mol·K)]；A 为常数。

$$\Delta H_m = R \mid K \mid / 18.02 \tag{7-4}$$

式中，K 为 $\ln P$—$1/T$ 直线拟合的斜率。

基于表 7-5 的实验数据，计算各个溶质浓度甘草溶液的压力自然对数，与其沸点温度倒数作图，如图 7-15 所示。图中，横坐标为温度倒数($1/T$)，纵坐标为压力自然对数($\ln P$)。

从图 7-15 中可以看出，对于 $\ln P$—$1/T$ 函数关系呈现出较好的线性关系，与式(7-3)的形式较为符合。从图 7-15 拟合出各个 $\ln P$—$1/T$ 函数斜率，并将其代入式(7-4)计算得到不同溶质浓度甘草溶液平均摩尔汽化热，如表 7 - 6 所示。从表 7 - 6 中可以看出，图 7 - 15 中 $\ln P—1/T$ 的函数关系线性较好。且根据理论可知，溶液平均摩尔汽化热与溶质浓度无关，则根据表 7 - 6 计算得到水汽化潜热的平均值为 2 385 kJ/kg，与文献值 2 258 kJ/kg 的计算误差为 5.62%。因此，根据图 7 - 15 和表 7 - 6 说明实验测得各个溶质浓度条件下甘草溶液沸点—饱和蒸汽压数值基本可信，相关数据间是可以互相对应的。

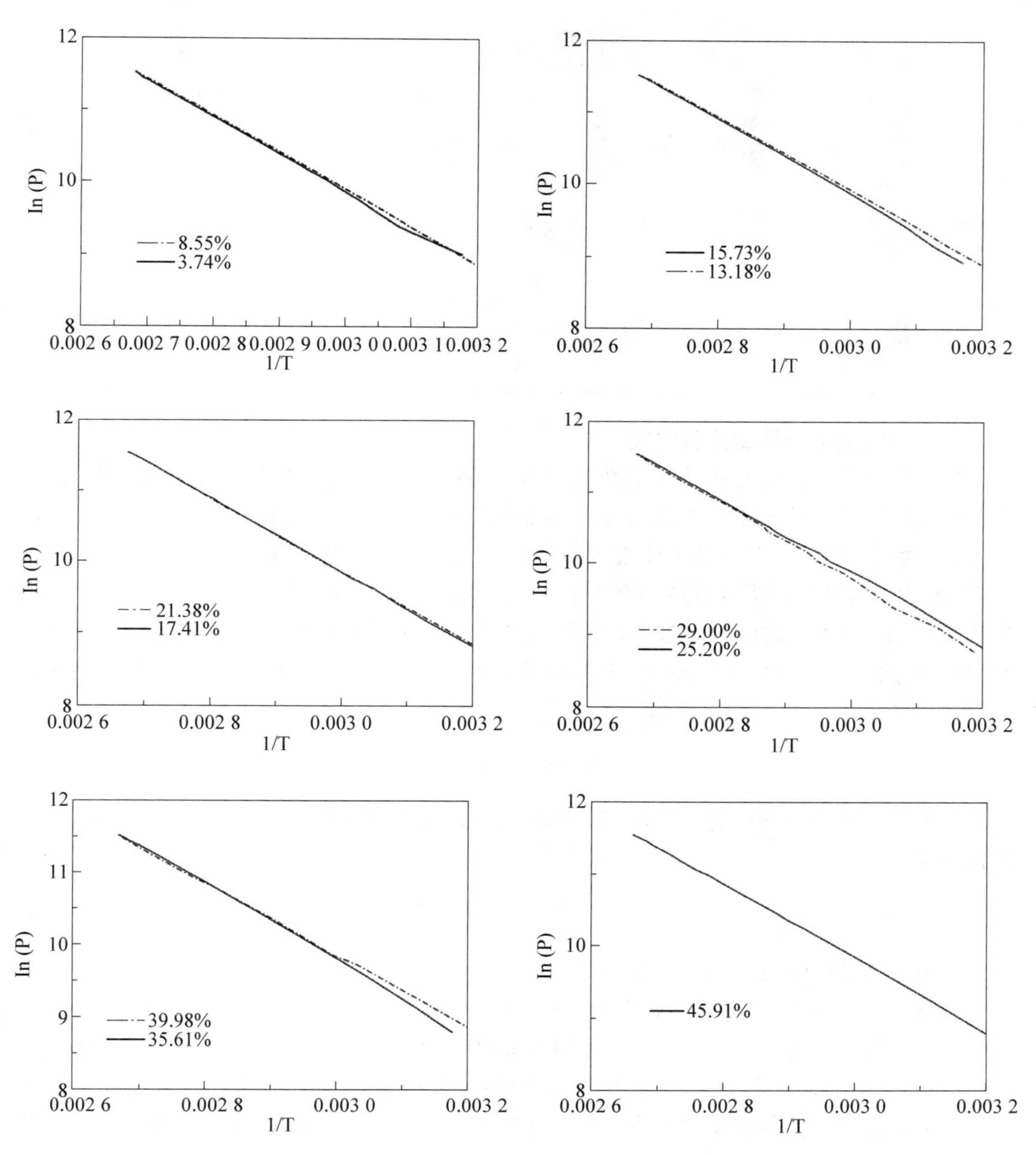

图 7 - 15　不同溶质浓度条件下，$\ln P—1/T$ 函数关系示意

表 7-6 不同浓度下甘草溶液平均摩尔汽化热计算结果

甘草溶液浓度(%)	平均摩尔汽化热(kJ/kg)	线性方差
3.74	2 395	0.999 2
8.55	2 372	0.999 9
13.18	2 344	0.999 9
15.73	2 420	0.999 4
17.41	2 399	0.999 9
21.38	2 375	0.999 8
25.20	2 353	0.999 8
29.00	2 485	0.999 3
35.61	2 455	0.999 3
39.98	2 283	0.999 7
45.91	2 351	0.999 8

(三) 动态仿真过程稳定性研究

与稳态仿真的最大区别,在动态仿真过程中,各个变量均可随时间进行演化,因此改变某一输入量以观察系统鲁棒性,是衡量该动态仿真过程可靠性与稳定性重要手段。在本动态仿真过程中,先在 0.37 GJ/hr 加热功率条件下,以 200 kg/h 处理量通入甘草溶液至图 7-14 VAP 中的溶液溶质浓度达到 13%左右为止,后改变加热功率,以此来考察图 7-14 的动态系统在此条件下自适应的动态调节过程,如图 7-16 和图 7-17 所示。图 7-16 为进料速率的调整过程,其中纵坐标以式(7-5)来计算;图 7-17 为液面的调整过程,其中纵坐标以式(7-6)来计算。

$$f=(M_t/M_0-1)\times 100\% \tag{7-5}$$

式中,f 为计算得到振幅(%);M_t 为第 t 时刻的进料速率(kg/h);M_0 为设备稳定后进料速率(kg/h)。

$$f=(H_t/1.25-1)\times 100\% \tag{7-6}$$

式中,H_t 为第 t 时刻液面深度(m)。

从图 7-16 和图 7-17 中可以看出,在不同生产压力的条件下,随着加热功率改变,系统主要工艺参数都随之发生了改变。在控制调节机制的作用下,进料速率和液面在经历震荡后,其振幅随着时间的推进趋于稳定,直至浓缩过程的结束。在加热功率输入从 50%至 200%调节过程中,甘草浓缩过程动态仿真仍然能回到稳定生产的状态,这说明该系统的鲁棒性较好,计算模型可靠。

如图 7-16 和图 7-14 所示,根据各个计算过程统计其系统物流质量,可以看出 GAS 处排出水蒸气中甘草溶质含量为零,进料溶质全部都存留在 VAP 中,进料溶质时间累积的总质量基本等于 VAP 中溶质总质量，GAS 处水蒸气时间累积排放质量与 VAP 的溶剂质量之和基本等于进料溶剂的时间累积的总质量，该动态系统的物料基本守恒，其基本工艺情况与实际工业生产情况相符。这说明本动态模拟仿真结果基本是可靠的。

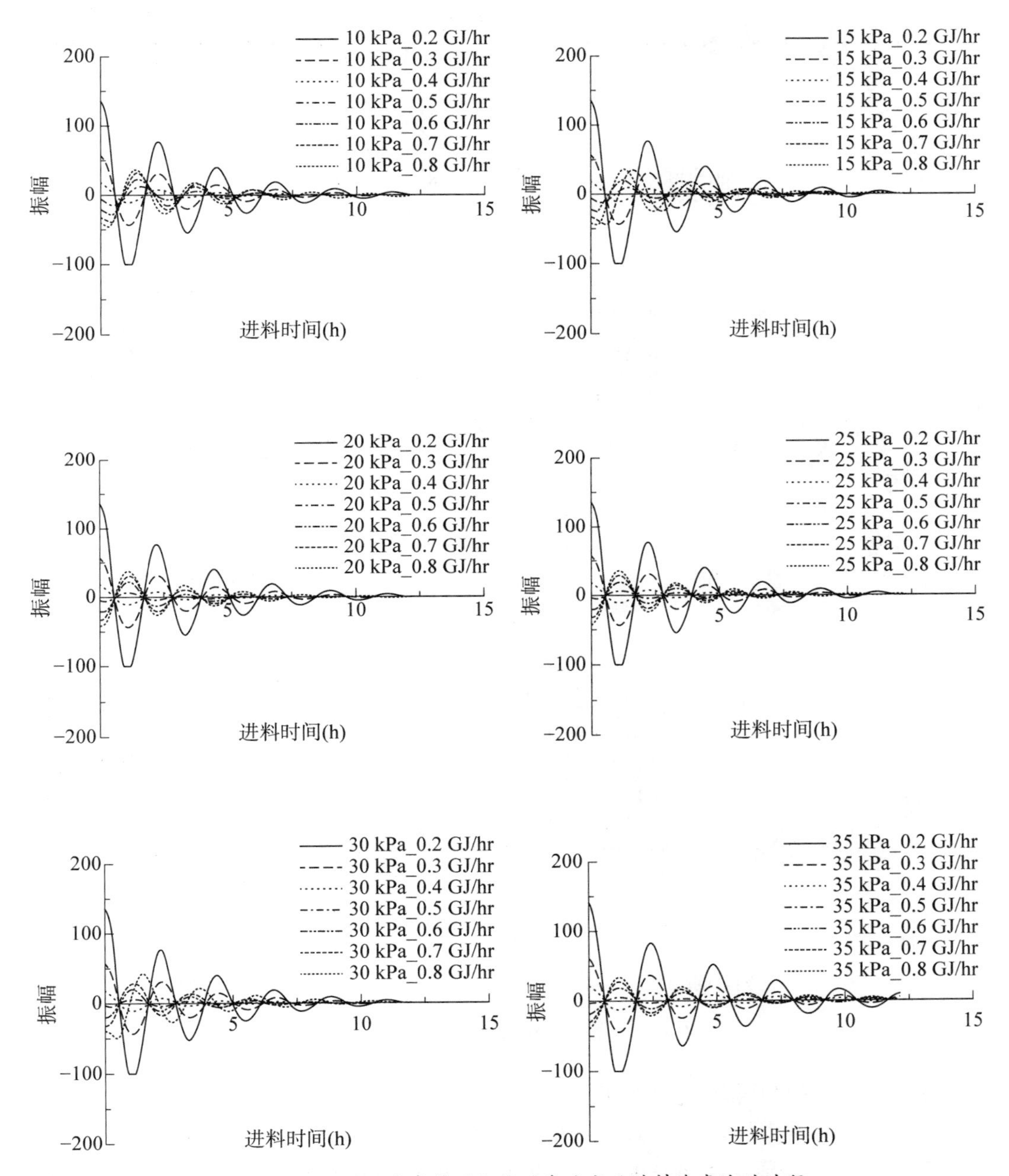

图 7-16　不同压力条件下加热功率改变后进料速率波动过程

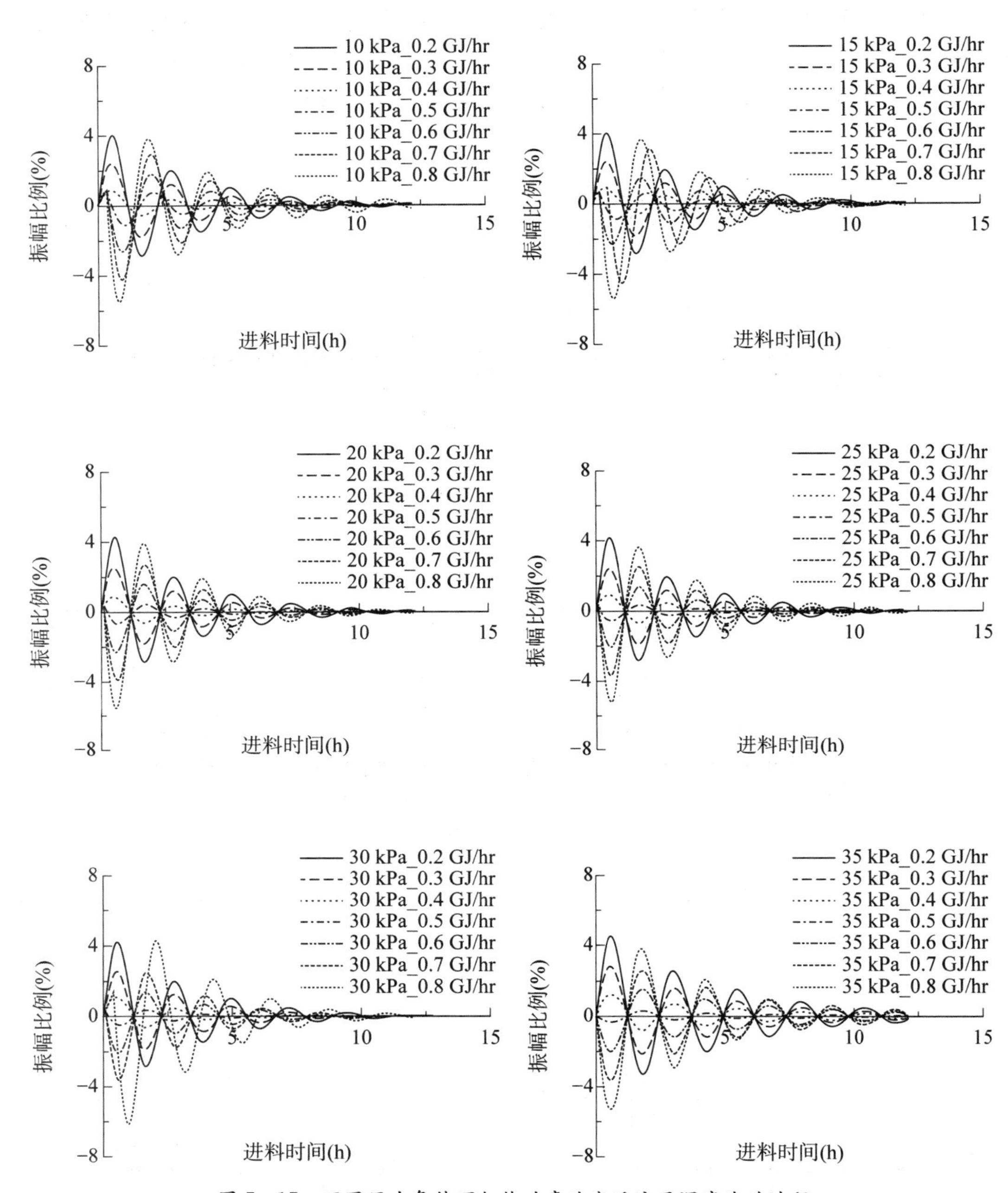

图 7-17 不同压力条件下加热功率改变后液面深度波动过程

（四）加热功率对其浓缩过程影响

从图 7-16 和图 7-17 可以看出，在中药浓缩过程中，其设备加热功率是关键的参数，其直接决定了溶液溶剂蒸发速率。根据相关理论可知，这两者间成正向对应关系。首先以气压 20.0 kPa，且加热功率为 0.4 GJ/hr 条件为例，来分析和讨论通过动态模拟仿真计算得到的甘草水提液浓缩蒸发过程，如图 7-18 所示。

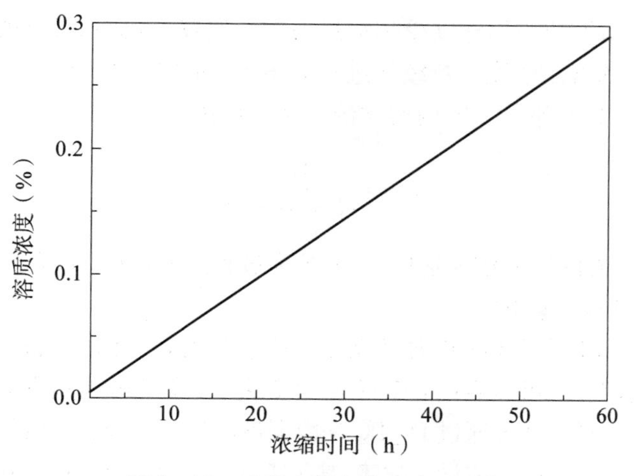

图 7－18　甘草水提液浓缩过程示意

如图 7－18 所示，在气压 20.0 kPa，加热功率为 0.4 GJ/hr 的稳定条件下，通过动态模拟仿真制备了体积为 0.98 m^3，溶质浓度为 31%的甘草浓缩液，其浓缩时间约为 62 h。从图 7－18 中可以看出，在甘草水提液浓缩过程中，当操作工艺条件稳定时，其溶质浓度随生产时间呈现出线性的增长趋势。以浓缩液最终浓度与时间相除，即可得到该操作工艺条件下的溶质浓缩速度，其计算过程如式(7－7)所示。

$$v_c = c_1 / t \tag{7-7}$$

式中，v_c 为溶质浓缩速度(h)；c_1 为浓缩停止时浓缩液溶质浓度；t 为浓缩时间(h)。

基于各个操作工艺条件(气压为 10.0 kPa 到 35.0 kPa 范围，操作功率为 10.0 kPa 到 35.0 kPa 范围)下的仿真计算结果，都可以发现其浓缩过程的溶质浓度随时间增加呈现线性过程。因此，根据式(7－7)计算其所对应的溶质浓缩速度，如图 7－19 所示。根据式(7－7)的计算表明，不同气压下溶质浓缩速度较为接近，因此图 7－19 中仅仅展示了 10.0 kPa、20.0 kPa 和 30.0 kPa 的溶质浓缩速度进行分析。

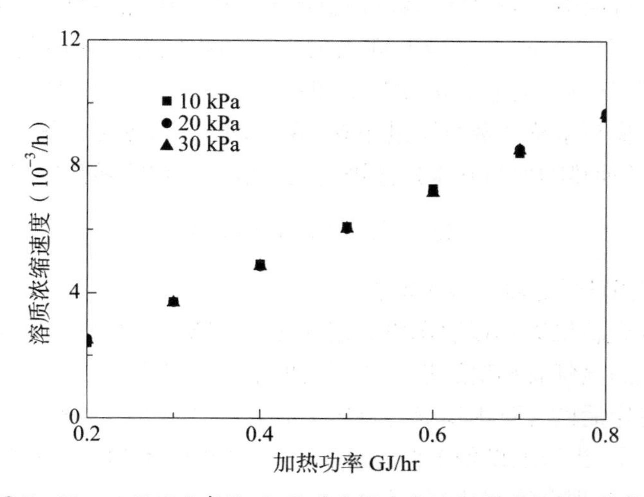

图 7－19　不同压力条件下，溶质浓缩速度随加热功率变化趋势

如图 7-19 所示，溶质浓缩速度受到加热功率影响较大，受到气压的影响较小。在中药浓缩过程中，设备内的溶质浓度随持续的进料而增加，过多的溶剂则通过蒸发的方式排出系统外，因此其在单位时间(平均 1 h)内溶质浓缩速度可由式(7-8)计算。

$$v_c = \frac{Wc_0}{H + W - M} \tag{7-8}$$

式中，v_c 为单位时间溶质浓缩速度(h)；W 为进料速率(kg/h)；H 为蒸发罐已有溶液质量(kg)；M 为蒸发速率(kg/h)。

根据相关理论可知，当 HOT 的加热功率发生改变时，对蒸发设备中溶液溶剂蒸发速率 M 造成影响。从式(7-8)可以看出，当 M 发生变化时，通过影响蒸发罐中的溶液质量改变其液位。由图 7-14 可知，系统通过 IN_PC 来根据液面对 IN 进料速率进行反向调整。根据工业现场经验可知，当液位过高造成设备故障，甚至事故；当液位过低时，会中断 HOT 与 VAP 间的热流循环，停止蒸发。因此，在液位稳定在一定范围条件下，设备加热功率增加，M 增加，W 亦会增加，反之亦然。通过式(7-8)可知，设备加热功率与溶质浓缩速度是正相关关系。

而 VAP 中的蒸汽气压可以如式(7-9)所示进行计算。

$$P = \frac{(M + M_0 - M')RT}{18.02V} \tag{7-9}$$

式中，P 为 VAP 的气压(kPa)；M_0 为 VAP 内已有的蒸汽质量(kg)；M' 为 GAS 抽走的蒸汽质量速率(kg/h)；V 为容器内蒸汽容积(m^3)。

结合图 7-14 可以看出，系统通过 VAP_PC 来调节 VAP 内的气压，使之维持在设定的范围内。当 M 增加时，M' 会通过 VAP_PC 控制而增加，反之亦然。根据工业现场经验可知，当 M' 不随 M 变化时，如式(7-9)所示，设备内气压就会发生变化，无论升高还是降低都会引起生产事故。因此，当 VAP_PC 正常维持系统内气压时，$M = M'$，溶质浓缩速度从宏观上与设备的气压无关，而只表现为加热功率与进料速率函数。

(五) 进料量对浓缩过程影响

从图 7-19 的讨论中可知，当浓缩设备稳定生产过程中，液面与气压都应稳定在一定的范围内。此时如式(7-8)所示，单位时间内的进料体积应等于该时间内的溶液蒸发体积。根据实验测量发现，甘草水提液的密度基本和水一致。因此，在维持正常生产条件下，单位时间内的进料质量应与水蒸气蒸发质量相等 ($W = M$)。根据经典热力学理论可知，当环境中气压稳定时，设备加热功率与其水提液进料速率应存在相关函数方程，如式(7-10)所示。

$$Q = C_m M \Delta T + \Delta H_m M \tag{7-10}$$

式中，C_m 为溶液比热[kJ/(kg · k)]。

式(7-10)中，$C_m M \Delta T$ 用以表示将料液加热至沸腾时升温所需的能量；$\Delta H_m M$ 用以表示的溶剂(水)从液态至气态相变过程中所需要的能量。结合气压 20.0 kPa 条件，不同加热功率与浓缩设备稳定后的甘草水提液进料速率的对应关系进行分析。

如图 7-20 所示，当浓缩设备工作稳定后，其所需的进料速率与对应的加热功率间呈现出线性关系，对其进行拟合得到式(7-11)。

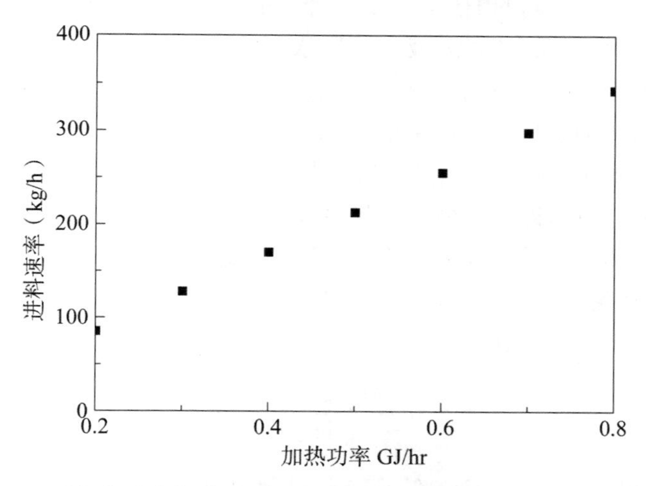

图 7－20　不同加热功率条件下，浓缩设备稳定工作后所需甘草水提液进料速率

$$Q = 2\,329.292M + 2\,726.67 \tag{7-11}$$

其中，Q 为加热功率(kJ/h)；M 为进料速率(kg/h)。

对比式(7－10)和(7－11)可以看出，式(7－10)中 2 726.67 kJ/h 实质是式(7－11)中的 $C_{\mathrm{m}}M\Delta T$；而式(7－11)中 2 329.292M 则对应的是式(7－10)中 $\Delta H_{\mathrm{m}}M$，其中，2 329.292 即为水的平均摩尔相变热。因此可从图 7－20 中看出，一方面，该动态仿真过程基本符合相关理论计算过程的；另一方面，也可以得出结论浓缩设备进料速率与其加热功率间的是线性对应关系。根据表 7－6 可知，不同压力条件下，其溶液沸点存在差异，此时 $C_{\mathrm{m}}M\Delta T$ 会随设备内压力不同而有所不同。在图 7－20 的基础上，分别计算不同压力条件下浓缩设备进料速率随加热功率的变化趋势，如图 7－21 所示。在图 7－21 中，为了更好表现压力对系统带来的影响，以图 7－20 在各个功率点的进料速率为基准，用其他压力计算结果进行相减。

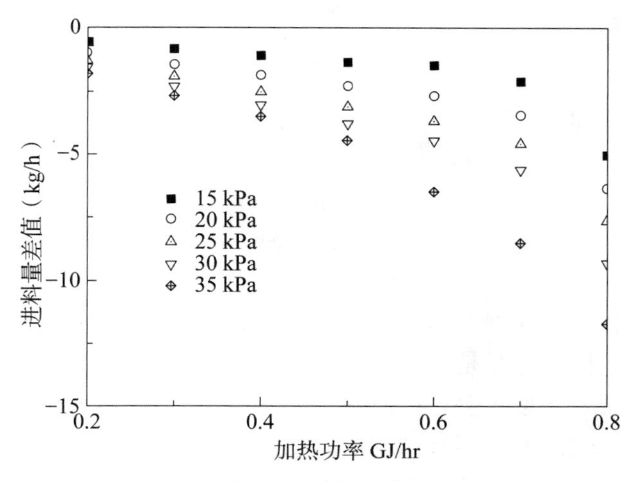

图 7－21　不同压力条件下，进料速率与加热功率变化趋势

如图 7－21 所示，在相同的加热功率条件下，进料速率随着压力的增加而逐渐降低。结合式(7－10)和表 7－6 可知，随着溶液内溶质浓度的增加，其沸点温度逐渐上升，且随着压力的增加，此种升温趋势就愈发的明显。因此，如式(7－10)所示，设备内压力越高，其溶液升温所需能量越多；当加热功率保持不变时，其相变能量相对降低，甘草溶液的溶剂蒸发浓缩速率有所降低，进料速率也随之有所下降。如图 7－19 所示，此种随着压力变化所带来的进料速率的变化相对较小，即使是最大的降幅也小于 5%。因此，从宏观上说，当设备处于稳定工作状态时，不同压力条件下的溶液浓缩过程较为近似的。

从图 7－21 的讨论中可以看出，决定浓缩设备工作状态的主要参数是其加热功率，则将式(7－10)代入式(7－8)，如式(7－12)所示。

$$v_c = \frac{(Q - C_m M \Delta T)\, c_0}{H \Delta H_m} \tag{7-12}$$

根据图 7－21 的讨论结果，忽略 $C_m M \Delta T$ 对于函数的影响，将式(7－12)代入式(7－7)，即可得到浓缩时间与加热功率函数，如式(7－13)所示。

$$t = 2\,329\, \frac{c_1 H}{c_0 Q} \tag{7-13}$$

从式(7－13)可以看出，浓缩操作时间与其加热功率呈反比例的变化趋势。以最终浓度为 30%，罐中浓缩溶液质量为 500 kg，初始进料浓度为 3%的理想浓缩状态为例进行分析，如图 7－22 所示。

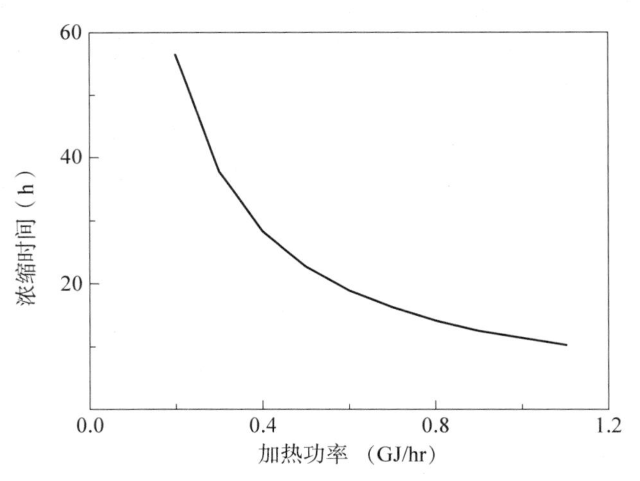

图 7－22　不同加热功率所对应加热时间

从图 7－22 中可看出，随着加热功率的增加，浓缩时间是逐渐降低的，但是随着功率的持续增加，浓缩时间的降低趋势是逐渐下降，并逐渐趋于水平。这说明加热功率不能无限增加的，必须要从生产成本角度入手，选择可以接受的加热功率与对应的加热时间；过分的投入热功率并不能带来等比例的浓缩时间降低的回报。在此基础上，重现了甘草水提液在外热式蒸发器中加热浓缩过程仿真。根据动态过程的仿真模拟探讨了加热功率、进料速率以及真空度等工艺参数对该溶液在外热式浓缩设备中的浓缩蒸发过程的影响；并构建了其浓缩时间与加热功率的函数方程，理论预测加热功率不能无限增加，必须要从生产成本角度出发，选择适宜的加热功率，过分的增大加热功率并不能等比例的缩短浓缩时间。

第六节　基于深度强化学习的甘草真空带式干燥工艺优化决策

一、数据准备

强化学习模型的准确性与泛用性取决于数据集的规模与质量。结合前期的研究内容，用于训练的数据可来源于中药制药工艺知识库。中药知识库中记录了生产积累的经验知识、生产工艺过程的历史案例以及基于大数据和机理模型所揭示的工艺参数与产品指标的对应关系与物质转化规律。首先，通过知识库中所包含的经验模型、数据驱动模型及虚拟仿真模型为训练提供数据基础，从而弥补实际生产数据不足的问题。其次，知识库中所包含的模型还可为强化学习模型提供训练环境。与此同时，离线训练能够提高模型训练效率并节约人力物力成本。

第五章构建了中药带式干燥过程的数值仿真机理模型，能够模拟出不同工艺条件下的产品生产过程，模拟结果基本符合工业实际生产过程。数值仿真模型能够根据不同生产工艺条件计算出对应的产品质量属性。在真空带式干燥工艺的自主决策训练研究中，基于数值仿真模型产生各个生产工艺条件的过程仿真数据并进行强化学习训练。通过数值仿真模型共产生了 3 240 条数据用于训练。在实际应用中可以将历史工艺数据与仿真数据混合共同输入深度强化学习模型进行训练。在本仿真工艺中所产生数据的范围为：入口含水率55%；一区加热温度（130～140 ℃，精度 2 ℃）；二区加热温度（120～130 ℃，精度 2 ℃）；三区加热温度（120～130 ℃，精度 2 ℃）；传送带速度（0.2～0.3 m/min，精度 0.02 m/min）。产品质量指标为干燥后物料出口含水率。

二、工艺决策优化目标的确定

中药真空带式干燥工艺的生产效率受多个工艺参数的影响。一方面可以通过调高体系的加热温度并提高传送带速度的方式来提高生产效率；另一方面可以通过降低传送带速度并调整进料速度来提高生产效率。因此，对于不同的工艺优化方式需要统一标准来衡量优化结果的好坏。将真空干燥生产过程转换为资产升值过程，使用最终收益支出比作为工艺流程的评价指标衡量不同工艺参数条件下的生产过程。与此同时，工艺过程要满足物料出口含水率≤4%的质量标准。综上，工艺决策优化目标为在满足物料出口含水率≤4%的情况下最大化收益支出比。

（一）产品总质量

生产总质量的计算方式基于带式干燥过程的数值仿真模型。数字仿真模型可以计算物料单个时间步长内的水分蒸发量。将每个步长的水分蒸发量累加求和可求得干燥过程的总水分蒸发量，结合给料的总质量即可计算得到最终所得产品的总质量。具体可由公式（7－

14)～(7－16)表示。

$$M_{\text{product}}=M_{\text{mix}}-M_{\text{water}} \tag{7-14}$$

$$M_{\text{water}}=\sum_{i=1}^{n}m_i \tag{7-15}$$

$$M_{\text{mix}}=\frac{w_{\text{strat}}M_{\text{water}}}{w_{\text{strat}}-w_{\text{end}}}w_{\text{start}}^{-1} \tag{7-16}$$

式中，M_{product} 为干燥后产品质量(kg)；M_{mix} 为干燥前浸膏质量(kg)；M_{water} 为浸膏被干燥的水的质量(kg)；m_i 为一个单位时间步长内被干燥的水的质量(kg)；n 为单位时间步长总数；w_{strat} 浸膏初始含水率(%)；w_{end} 干燥后浸膏含水率(%)。

(二) 热量消耗

同产品质量计算方式相同，总热量消耗同样由不同时间步长内的热量消耗累计求得。单位时间步长内的热量消耗包括热传导消耗和热辐射消耗两部分，对于已经完成干燥但还在干燥过程中的物料则只考虑热辐射消耗。具体可由公式(7－17)～(7－19)表示。

$$Q_{\text{total}}=\sum_{i=1}^{n}Q_i \tag{7-17}$$

$$Q_i=Q_{\text{water}}(1+k) \tag{7-18}$$

$$Q_i=\begin{cases}Q_{\text{water}}(1+k), & x>0\\ \alpha, & x=0\end{cases} \tag{7-19}$$

式中，Q_{total} 为干燥过程总耗能(kJ)；Q_i 为一个单位干燥过程耗能(kJ)；Q_{water} 为蒸发水分所需能量(kJ)；k 为热辐射损耗系数；α 为热辐射消耗能量；x 为物料的含水率，当 $x>0$ 时同时计算热传导和热辐射消耗热量，当 $x=0$ 时只计算热辐射消耗热量。

(三) 收益支出比

生产成本包括物料成本及能量消耗成本。物料成本按照某交易平台甘草湿浸膏的均值计算，取值为 30.00 元/kg。能量消耗成本由能量换算求得，将总消耗热量换算为标准煤的质量，通过标准煤的成本消耗来表示能量消耗。标准煤的成本按照某交易平台 2021 年原煤均价计算，取值为 2.63 元/kg。生产收益按照某交易平台甘草提取物干燥粉末的均值计算，取值为 150.00 元/kg。具体计算流程可由公式(7－20)～(7－24)表示。

$$R=\frac{M_{\text{cost}}}{M_{\text{earn}}} \tag{7-20}$$

$$M_{\text{cost}}=M_{\text{material}}+M_{\text{energy}} \tag{7-21}$$

$$M_{\text{material}}=M_{\text{mix}}\frac{U}{P}_{\text{material}} \tag{7-22}$$

$$M_{\text{energy}}=\frac{Q_{\text{total}}}{Q_{\text{standard}}}\cdot\frac{U}{P}_{\text{energy}} \tag{7-23}$$

$$M_{\text{earn}}=M_{\text{product}}\frac{U}{P_{\text{product}}} \tag{7-24}$$

式中，R 为投入产出比；M_{cost} 为生产成本（元/h）；M_{earn} 总收入（元/h）；M_{material} 为原材料成本（元）；M_{energy} 为能源成本（元）；U/P_{material} 为原料单价（元/kg）；U/P_{energy} 为原料单价（kJ/kg）；Q_{standard} 为标准煤热量（kJ/kg）；U/P_{product} 为原料单价（元/kg）。

（四）深度强化学习模型构建

深度强化学习模型为中药制药工艺决策方法的主体部分，其性能的好坏决定了决策的效果。强化学习模型的训练过程即智能体与环境的不断交互过程，智能体对当前状态进行观测并做出动作，环境对智能体做出的动作进行反馈，并对积极的动作予以激励，智能体通过做出累计激励值最大的动作以完成训练目标。

甘草真空带式干燥工艺的深度强化学习模型基于DQN算法开发，DQN算法来源于Q-learning算法，Q-learning算法通过实时更新Q表格来记录当前状态-动作的价值，当状态和动作空间的维度过高时，Q表格会变得十分巨大，使得维护和查找得十分困难。DQN算法将Q-learning与人工神经网络结合，引入人工神经网络拟合状态-动作所对应的 Q 值，克服了高维状态-动作空间引起的维度灾难问题。DQN算法建立了双网络结构、构造训练网络的loss函数、建立经验池3个模块将深度学习和强化学习结合起来，其算法流程见图7-23。首先通过式（7-25）将Q-learning中 Q 值更新问题转换成函数参数 θ 的更新；其次构建估计网络（eval-net）和目标网络（target-net）双网络结构，分别对当前状态的 Q 值和下一步状态的 Q 值进行估计；最后构建神经网络的loss损失函数 $Li(\theta_i)$，并通过随机梯度下降等方式对神经网络参数进行更新，使得2个网络的 Q 值相差逐渐减小，如式（7-26）所示。

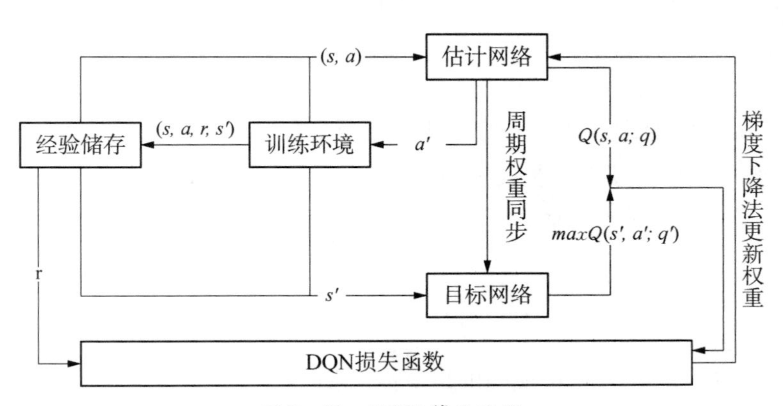

图7-23　DQN算法流程

$$Q(s,a;\theta)\approx Q(s,a) \tag{7-25}$$

$$L_i(\theta_i)=E\{[\gamma+\gamma\max_{a'}Q(s',a';\theta_{i-1})-Q(s,a;\theta_i)]^2\} \tag{7-26}$$

式中，γ 奖励折扣因子，θ_i 是第 i 次迭代的估计网络权值，θ_{i-1} 是 $i-1$ 次即上一个迭代周期的目标网络权值，r 是奖励值，s' 是下一状态，a' 是下一动作，E 为均方误差函数。

智能体的训练过程通常使用马尔科夫决策过程（markov decision process, MDP）来对其进行描述。马尔可夫决策过程由5个元素组成 $M=(S,A,P,R,\gamma)$。其中 S 表示状态

集 ($s \in S$)，s_i 表示第 i 步的状态。A 表示一组动作的集合 ($a \in A$)，a_i 表示第 i 步的动作。P 表示状态转移概率，表示的是在当前 ($s \in S$) 状态下，经过 ($a \in A$) 作用后，会转移到的其他状态的概率分布情况。比如，在状态 s 下执行动作 a，转移到 s' 的概率可以表示为 $p(s' \mid s, a)$。R 是回报函数(reward function)，对当前状态进行回报反馈。γ 是折扣因子(discount factor)，γ 为 0 时，相当于只考虑立即而不考虑长期回报，γ 为 1 时，将长期回报和立即回报看得同等重要。对于中药制药过程来说，最优决策动作求解过程的 3 个关键元素为状态 (S)，动作 (A) 和奖励 (R)。

状态空间：状态 (S) 表示中药制药过程中一系列工艺参数及其对应的产品质量指标，具体可由式(5-1)(5-2)(见第五章相应小节内)表示，其中，p_t^n 表示 t 时刻时第 n 个工艺参数值的组合，v_t^n 表示 t 时刻时第 n 个产品质量参数的值。在不同的工艺参数条件下会不断生成新的状态，直到产生满足质量要求的最佳工艺参数条件，见图 7-24。

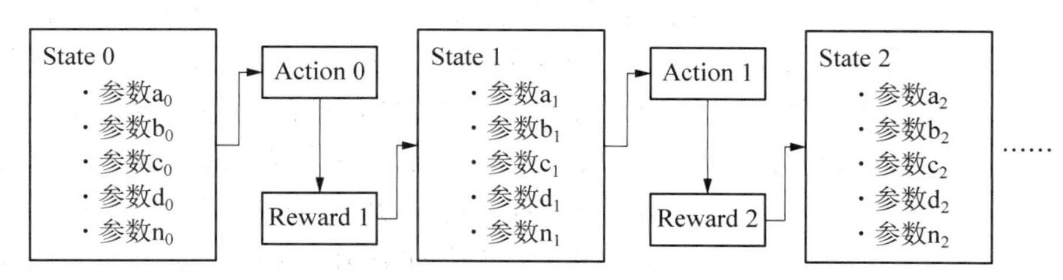

图 7-24　参数决策模型训练流程

动作空间：动作(action)表示根据当前状态推荐的工艺参数调整动作，对于不同的工艺环节参数调整可能包括提取时间、进料量、加热温度、传送带速度、体系压力等的上调或下调，具体可由公式(5-3)表示。

激励函数：奖励(reward)表示根据新工艺参数运行结果获得的奖励。决策模型不断做出工艺参数调节动作，环境根据决策模型做出的动作结果予以反馈(奖励或惩罚)，通过累计奖励，期望智能体能够学习工艺参数控制规则以满足最终产品质量要求。奖励的简化计算可由公式(7-27)表示，对于 s 状态下 a 动作的奖励值等于优化前后奖励指标与折扣因子的乘积。

$$R(s, a) = (A_c - A_l) \cdot \infty \tag{7-27}$$

甘草真空带式干燥工艺决策模型的训练因素如下。

(1) 状态。每个状态包括物料初始含水率；物料最终含水率；加热温度分布，传送带速度；进料速度；工艺收益支出比。

(2) 动作。智能体观测状态后进行的动作包括加热温度分布的调整，传送带速度的调整以及进料速度的调整。

(3) 奖励函数。为了让模型能够学习到物料出口含水率 4%为临近点，设置了 4 种奖励函数用于反馈不同的调整动作：当调整后的物料出口含水率大于 4%时说明不满足生产要求，要予以惩罚，因此 R 设置为-1；当调整后的物料出口含水率小于等于 4%时说明满足生产要求要予以奖励；当调整前后的出口含水率均满足要求但优化指标没有改变，说明此操作无效，要予以惩罚，因此 R 设置为－0.5。奖励函数具体设置方式见表 7－7。

表 7－7　奖励函数设置方式

调整后含水率	调整前含水率	
	≤4%	>4%
≤4%	$R = S_{n+1}(\sigma) - S_n(\sigma)$ $R = -0.5 \quad if\ S_{n+1}(\sigma) = S_n(\sigma)$	$R = S_{n+1}(\sigma)$
>4%	$R = -1$	$R = -1$

三、在线工艺决策

（一）模型部署方法

离线训练完成后强化学习模型将以软件的形式安装在工业控制计算机中，对于可训练数据较少的工艺过程可使用迁移学习的方法快速完成模型的训练，当目标数据样本较少时，通过迁移学习方法可显著提高任务样本量不足的训练效果。强化学习模型基于生产过程的初始状态，经过若干次的策略调整，最终输出优化后的工艺决策方案及预计产品质量结果。生产开始后，工艺参数的优化路径与实际生产工艺过程数据将被储存在数据库中。一方面，被储存的数据将用于扩充知识库，用于案例的积累与过程模型的更新。另一方面，过程数据将用于强化学习模型的训练，进一步提升强化学习模型的决策精度。随着时间的推移，强化学习模型的决策效果将逐步提升，被优化的工艺过程的生产效率将逐步提高。

（二）优化结果

随机抽取 3 条不同生产工艺数据作为深度强化学习算法的初始状态进行工艺决策优化。3 次优化前后的工艺参数及生产结果见表 7－8，模型验证结果及工艺优化路线见图 7－25，工艺决策优化模型从初始状态开始，分步对传送带速度、加热温度和进料速度进行调整，最终在满足出口含水率≤4%的情况下提升了生产过程的收益支出比。3 次验证过程分别将收益支出比提升了 0.121、0.104、0.189。原料处理量相较于优化前分别提升了 24.25、24.07、42.35 kg/h。

表 7－8　优化前后工艺参数及生产结果对比

优化工艺		温度 1 /℃	温度 2 /℃	温度 3 /℃	传送带速度 /($m \cdot min^{-1}$)	原料处理量 /($kg \cdot h^{-1}$)	出口含水率 /%	收益支出比
状态 1	优化前	132	128	98	0.2	86.38	1.26	2.548
	优化后	132	126	90	0.25	110.63	3.63	2.667
状态 2	优化前	140	124	94	0.2	86.55	1.46	2.558
	优化后	136	124	90	0.25	110.62	3.62	2.666
状态 3	优化前	140	122	92	0.2	68.31	0	2.479
	优化后	134	122	92	0.25	110.66	3.65	2.668

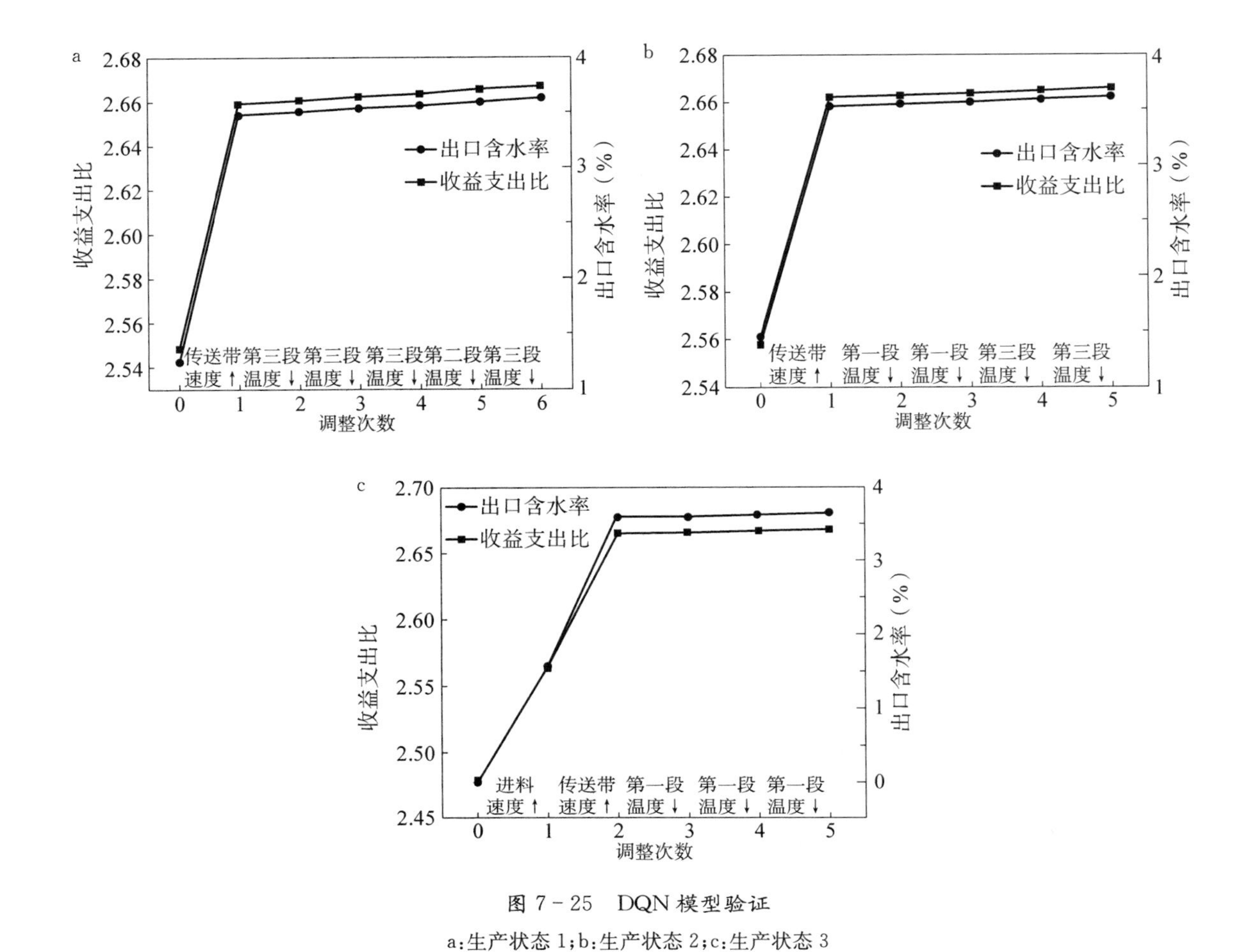

图 7-25　DQN 模型验证

a:生产状态 1;b:生产状态 2;c:生产状态 3

四、优化结果分析

本节提出了基于深度强化学习的中药生产过程工艺参数自主优化决策方法，分别从数据准备、深度强化学习模型构建和工艺在线决策 3 个方面叙述了深度强化学习的中药生产过程中的应用策略。以真空带式干燥工艺单元操作为优化对象，初步构建了基于 DQN 算法的工艺自主决策优化方法，实现了真空带式干燥过程工艺参数的自主决策与动态优化。

以效益比作为人工智能对知识库挖掘的约束条件，实现了将产品实际工业生产与企业资本在工业生产中增值过程相连接，用具体的数据揭示了产品在生产过程中附加值增加规律，基于工艺自主决策系统深入挖掘了生产数据在资产增值中的作用。作为企业的无形资产，历史工艺数据通过人工智能知识挖掘的技术手段更为具体和科学地参与到企业实际的生产运作中，从而实现了相关物性资产的定量化数据分析。

通过数字孪生技术和人工智能技术的应用，将有效的帮助中药生产企业结合固定资产和无形资产与实际产品工业过程，联通上下游进行科学分析，实现生产资本数字化、模式化、科学化，为企业资本运行过程优化提供科学支撑。在实际应用中，将收益支出比与上游原料价格变动时间和下游产品销售时间建立对应数据关系，可得出生产收益较高的时间区间，为企业排产提供参考依据；另一方面，决策模型的应用过程同样也是模型的修正过程，不断在应用过程发现误差并对造成误差的干扰因素进行排除将进一步提高决策模型的性能，将智能决策模型应用至企业日常管理中，为企业经营行为提供科学分析手段。

小　　结

本章通过具体的案例分析和讨论了智能决策系统和工艺优化系统在中药制药领域的应用，作为信息反馈的重要组成部分，数字孪生技术可以根据具体的生产信息流程结合相关的智能决策软件，更为柔性的分析和反馈优化结果，实现了数字孪生技术的一个重要技术优势，这也成为其可以有效提升中药制药生产技术指标的重要技术支撑之一。

第八章

中药制药数字孪生技术的应用与展望

虽然在前面的章节中已经介绍了数字孪生技术在中药制药生产过程中具体工艺阶段的应用案例，但是中药制药涵盖了很多复杂的生产设备和生产工艺流程，而各种工艺流程又因为具体生产药物品种差异而有所不同。因此，先进的生产技术与中药制药进行技术结合时，必须要因地制宜，根据具体的工艺特点和技术难点进行有针对性的研究。

第一节　数字孪生技术在中药智能生产线应用

中药是现代药物的重要组成部分，关系到国民健康，因此其数字孪生技术就必须要以产品质量一致性为第一要务。在满足产品质量的前提条件下，开展工业生产精益化、智能化和数字化研究，但是目前相关技术应用仍然面临着巨大挑战。中药制药工业生产相较于其他传统工业生产，存在着其独特的工艺要求和技术特点，因此要有针对性的开发适应其特点的数字孪生系统，而不能简单地生搬硬套其他工业系统。

现代中药制药生产流程中包含了组分传递、气液固等多相间能量传递，复杂高黏度流体的流动等物理化学现象。要协调各个生产单元的工艺优化就必须要立足于先进的人工智能技术，从复杂纷繁的关联数据中挖掘得到上下游的工艺逻辑关系，并在科学有效的数据分析基础上进行生产线的工艺优化。

一、生产线工艺优化的基本技术

目前相关研究人员基本采用深度学习技术来处理工业生产过程中所产生的复杂数据。深度学习是机器学习的一个重要子领域，致力于建模和解决智能体学习最佳策略的挑战，以通过与环境的交互最大化奖励或实现特定目标。同时，工艺参数优化旨在特定策略的指导下，在搜索域内识别一组最佳工艺参数，以在生产过程中获得最佳目标值。鉴于这些目标，深度学习方法被证明适用于处理工艺参数优化问题。与依赖基于人工或仿生设计的搜索策略的传统优化方法不同，深度学习方法通过与环境的迭代交互来动态创建和更新自己的搜索策略。生成的深度学习搜索策略有助于加速优化过程，同时对类似的优化问题也表现出很高的可重用性。因此，很明显，在应用强化学习来解决工艺参数优化问题时，环境的构建起着至关重要的作用。目前的文献概述了环境建设的两种主要方法，总结如下。

第一类研究侧重于开发数学建模或过程模拟方法来构建虚拟环境。这种方法有助于直接阐明和描述物理和化学原理，以及生产过程中的能量平衡。该方法采用显式数学公式，建立了生产过程中产品特性与工艺参数之间的关系。例如，Nikita 等人将色谱柱机理模型作为虚拟环境，以寻找阳离子交换色谱过程中的最佳流速。崔等人采用计算流体动力学方法结合深度强化学习，对金银花提取物的喷雾干燥过程进行模拟和优化。结果表明，可以对工艺进行优化，使粉末产率提高 5%左右。

第二类研究涉及基于人工智能算法的数据驱动预测模型。随着新一代人工智能技术的出现，以及算法和计算能力的进步，数据挖掘和利用的效率显著提高。因此，数据驱动的建模方法获得了广泛的流行。这些基于数据驱动方法的建模方法克服了系统分析和设计中复杂数学模型带来的挑战。郭等人利用历史数据建立了基于人工神经网络的注塑过程质量预测模型。并将该模型用于注塑成型工艺参数的优化，并在实际生产中得到了验证。

另一个关键任务涉及将目标优化问题转化为马尔可夫决策过程模型。通常，马尔可夫决策过程模型由五个元素组成：状态、激励、政策、奖励和回报。因此，第一步是分析目标过程的优化模型，并设计适当的状态和动作空间。策略表示智能体通过交互式学习获得的优化策略，通常初始化为策略神经网络。随后，奖励被用来评估在给定状态下行动的有效性，而适当的奖励函数的设计是成功强化学习的关键。

二、多智能体优化技术

多智能体强化学习是深度学习技术领域中最重要的研究领域之一，因为它可以解决许多现实世界中复杂的协同决策问题。由于其处理高维决策问题的独特能力，多智能体强化学习已被广泛应用于能源调度、交通管理和制造过程等各个领域。王等人通过提出一种基于协作组的多智能体强化学习框架来解决大型复杂道路网络中交通信号代理的协调问题，该框架结合了协作车辆基础设施系统和专门的多智能体强化学习框架算法来优化自适应交通信号控制。

根据要处理的任务的不同类型，多智能体强化学习算法可以分为三种相应的类型：完全合作、完全竞争和混合，主要区别在于预期累积回报的最大化。在全面合作的多智能体强化学习中，所有智能体合作以实现共同的团队目标，旨在最大限度地提高团队的全球累积回报。在完全竞争的多智能体强化学习中，每个智能体只关心自己的行为，而忽略对其他智能体的影响，并努力使其个人累积回报最大化。在混合多智能体强化学习中，每个代理必须同时考虑个人和全球利益。因此，优化目标是通过与其他竞争主体的合作，最大化个人累积奖励，同时最大化环境的整体累积奖励。

基于对政策和价值函数的处理，多智能体强化学习可以分为三种类型：行动者-批评者、政策优化和基于价值的方法论。基于价值的深度学习算法主要以多智能体深度 Q 网络为代表。方等人采用多智能体强化学习进行区域微电网的分布式能源管理和战略优化。从经济性、独立性和微电网参与者利益平衡等方面提高微电网的运行性能。该方法有效地估计了状态的值，可以对每个动作进行值函数估计和选择。策略优化方法直接优化策略，避免了与值函数估计相关的不准确和误差传播问题，同时也增强了处理高维问题的能力。Actor-Critic 方法将策略优化和值函数估计相结合，减少了策略优化中的方差问题，提高了算法的稳定性和收敛性。

三、以中药浓缩干燥生产过程为例对多智能体优化工艺进行探讨

(一) 构建各个工艺单元数学模型

能够准确描述生产过程中工艺参数、产品质量和生产效率之间关系的数学模型是目标工艺决策优化的重要前提。因此,本节详细讨论了 MVR 和真空带式干燥过程机理模型的构建方法。

1. MVR 过程模型　在 MVR 过程中,热交换器的传热计算是使用 NTU(传递单元数)方法进行的。方程(8-1)是通过交换器的热平衡和总传热率的微分方程获得的。方程(8-2)是通过重写和积分方程(8-1)而导出的。

$$dQ = W_C c_p dt = K(T-t)dS \tag{8-1}$$

$$\int_{t_1}^{t_2} \frac{dt}{T-t} = \int_0^S \frac{Kds}{W_c c_p} \tag{8-2}$$

式中,W_C 为流体的流速(kg/s),c_p 为比热容[kJ/(kg·℃)],K 为传热系数(m^2·℃);$(T-t)$ 为流体入口和出口之间的温差。

假设热交换器的直径为 d,长度为 L,并且总共有 n 多个传热管,则可以公式化方程(8-3)。

$$\int_{t_1}^{t_2} \frac{dt}{T-t} = \frac{KS}{W_C C_P} = \frac{K(n\pi dL)}{W_C c_p} \tag{8-3}$$

$$L = \frac{W_c c_p}{n\pi dK}\int_{t_1}^{t_2} \frac{dt}{T-t} \tag{8-4}$$

$$H = \frac{WC_P}{n\pi dK} \tag{8-5}$$

$$NTU = \int_{t_1}^{t_2} \frac{dT}{T-t} \tag{8-6}$$

$$L = H(NTU) \tag{8-7}$$

其中,H 是传热单元的长度,NTU 是传热单元数量。

通过重写式(8-3)来导出式(8-4),如果假定式(8-5)和(8-6)有效,则可以导出式(8-7)。基于式(8-7),可以推断出热交换器的长度等于传热单元的数量与每个传热单元的长度的乘积。这一结论可作为后续计算的依据。

在本研究中,浓缩过程的传热系数由式(8-8)计算。此外,MVR 过程被视为理想状态,因此热阻 $R_0 = 0$。

$$K = \frac{1}{[(0.332Pr^{\frac{1}{3}}Re^{\frac{1}{2}})^{-1} + R_0]^{-1}} \tag{8-8}$$

式中,Pr 是普朗特常数,$Pr = C_p \times \mu/\varphi$;$C_p$ 是样品的比热[J/(kg·K)];μ 是样品黏度(Pa·s);φ 是样本的导热系数[w/(m·K)];Re 是雷诺数,$Re = \rho \times v \times d_{water}/\mu$;$\rho$ 是提取物的密度(kg/m^3);v 是试样的流速(m/s);d_{water} 是等效直径(m);$d_{water} = 4s_i/(\pi d_{in} + l)$;$d_{in}$ 是试件的内径(m);l 为换热管的内圆周(m);

每个计算步骤中微量元素的质量可以写成式(8－9)中的质量。

$$m_i = \frac{T_\Delta A_i KH/v}{h_r} \tag{8-9}$$

式中，T_Δ 是特征温度(K)；A_i 是传热单元的传热面积(m^2)；H 是传热单元的长度；h_r 是水的潜热(m)。

2. *真空皮带干燥模型*　在本研究中，扩展了先前对真空带式干燥过程的机制模型的研究。之前工作提出了一个包含材料干燥特性的三阶段过程模型。在此基础上，进一步研究该模型在当前研究中的适用性和参数决策过程。具体而言，探索了其更广泛的应用范围，并深入研究了确定最佳参数的决策过程。通过扩展之前的成就，试图增强该模型在现实世界场景中的理解和实用性，采用的是式(5－1)～式(5－13)的真空带式干燥方程模型。

3. *物料转移模型 MVR－真空带式干燥模型*　在实际生产过程中，MVR 生产出的产品作为投料进入真空带式干燥进行加工以干燥成为最终产品。在相对应的数字孪生生产线中，将 MVR 生产得到的物料进行数字化处理，将其最终体积量、含水率、溶液温度以及料液密度等物理化学信息数据化，相对应的作为下一阶段模型计算的输入数据进行计算。因此通过中间物料数据化建模，从而将 MVR 和真空带式干燥从模型角度进行了联通，并使其与实际的生产工艺相匹配，提高了模型分析的精度。

(二) 生产场景数据采集

1. *材料数据*　研究选择了 3 种不同的原料(玄参、板蓝根、紫苏、栝楼、远志)来验证融合模型。先对这些原料进行洗涤和粉碎，接着用水煎煮两次或三次，后将提取液用于 MVR－真空带式干燥工艺。

对于每种类型的原料，收集提取溶液、浓缩物、适当稀释的浓缩物和干燥粉末用于物理性质测量。

2. *生产设备参数*

(1) 生产过程。记录了 5 种不同材料的 MVR 和真空带式干燥的生产过程，以验证融合模型的准确性。在 MVR 过程中，连续浓缩提取溶液，直到密度达到 1.3。将浓缩溶液在真空带式干燥系统中进一步干燥。最终产物是干粉。在 MVR 过程中，记录了总进料量、进料次数、浓缩时间和浓缩溶液的物理性质。在真空带式干燥过程中，记录加热温度、进料速率、干燥时间、传送带速度、水分含量和系统压力。

(2) 机械蒸汽再压缩系统。MVR 是一种先进的浓缩工艺，可以提高能源效率。MVR 中使用了机械蒸汽压缩机来提高二次蒸汽的压力和温度。当蒸汽的能量等级提高时，它可以被重新利用，以促进溶液的蒸发。MVR 系统(河北乐恒节能设备有限公司，中国河北)的额定参数按照工艺参数输入。该系统的额定处理量为 5.208(t/h)，额定输入浓度为 2%，输入温度为 20 ℃，蒸发温度为 70 ℃，该系统使用离心式蒸汽压缩机。

(3) 真空带式干燥机。真空带式干燥可以连续供给提取物，并使提取物在低压环境中干燥。在真空系统中，提取物的沸点较低，水分减少得很快。因此，真空带式干燥工艺是天然产物干燥过程中使用的主要技术方法。输送带的长度和宽度分别为 16.1 m 和 2.0 m，该系统的加热面积为 120 m^2，加热温度为 20～140 ℃，水分蒸发率为 100～110 kg/h，系统的额定功率为16.5 kW。

(三) 基于多智能体的优化模型的求解

1. 加工参数优化问题描述

(1) 决策变量。浓缩时间被确定为MVR工艺中的一个关键参数，而真空带式干燥工艺中的关键参数包括加热温度、传送带速度和材料厚度。上述这些参数也作为决策变量。这些参数的综合影响共同影响产品的整体生产效率。

(2) 加工效率建模。为了保证生产参数优化的高效率，建立MVR-真空带式干燥工艺的生产效率模型势在必行。粉末生产速率是一个单位时间内生产的提取粉末重量的指标。生产效率模型是根据粉末生产速率制定的：

$$E=\frac{M_{\text{total}}}{\dfrac{M_{\text{total}}}{E_{\text{mvr}}}+\dfrac{M_{\text{con}}}{deepWl(3\,600/t_{\text{step}})\times 1\,000}} \tag{8-10}$$

(3) 限制。一般来说，生产参数的限制主要由设备的性能决定。然而，为了确保产品的质量，本研究纳入了基于历史生产数据的约束条件。这些约束可以表示为：

$$h_i\begin{cases}h_{\min}-h_i\leqslant 0\\ h_{\max}-h_i\geqslant 0\end{cases} \tag{8-11}$$

其中，h_i 是第 i 个参数；$h_{\min}$ 和 $h_{\max}$ 分别代表下限和上限。

(4) 优化目标。为了优化MVR-真空带式干燥工艺，解决质量和生产效率目标至关重要，因此必须建立多目标优化策略。在这些目标中，应优先满足质量要求，以确保有效生产。在本研究中，浸泡粉末的水分含量被认为是一个关键的质量目标。根据生产经验，水分含量低于4%对产品的储存和利用最有利，因为偏离这一范围会严重影响企业的盈利能力。随后，在优先考虑质量目标的同时，提高产品的生产效率同样重要。生产过程中输入的总能量包括固定能量和热损失能量。热损失率可以用数学表示为：

$$Q\%=\frac{Q'T}{Q_{\text{total}}+Q'T} \tag{8-12}$$

通过对方程的研究，很明显，延长生产时间会导致热损失率的提高。此外，延长生产时间会增加设备折旧。因此，提高固定产品生产率以提高生产效率对寻求降低生产成本的企业来说是有利的。

2. 加工参数优化的多智能体框架　在深度强化学习的背景下，代理模型通常使用马尔可夫决策过程(MDP)来表示，该过程包括四个基本元素：环境空间、行动空间、奖励和折扣因子。因此，我们将多过程协同优化问题转化为马尔可夫决策问题。具体来说，建立两种试剂，分别控制浓缩过程和干燥过程。

(1) 状态空间。状态空间描绘了在交互环境中代理可用的信息。它包括描述环境当前状态的基本特征和变量。每个代理的决策和行动选择取决于当前状态。在此处，智能体m S^m 和智能体v S^v 的状态空间包含浓缩过程时间 M^t、干燥过程中的温度分布 (V^{Ta}, V^{Tb}, V^{Tc})、传送带速度 V^s、材料厚度 V^d 和生产效率 E_a。

$$S^m = S^v = \{M^t, V^{Ta}, V^{Tb}, V^{Tc}, V^s, V^d, E_a\} \tag{8-13}$$

(2) 行动空间。在训练过程的每个步骤中，代理选择不同的动作来控制环境。这些动作包括增加或减少浓缩时间 M^t、每个加热阶段的干燥温度（T^a，T^b，T^c）、皮带速度 S^h 和提取物的进料速度 D^h。智能体 m A^m 和智能体 v A^v 的作用空间可以写成：

$$A^m = \{M^t\}, A^v = \{T^a, T^b, T^c, S^h, D^h\} \tag{8-14}$$

(3) 奖励功能。在每一个决策步骤之后，环境都会发生变化并返回奖励。在培训过程中，考虑了两个方面的问题来控制整个生产过程：确保产品质量；提高总生产效率。在生产过程中，提取物粉末的最终水分应低于4%才能达到质量标准。因此，如果提取物粉末的最终水分高于4%，则该智能体将受到负面奖励的惩罚。否则，将给予积极奖励，以鼓励提高效率。在合作环境中，所有智能体都从环境中获得相同的奖励。让 R^i 表示第 i 个智能体获得的报酬。因此，它认为 $R^1 = R^2 = \cdots = R^m$。奖励（r_t）的函数可以写成式(8-15)：

$$\begin{cases} r_t^m(S_t^m, A_t^m) = r_t^v(S_t^v, A_t^v) = -\varphi + T_{all}, & if\ m_t \leqslant 4\% \\ r_t^m(S_t^m, A_t^m) = r_t^v(S_t^v, A_t^v) = -\varphi + T_{all} - \theta_i, & if\ m_t \geqslant 4\% \end{cases} \tag{8-15}$$

$$\theta_i = 100 \times (1 - m_t)^a$$

式中，r_t^m 是智能体 m 的报酬；r_t^v 是智能体 v 的报酬；φ 是一个平衡奖励价值的常数；T_{all} 是总生产时间；θ_i 是防止智能体违反约束的惩罚参数；m_t 是产品的最终水分。

(4) 虚拟环境。智能代理的训练过程需要与生产环境进行持续的交互，这既耗时又昂贵。因此，为了降低训练成本，本研究使用 MVR 和真空带式干燥的机制模型作为虚拟环境。它们的主要功能是接收和执行动作参数，并输出环境状态和奖励值。

(5) 基于 MADDPG 的多智能体优化框架。在本研究中，采用 MADDPG 算法来解决工艺参数的优化问题。在上述状态空间、动作空间、奖励函数和虚拟环境的基础上，我们提出了多智能体强化学习的框架，如图 8-1 所示。Agent-m 和 Agent-v 根据观察到的状态优化

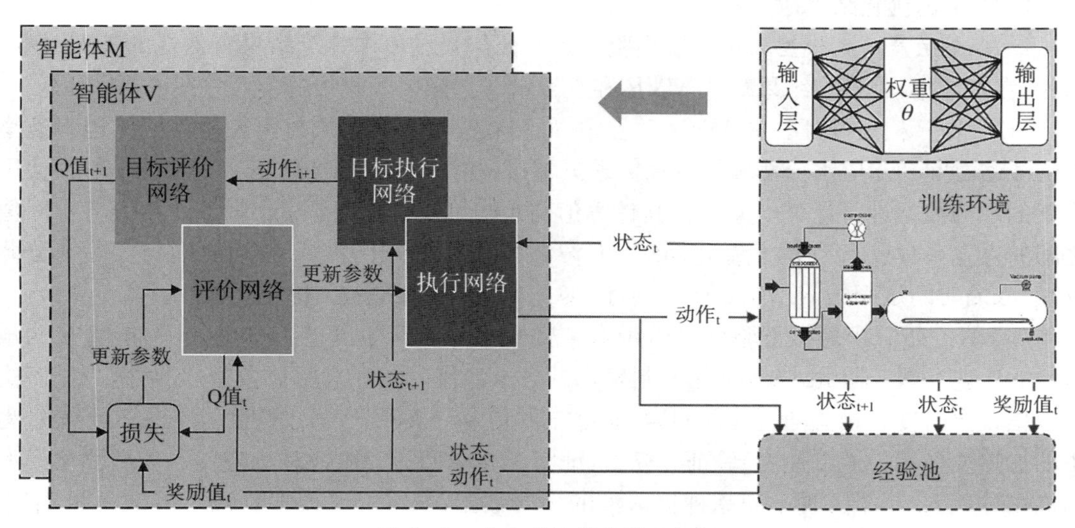

图 8-1　多智能体强化学习框架

工艺参数(statet)。随后,在虚拟环境中执行动作($action_t$)。然后,环境对所执行动作以奖励值的形式提供反馈。该奖励值指导代理学习过程参数优化的有效策略。此外,为了最大限度地提高数据利用率,MADDPG 算法结合了重放机制,将训练中的探索数据存储在经验池中,以供后续重用。最后,表 8-1 概述了多智能体框架的训练过程。

表 8-1 多智能体框架的训练过程

```
输入:
 -智能体合集:A={Agent_1, Agent_2}
 -超参数:γ(折扣系数),τ(软目标更新率)
 -经验回放能力:N
 -训练迭代:T
初始化:
 -初始化每个智能体i的执行器网络(Actor_i)和评价网络(Critic_i)
 -初始化每个智能体i的目标执行器网络(Actor'_i)和目标评价网络(Critic'_i)
 -用能力N初始化经验回放D
从 t=1到T:
  对每个时间步长t:
    对每个智能体 i:
        -选择动作 a_i_t = Actor_i(s_t)+探索噪声()使用当前状态 s_t
执行选定的操作并观察新状态s_{t + 1}和奖励r_{t + 1}:
  -给环境传递操作 a_t=[a_1_t,a_2_t,⋯,a_n_t]
  -获得新状态s_{t + 1}和奖励r_{t + 1}
在经验回放D中存储转移 (s_t,a_t,r_{t+1},s_{t+1})
对每个智能体 i:
  -从D中抽取一个转移(s,a,r,s')子集
  -计算目标值:y_i=r_i+γ* Critic'_i(s', Actor'_i(s')) #使用目标网络
  -更新评价网络:Critic_i(s,a) ←Critic_i(s,a)−α_c*∇_{θ_c}(Critic_i(s,a)−y_i)^2
  -计算动作梯度:∇_a(Q_i(s,a))
  -更新执行网络:Actor_i(s)←Actor_i(s)+α_a*∇_{θ_a}∇_a(Q_i(s,a))
更新目标网络:
  -更新目标评价网络: Critic'_i← τ* Critic_i + (1−τ)* Critic'_i
  -更新执行器网络:Actor'_i←τ* Actor_i+ (1 −τ)* Actor'_i
结束
```

(四) 工艺优化结果

1. 各个生产单元模型验证　模型验证是保证仿真过程中计算结果有效性的关键过程。因此,在本节中,将模拟结果与从 MVR 和真空带式干燥装置收集的生产数据进行了比较。

(1) MVR 模型验证。在 MVR 过程中,最初收集了 3 种不同材料在不同液体进料速率下的浓缩时间和相应水分蒸发的现场数据。随后,使用机械模型模拟实际生产过程,并使用收集的现场数据进行计算。通过将其计算值与现场数据进行比较,计算了计算值与实际值之间的决定系数(R^2)和均方误差(MSE),浓缩段计算水分蒸发量、浓缩时间与实际水分蒸发量、浓缩时间之间的 R^2 均大于 0.99,证实了 MVR 机械模型的优越性能。

(2) 真空带式干燥模型验证。由于真空带式干燥生产工艺的特殊性,不可能直接测量材料的工艺参数。因此,选择使用材料输出的含水量作为指标来验证模型。此外,为了解决低数据收集密度和相关随机性的问题,通过在不同生产条件下(通过改变真空带式干燥过程中的加热温度和传送带速度)验证该模型,证明了该模型的实用性和稳健性。为了测试模型的通用性,还收集了三种不同品种提取液的生产数据,并进行了模型验证。结果表明,带干段计算出口含水率与实际出口含水率的误差均方误差为 0.742,可以较为准确地模拟了生产

过程。

2. 基于MADDPG的多智能体优化对生产过程的智能优化　通过MADDPG的两阶段协同优化方法，将基于全局生产效率的两阶段过程组合优化问题转化为一个合作马尔可夫决策过程。具体而言，研究构建了MVR和真空带式干燥过程的仿真模型，并将这些仿真模型作为数据生成器，为MADDPG模型提供训练环境。首先，为了测试模型的普遍性，实验收集了三种不同品种的提取液的生产数据并进行了模型验证，经验证仿真数据与实际数据的R^2均大于0.99。接着，经过强化学习训练，结果显示在优化框架下，智能体倾向于通过延长浓缩时间和提高干燥阶段温度来提高生产效率。这种策略可能与快速去除水分的目标相关，从而在缩短生产周期的同时提高生产效率。通过对优化后的工艺策略进行验证，本方法平均提高生产效率16.2%，验证了该方法的有效性，证明了其在提高生产效率方面的潜力。因此，这一研究为中药生产中涉及多工艺组合优化的问题提供了有益的参考，为生产流程的优化提供了新的思路。扩展来看，这种基于MADDPG的协同优化方法不仅适用于MVR和真空带式干燥过程，还可以推广到其他多工艺组合优化问题中。此外，随着深度强化学习的不断发展，将会有更多的智能体合作优化的应用，为工业生产过程的提升带来更多机会。

第二节　中药制药数字孪生技术面临的挑战和问题

当前，我国中药制药工业存在着企业规模小、企业数量多、产品数量多、技术水平低、新药研发能力低及管理水平低的“一小、二多、三低”现象。相较于航空航天、汽车制造等自动化、智能化应用较好的行业，中药制药工业生产形式粗放，自动化与信息化理念与水平都相对落后。尤其是我国中药制药水平目前还处于工业2.0阶段，很多先进技术没能在中药制造业中得到充分应用。在此现状下，智能化转型为改造落后生产方式、提高生产效率和产品质量、促进行业发展创造了机遇，同时也给传统制造业带来了严峻的挑战。

虽然智能制造现已引起国内外学者的广泛研究，各国也在推行相关战略促进制造业向智能制造的转型。但由于缺乏标准的技术体系架构，相关技术的研究呈离散化，难以进行有效的组织集成。此外，智能制造的核心目标是实现制造的物理世界与信息世界的融合，但对信息物理融合的探索仍处于起步阶段，许多技术难题有待解决。同时，随着新一代信息技术与制造的融合，制造业现已呈现出数据充足而知识匮乏的特征，如何对全生命周期数据进行高效分析进而优化决策过程，是智能制造落地应用所需面对的一个重要挑战。

制造已不再是单纯的物理机械加工，而是物理世界与信息世界交互迭代的过程。为更好响应这一转变，为了在理论和实践中取得长足发展，迫切需要利用新一代信息技术提升制造资源及服务在物理空间和信息空间的融合，而数字孪生的出现为这一目标的实现提供了新的思路和方法。数字孪生面向产品全生命周期，发挥连接物理世界和信息世界的桥梁和纽带作用。然而，目前对数字孪生的构建和应用仍处于初步阶段，如何得到逐层递进的数字模型，以及从单个模型到聚类/组合协作的汇聚模型的关联，从而实现多维、多层次的信息物理融合有待进一步研究。

基于机理建模的数字孪生体，可实现中药制药工艺流体数字化，建立预测控制模型，提高生产工艺的控制精度。基于设备内实际流场分析，数字孪生可从时空角度直接把握中药制药过程的工艺控制规则，提高运行维护的稳定性，降低生产成本，增强生产过程控制的可靠性，有助于解决目前所面临的科技难题和技术挑战。

数字孪生技术应用于中药制药中，除了数字孪生技术发展存在一定的局限，由于是中药制药领域，需要克服中药本身复杂性和多样性的挑战，还有相对应的实施过程中的数据采集和处理的难题。

一、数字孪生技术的局限性和不足

自 2002 年引入数字孪生概念以来，不同行业领域的实际应用数量迅速增长。尽管围绕这项技术大肆宣传，但由于这一概念的新颖性，公司在决定在其组织中实施数字孪生时面临着巨大的挑战。此外，对制药过程的数字孪生研究还很少，这可能是由于精确地表示和模拟生产过程背后的物理过程的高度复杂性导致的。

制造业数字孪生基础和关键技术待提升。数字孪生作为综合性集成融合技术，涉及跨学科知识综合应用，其核心是模型和数据。特别是在制造业领域，各行业间原料、工艺、机理、流程等差异较大，模型通用性较差，面临多源异构数据采集协调集成难、多领域多学科角度模型建设融合难和应用软件跨平台集成难等问题。基于高效数据采集和传输、多领域多尺度融合建模、数据驱动与物理模型融合、动态实时交互连接交互、数字孪生人机交互技术呈现等数字孪生基础支撑核心技术，有助于探索基于数字孪生的数据和模型驱动型工艺系统变革新路径，促进集成共享，实现数字孪生跨企业、跨领域、跨产业的广泛互联互通，实现生产资源和服务资源更大范围、更高效率、更加精准的优化。

数字孪生作为一项新兴技术理念，尚处于发展期，仍存在许多短板问题亟待破解。

1. *实施成本高*　数字孪生技术的实现涉及企业研发、生产、供应链、管理等系统的改造，投资大、沉没成本高。受限于此，目前数字孪生往往仅能成为大企业“锦上添花”的高端技术应用，而难以成为广大小企业“雪中送炭”的普适技术应用。

2. *产业基础薄弱*　数字孪生产业链长、分工细致、碎片化程度高，跨领域之间的技术融合性较差、资源整合难，存在 IT 企业不懂行业机理、OT 企业难以抱团的突出痛点，亟需产业整合者的出现。当前我国制药行业智能化工厂的大部分探索工作实际上只局限在物理层、信息层，真正合理与完整的形态和模式并没有形成。中药制造过程存在基础研究薄弱、相关工程原理认识不足、制药过程控制不精细等问题，亟需开展中药智能制造关键技术的研究。医药行业智能制造的发展亟需药学、机械和信息等专业跨界融合的复合型技术人才。可以说，这类人才的短缺已成为制约医药领域智能制造发展的突出问题。

3. *商业模式不成熟*　不同垂直行业对数字孪生的需求差异大，垂直行业内需求“长尾效应”显著，解决方案的可复制性不强，导致数字孪生应用多以项目交付型为主，平台化、模块化程度较低，不利于高效推广。

4. *技术短板凸显*　在机理建模、仿真分析、数据集成等方面的技术短板制约了数字孪生技术整体的应用深度，同时部分核心技术被国外龙头企业垄断，安全有潜在风险。

整体上来看，为进一步促进数字孪生技术融合发展，形成产业合力，推广技术应用，打造赋能千行百业的通用技术底座，业界需要从顶层设计、技术攻关、生态构建和标准化四个层面重点突破。

1. *顶层设计层面*　在相关部委指导下联合产业多方智库力量尽快研究明确数字孪生中长期发展规划，为技术产业发展指明方向和路径。同时建立完备的数字孪生评价体系，从建模精度、数据互通性、同步演进性、智能化程度、系统间数据的共享程度等多种维度构建评价指标，牵引数字孪生向高阶演进。

2. *技术攻关层面*　聚焦数字孪生基础理论及关键核心技术，鼓励产学研联合研发，在信息建模、机理建模、模型同步、模型融合、智能决策、智能感知和信息安全等方面突破一批技术瓶颈，形成基础扎实、稳定成熟的技术体系。

3. *生态构建层面*　数字孪生产业链长，技术体系复杂，垂直行业壁垒高筑，需要产业各方协同创新、优势互补、形成合力，特别是在基础设施共建、跨领域技术融合、数据共享互认、能力开放互用等方面形成长效协同机制，依托产业联盟、创新中心等方式加深产业链的交流合作与需求对接，构建优势互补、协同共赢的产业生态。

4. *标准化层面*　在技术发展初期，尽快完善术语、通用架构等基础共性标准，形成统一的话语体系和规范性指导框架。在此基础上，进一步对信息模型、数据集成、平台等数字孪生核心要素和垂直行业应用模式进行规范统一，力求快速形成覆盖数字孪生基础共性、关键技术和行业应用的标准体系。

二、中药复杂性和多样性的挑战

“用不稳定的药材制造出质量稳定的中药产品”是中药制药工程面临的重大挑战和亟待解决的核心问题。中药源于天然，受产地、栽培加工技术、气候等自然因素影响，不同产地药材中成分数量和含量有差异、同一产地不同批次之间也存在质量差异，中药原料质量一致性差，会引起制剂质量的不稳定波动，阻碍中药产业发展。中药制剂多由复方组成，每味中药都含有种类众多的化学成分，由几味乃至几十味中药组成的复方中药制剂成分就更加复杂，中药复杂化学体系存在质量传递规律不明、质量表征不清、质量控制不准等问题，缺乏基于模型预测的过程质量前馈控制与工艺参数优化方法。将数字孪生应用到中药智能制药领域，需要考虑中药制药过程受到投料药材质量波动影响较大，存在较大批间差异，且制药过程中工艺流体存在高黏、易结垢等特点，为了更好地制定中药产品质量控制策略，必须深入揭示生产工艺的质量-动量-能量传递规律和工程原理，迫切需要改进现有设备以及相关工艺。

不同的中药提取制备工艺（生产流程、操作规范或工艺参数等）会造成物料成分变化，致使中成药产品有较大差异。对过程质量控制技术研究的轻视导致人们对中药制药过程认知甚少，过程状态数据积累严重不足，工艺参数、物料理化性质与药品质量相关性难以辨识；过程质量在线检测技术的应用尚待推广，与药品安全性及有效性相关的物料质量监测或监控技术研究还处于起步阶段。因此，如何采用事中控制或事前控制等先进的质量控制模式，建立科学可行的制药工艺标准及生产技术规程是重大前沿课题。

中药工业化生产流程是一个复杂的动态系统工程，通常以批次方式生产，通过对原料药材进行生产工艺规定的一系列单元操作，包括提取浓缩、分离干燥等，最后经制剂工艺制备成药。中药工业化生产具有工艺机制复杂、工序步骤烦琐、影响因素多、非线性及交互作用效应显著等技术特点，中药生产过程中环境、设备、工艺参数、人员操作等因素的波动均可能导致过程物料化学成分的转移转化以及物理属性的变化，进而影响产品质量的稳定性。中药生产过程质量控制领域存在以下关键共性问题。

1. *工艺设计方法缺乏系统性，工艺过程理解不足* 高质量产品离不开系统科学的工艺设计，制造工艺各关键环节质控点的精准控制是确保药品质量的基础。由于历史原因及受限于原研时期的科技水平，中药工艺缺乏全面系统的开发设计方法，对工艺参数与质量属性的关系难以精确量化，对工艺参数及其控制限的设计大多基于经验和对个别参数的片面认识，导致对于关键工艺质控点的把握不够充分，工艺操作范围稳健性不足。

2. *实时分析检测技术发展滞后，生产操作及操作参数固化* 现有中药生产操作方法着重于设备操作方法和工艺操作参数（如提取时间、醇沉醇度）的固化控制以及对物理参数的在线控制（如浓缩温度），长期以来欠缺对于质控指标（如有效成分含量、均匀度、水分、密度等）在线检测技术的开发，对于中间体或者产品质量的控制依赖于离线检验，难以依据实时质量波动情况进行工艺调整。

3. *分段式单元制造流程，难以构建前馈反馈控制策略* 各个工艺步骤的制药装备独立运行操作模式较为普遍，设备操作参数与工艺性能之间的关系没有得到充分研究，尚未达到各工艺单元的集成执行与控制，导致物料转运过程损失、生产效率低等问题；较少从生产全程考虑中药质量在各个工艺单元之间的传递规律，欠缺工艺质量数据的量化模型，导致工艺单元间控制方法独立，难以形成工艺间反馈前馈调节策略，导致药材质量波动在整个生产链条中的传递，引起产品质量波动。

上述工艺设计、分析检测、过程建模、制造装备等关键共性问题，是限制生产过程质量控制提升的关键因素。全面引入计算机科学、信息技术、数据挖掘等技术，并与 QbD、PAT 等制药技术相结合，是突破这些共性问题的关键途径。

三、数据收集和处理的难题

由于大数据分析可用于处理大型和多样化的数据集，因此可以从数据中有效地挖掘有价值的信息。基于此，可以将数据视为提供智能以使构建的数字孪生连续运行的驱动程序。数字孪生的数据来自物理和虚拟空间，例如来自物理实体的产品生命周期数据，来自数字模型的模拟数据，来自信息系统的运行数据以及相关知识。它们可以全面推动数字孪生的运营。在数字孪生中，数字模型构建可以由从实体数据中挖掘的规则和约束驱动，相关信息系统中的决策可以由来自数字模型的模拟数据驱动，实体的操作可以由模型和系统的预定义订单和计划驱动。没有数据，数字孪生就无法开始工作，更不用说提供进一步的分析和优化了。随着实时数据的不断生成，数字孪生将积累更多有价值的信息。

实现物理空间与赛博空间的交互映射，首先数据是基础，中药制药过程中需要获取大量的数据，包括原料的特性、反应条件、设备参数、产品质量等信息，而这些数据的获取和质量对于优化的结果具有非常重要的影响。同时，不同数据的关联性也需要被充分考虑，需要建立合理的数据管理和分析系统，以保证数据的准确性和可靠性。

中药制药数字孪生是将中药制药过程中的各项数据进行数字化，并利用计算机模拟技术进行实时监控和预测，以提高中药制药的质量和效率。但是，在数据收集和处理方面，中药制药数字孪生也面临一些难题。

1. *数据来源不确定*　中药制药过程中涉及的数据非常多，包括温度、湿度、氧气浓度、药材质量、药材功效成分等等，这些数据来源复杂，有些数据可能来自传感器采集，有些数据可能需要人工测量，因此数据来源不确定，可能会影响数字孪生的准确性。

中药数字孪生的数据来源主要是中药制药过程中的各项数据，如药材质量、药液温度、湿度、氧气浓度、药材功效成分等。然而，中药制药过程中，药材的质量和功效成分会受到多种因素的影响，如天气、环境、季节等，这些因素会导致数据质量的不稳定性。

例如，同一批药材在不同的季节或天气条件下，其质量和功效成分可能会有所不同，这会导致数字孪生的数据不稳定。此外，在中药制药过程中，药材的加工、熬制等环节也可能会影响数字孪生的数据稳定性。

2. *数据质量不稳定*　中药制药过程中，药材的质量和功效成分会受到多种因素的影响，如天气、环境、季节等，这些因素会导致数据质量的不稳定性，从而影响数字孪生的准确性。

3. *数据处理复杂*　中药制药过程中的数据非常多，需要进行实时监控和预测，因此需要采用高效的数据处理算法和技术，并对数据进行有效的分类和分析，以提高数字孪生的准确性和效率，但这也给数据处理带来了一定的难度。

综上所述，中药制药数字孪生在数据收集和处理方面面临着许多难题，需要不断进行技术创新和提高，中药数字孪生需要充分考虑这些因素的影响，采用多种数据采集技术和数据处理方法，以提高数字孪生的准确性和稳定性，同时，还需要结合实际情况，对数字孪生的数据进行有效的分类和分析，才能更好地应用于中药制药行业，提升中药制药的质量和效率。

在数据融合应用方面，普遍存在多元数据采集、异构系统集成、数据融合应用的需求。在生产制造过程中生产数据、管理数据、化验数据、安全监控数据、环保监测数据、气象环境数据、原材料质量、人员定位数据和视频监控数据等如何进行有效的加工和应用是目前工业企业面临的共性问题。在企业的实际经营和运维过程中，又强烈地要求这些数据能够无缝融合。

针对不同的生产过程，需要选择合适的数学模型和算法进行优化。在实际应用中，常常需要结合实验数据和领域专家的经验进行建模，而算法的设计也需要结合具体问题的特点和要求，从而保证优化结果的准确性和可靠性。系统集成问题涉及从陈旧和过时的遗留设备和系统向新的最先进技术的过渡。这一障碍类别既包括将新系统整合到现有系统中的问题，也包括将现有系统的不同部分整合在一起的问题。

第三节　未来发展趋势

一、中药制药数字孪生技术的未来发展趋势

制造业数字孪生应用发展前景广阔。随着物联网、大数据、云计算、人工智能等新型ICT基数席卷全球，数字孪生得到越来越广泛应用，被应用于航空航天、电力、船舶、离散制造、能源等行业领域，应用场景如研发设计、生产制造、营销服务、运营管理、规划决策等环节。从宏观来看，数字孪生不仅仅是一项通用使能技术，也将会是数字社会人类认识和改造世界的方法论；从中观看，数字孪生将成为支撑社会治理和产业数字化转型的发展范式；从

微观看，数字孪生落地的关键是“数据＋模型”，亟需分领域、分行业编制数字孪生模型全景图谱。

数字孪生技术有助于赋能中药制药工业的智能化转型，实现以人为中心的模式逐步转变为以模型为中心的模式，在中药生产行业中应用数据驱动的生产过程实时优化、运维服务动态预测，实现基于数据与算法驱动的“理治”生产，构建产品全生命周期质量感知、评估、预测的中药智能制造系统。数字孪生是一套支撑数字化转型的综合技术体系，技术在发展，应用在深化，体系在演进，其应用推广也是一个动态的、演进的、长期的过程。

基于现代信息技术与先进制造技术的深度融合，智能制造将逐渐成为主流生产方式，贯穿于设计、生产、管理和服务的各个环节。随着智能制造的发展，现代工业逐渐演变为具有自我感知、自我学习、自我决策、自我执行、自适应等功能特性。在智能制造领域，数字孪生被认为是一种实现制造信息世界与物理世界交互融合的有效手段，通过数字孪生技术的使用，将大幅推动产品在设计、生产、维护及维修等环节的变革。基于模型、数据、服务方面的优势，数字孪生正成为制造业数字化转型的核心驱动力。

数字孪生行业的上游行业主要是芯片、传感器、监控设备等行业。上游行业市场呈完全竞争状态，产品价格会随市场变化产生一定的波动。数字孪生行业的下游行业包括航空航天、电力、船舶、城市管理、农业、建筑、制造、石油、天然气、健康医疗、环境保护等行业。下游行业规模庞大，潜在需求较大。在国内经济持续发展的带动下，中国的数字孪生行业面临着前所未有的发展机遇。

从市场前景层面来看，数字孪生是热度最高的数字化技术之一，存在巨大的发展空间。Gartner 连续三年将数字孪生列入年度(2017—2019)十大战略性技术趋势，认为它在未来 5 年将产生颠覆性创新，同时预测到 2021 年，半数的大型工业企业将使用数字孪生，从而使这些企业的效率提高 10%；到 2024 年，超过 25%的全新数字孪生将作为新 IoT 原生业务应用的绑定功能被采用。根据 Markets and Markets 预测，数字孪生市场规模将由 2020 年的 31 亿美元增长到 2026 年的 482 亿美元，年复合增长率 58%。

随着企业数字化转型需求的提升，数字孪生技术将持续在制造业领域发挥作用，在制造各个业领域形成更深层次应用场景，通过跨设备、跨系统、跨厂区、跨地区的全面互联互通，实现全要素、全产业链、全价值链的全面连接，为制造领域带来巨大转型变革。

数字孪生技术在中药制药领域主要有设备级、工厂级和产业级数字孪生服务，面向设备的数字孪生应用聚焦设备实时监控，面向工厂的数字孪生聚焦于全过程生产管控，面向产业数字孪生聚焦于产品全生命周期追溯。相关的应用场景如下。

1. *设备实时监控和故障诊断* 在工业设备生产过程中，实现状态感知和实时状态监控，监控设备数据涵盖但不并限于设备生产运行信息、设备监控信息、设备维护信息以及管理信息。可以根据监控信息，实现了设备生产工艺过程的可视化，且能针对故障报警进行器件定位，并提供故障及维修案例库。

2. *设备工艺培训* 提供可视化的工业设备 3D 智能培训和维修知识库，以 3D 动画的形式，对员工进行生产设备原理、生产工艺等培训，缩短人才培养时间。

3. *设备全生命周期管理* 基于工业设备运行管理、维护作业管理和设备零配件全生命周期管理，通过对设备的集中监视，汇总生产过程中的设备实时状况，形成设备运行和管理情况统计、设备运行情况统计、设备运维知识库，为合理安排设备运行维护，充分发挥设备的利用率，满足设备操作、车间管理和厂级管理的多层需求提供依据。

4. *设备远程运维数*　运用数字孪生技术，探索基于工业设备现场复杂环境下的预测性维护与远程运维管理，通过收集智能设备产生的原始信息，经过后台的数据积累，以及专家库、知识库的叠加复用，进行数据挖掘和智能分析，主动给企业提供精准、高效的设备管理和远程运维服务，缩短维护响应时间，提升运维管理效率。

5. *工厂实时状态监控*　通过对设备制造生产设备实时数据采集、汇聚，建立实体车间/工厂、虚拟车间/工厂的全要素、全流程、全业务数据的集成和融合，通过车间实体与虚体的双向真实映射与实时交互，在数据模型的驱动下，实现设备监控、生产要素、生产活动计划、生产过程等虚体的同步运行，满足设备状态监控、生产和管控最优的生产运行模式提供辅助数字孪生服务。主要包括生产前虚拟数字孪生服务、生产中实时数字孪生服务、生产后回溯数字孪生服务，以确保做到事前准备到位、事中管控到位、事后优化到位。

二、数字孪生技术与其他技术的融合

1. *多源异构数据集成技术*　在工业实际应用中，工业软件、高端物联设备不具备国产自主可控性，接入的高端设备的读写不开放，各套信息化系统差异大，因此形成设备的信息孤岛，数据流通不畅。依托统一的数据标准，采集人员、设备、物料、方法、环境（简称人、机、料、法、环）等要素的数据，并对数据进行归集与标签化，在信息空间中建立数字工厂的镜像融合了企业的人、机、料、法、环等全域数据。

2. *多模型构建及互操作技术*　数字孪生模型具有多要素、多维度、多领域、多尺度模型特点，以生动、形象的方式展示数字孪生对象“几何—物理—行为—规则”模型结构属性，实现数字孪生对象模型构建刻画。在工业领域中数字孪生物理对象和数字空间进行模型构建后，模型间要进行交互转换，实现模型间双向映射、动态交互和实时连接。

3. *多动态高实时交互技术*　以数据和模型为驱动，利用工业机理算法，驱动生产执行与精准决策，以 3D 数字化呈现的方式将生产过程中的人、机、料、法、环、测的各项数据融入虚拟空间，将物理实体和信息虚体连接为一个有机的整体，使信息与数据得以在各部分间交换传递，实现数字孪生全闭环优化。同时以友好的人机操作方式将控制指令反馈给物理对象，给予用户最直观的交互。

中药制药工业是作为中医药大健康产业的重要组成部分，其发展已经逐渐上升为国家战略高度。《中医药发展战略规划纲要（2016—2030 年）》指出要促进中药工业转型升级，必须推进中药工业数字化、网络化、智能化建设，加强技术集成和工艺创新，加速中药生产工艺、流程的标准化、现代化。由于历史的原因和中药制药行业的特点，我国中药制药的智能制造技术水平相比较于其他行业还有着显著的差距。因此，数字孪生技术将有助于从依靠药工经验的传统制药，向依靠数据和知识的现代智能制药转变，推动中药传统产业向高端化、智能化、绿色化转变，实现中药制药高质量发展。

参考文献

[1] 孟宪源.国家在场视域下城市社区公共空间数字孪生策略研究[D].秦皇岛:燕山大学,2022.DOI:10.27440/d.cnki.gysdu.2022.000434.

[2] 韦鹏艳,马海群.数智时代元宇宙在数字信息资源管理中的应用新图景[J].科技情报研究,2023,5(2):48-56.DOI:10.19809/j.cnki.kjqbyj.2023.02.005.

[3] 于洋,苗坤宏,李正.基于数字孪生的中药智能制药关键技术[J].中国中药杂志,2021,46(9):2350-2355.DOI:10.19540/j.cnki.cjcmm.20210114.601.

[4] 程翼宇,瞿海斌,张伯礼.中药工业 4.0:从数字制药迈向智慧制药[J].中国中药杂志,2016,41(1):1-5.

[5] 程翼宇,张伯礼,方同华,等.智慧精益制药工程理论及其中药工业转化研究[J].中国中药杂志,2019,44(23):5017-5021.

[6] 梁乃明,方志刚,李荣跃,等.数字孪生实战:基于模型的数字化企业(MBE)[M].北京:机械工业出版社,2019.

[7] 陆剑峰,张浩,赵荣泳.数字孪生技术与工程实践模型+数据驱动的智能系统[M].北京:机械工业出版社,2022.

[8] 方志刚.复杂装备系统数字孪生:赋能基于模型的正向研发和协同创新[M].北京:机械工业出版社,2021.

[9] 丁盈,朱军,王晓征.数字孪生系统设计与实践[M].北京:清华大学出版社,2023.

[10] 胡权.数字孪生体第四次工业革命的通用目的技术[M].北京:人民邮电出版社,2021.

[11] 刘阳,赵旭,朱敏,等.数字孪生:数实融合时代的转型之道[M].北京:人民邮电出版社,2023.

[12] 陶飞,戚庆林,张萌,等.数字孪生及车间实践[M].北京:清华大学出版社,2021.

[13] 中国通信工业协会物联网应用分会.物联网+BIM:构建数字孪生的未来[M].北京:电子工业出版社,2021.

[14] 于福华,魏仁胜,董嘉伟.数字孪生技术及应用 Process Simulate 从入门到精通[M].北京:机械工业出版社,2021.

[15] 闵庆飞,卢阳光.面向智能制造的数字孪生构建方法与应用[M].北京:科学出版社,2022.

[16] 陈岩光.数据中心数字孪生应用实践[M].北京:清华大学出版社,2022.

[17] 安筱鹏,肖利华.数字基建:通向数字孪生世界的迁徙之路[M].北京:机械工业出版社,2021.

[18] 宋海鹰,岑健.数字孪生技术 TecnomatixProcessSimulate 应用基础[M].北京:机械工业出版社,2022.

[19] 马林.智能仪表在温度连续控制系统中的应用[J].工业炉,2011,33(2):24-25.

[20] 崔彭帝,赵静,苗坤宏,等.基于微波透射技术的整包中药材含水率测量模型研究[J].中国中药杂志,2022,47(23):6417-6422.

[21] 李小莉，薛启隆，苗坤宏，等. FPGA 技术在中药智能制药中的应用探讨[J]. 中草药，2023，54(1)：283－291.
[22] 王永红. 过程检测仪表[M]. 北京：化学工业出版社，2022.
[23] 杜维，张宏建，王会芹. 过程检测技术及仪表[M]. 北京：化学工业出版社，2018.
[24] 王森. 在线分析仪器手册[M]. 北京：化学工业出版社，2008.
[25] 贾立新. 数字电路[M]. 北京：电子工业出版社，2017.
[26] 李广军，郭志勇，陈亦欧. 数字集成电路与系统设计[M]. 北京：电子工业出版社，2015.
[27] Xue Q, Miao K, Yu Y, et al. A novel method for vacuum belt drying process optimization of licorice [J]. Journal of food engineering, 2022(Sep.):328.
[28] 苗坤宏，崔彭帝，薛启隆，等. 金银花颗粒在旋风分离器中的流场数值模拟分析[J]. 中草药，2023，54(4)：11.
[29] 赵春晓，魏楚元. 多智能体系统建模仿真及应用[M]. 北京：中国水利水电出版社，2021.
[30] 苏春. 制造系统建模与仿真[M]. 北京：机械工业出版社，2019.
[31] 罗亚波. 生产系统建模与仿真[M]. 武汉：华中科技大学出版社，2020.
[32] 付丽君. 变频控制技术及应用[M]. 北京：人民邮电出版社，2015.
[33] 刘锴，周海. 深入浅出西门子 S7－300PLC [M]. 北京：北京航空航天大学出版社，2004.
[34] 程跃，程文明，郑严. 支持向量机在中药浓缩浓度软测量中的应用[J]. 计算机工程与应用，2010，46(5)：240－242.
[35] 李海青，黄志尧，等. 软测量技术原理及应用[M]. 北京：化学工业出版社，2000.
[36] 周志华，王珏. 机器学习及其应用- 2009[M]. 北京：清华大学出版社，2009.
[37] 刘明言，余根，王红. 中药提取液浓缩新工艺和新技术进展[J]. 中国中药杂志，2006(3)：184－187.
[38] 张素萍. 中药制药工艺与设备[M]. 北京：化学工业出版社，2005.
[39] 薛启隆，苗坤宏，于洋，等. 基于深度强化学习的中药制药过程自主优化决策方法研究[J]. 中国中药杂志，2023，48(2)：562－568.
[40] 特伦斯・谢诺夫斯基. 深度学习智能时代的核心驱动力量养[M]. 北京：中信出版社，2018.
[41] 乔恩・克罗恩. 图解深度学习：可视化、交互式的人工智能指南[M]. 北京：人民邮电出版社，2022.
[42] 凯德・梅茨. 深度学习革命从历史到未来[M]. 北京：中信出版社，2023.
[43] 彭坤彦，尹翔，刘笑竹，等. 基于粒子群优化和深度强化学习的策略搜索方法[J]. 计算机工程与科学，2023，45(4)：718－725.
[44] 刘卉玲，刘鹏，白辰甲. 一种深度强化学习空间关系与记忆融合方法研究[J]. 计算机学报，2023，46(4)：814－826.
[45] 邹启杰，蒋亚军，高兵，等. 协作多智能体深度强化学习研究综述[J]. 航空兵器，2022，29(6)：78－88.
[46] 陈明，梁乃明. 智能制造之路：数字化工厂[M]. 北京：机械工业出版社，2016.
[47] 秦昆明，李伟东，张金连，等. 中药制药装备产业现状与发展战略研究[J]. 世界科学技术-中医药现代化，2019，21(12)：2671－2677.
[48] 马忠明，李同辉，张丰聪. 从历史维度展望中药发展[J]. 中国食品药品监管，2023，230(3)：16－27.